Über psychologische Berufs-Eignungsprüfungen für Verkehrsberufe

Eine Begutachtung ihres theoretischen und praktischen Wertes erläutert durch eine Untersuchung von Straßenbahnführern

von

Dr. phil. et med. **Alex Schackwitz**
Assistent am Institut für gerichtliche Medizin der Universität Kiel

Mit einer Abbildung

Springer-Verlag Berlin Heidelberg GmbH 1920

Aus dem physiologischen Institut und aus dem Institut für gerichtliche Medizin
der Universität Kiel

ISBN 978-3-662-31809-6 ISBN 978-3-662-32635-0 (eBook)
DOI 10.1007/978-3-662-32635-0

Ursprünglich erschienen bei Julius Springer in Berlin 1920
Softcover reprint of the hardcover 1st edition 1920

Vorwort.

Die nachfolgende Arbeit ist auf Veranlassung des Feldsanitätschefs, Exzellenz v. Schjerning, und des Sanitätsdepartements des Kriegsministeriums, Obergeneralarzt Schultzen, entstanden, um Grundlagen für die Beurteilung des Wertes psychologischer Berufs-Eignungsprüfungen zu gewinnen, soweit sie als Ergänzung der militärärztlichen Musterung von Spezialtruppen in Betracht kommen könnten.

Zur Ausführung notwendiger Nachprüfungen von vorgeschlagenen Prüfungsmethoden, zur Ausarbeitung neuer Methoden und deren Erprobung wurde der Verfasser im letzten Kriegsjahr an das physiologische Institut der Universität Kiel, Direktor Professor Dr. Höber, kommandiert und ihm zur Unterstützung Privatdozent Dr. Wittmann, Kiel, seinerzeit im Militärverhältnis stehend, und Oberarzt Dr. Ladwig als wissenschaftliche Mitarbeiter zugeteilt. An geldlicher Unterstützung für zu beschaffende Apparate und für technische Arbeiten wurden vom Kriegsministerium 1000 Mark überwiesen. Der Direktor des physiologischen Instituts, Professor Dr. Höber, und der Direktor des psychologischen Instituts, Geheimrat Professor Dr. Martius, stellten in bereitwilligster Weise Räume, Apparate und Werkstätten ihrer Institute zur Verfügung. Auch der Direktor der Universitäts-Ohrenklinik, Geheimrat Professor Dr. Friedrich, gestattete das Arbeiten in seiner Klinik. Von den Direktoren Geheimrat Professor Dr. Siemerling (Universitäts-Nervenklinik), Geheimrat Professor Dr. Heine (Universitäts-Augenklinik), Geheimrat Professor Dr. Anschütz (Chirurgische Universitäts-Klinik), und Geheimrat Professor Dr. Schittenhelm (Medizinische Universitäts-Klinik) wurden Versuchspersonen gestellt. Professor Dr. Birk als derzeitiger Arzt beim Bezirkskommando schickte sich meldende Anwärter für die Fliegertruppen und der Kommandeur der Marine-Landflieger-Abteilung stellte Flugzeugführer zur Untersuchung. Vom Feldsanitätschef, Exzellenz v. Schjerning, und vom Sanitätsdepartement des Kriegsministeriums, Obergeneralarzt Schultzen, erhielt ich wertvolle Auskünfte über die bestehenden Untersuchungsmethoden bei den Verkehrstruppen. Eine besondere Unterstützung erhielt ich durch den Chef der Sanitätsabteilung beim kommandierenden General der Flieger, Oberstabsarzt Dr. Koschel, durch Überweisung von Material über die Erfolge militärärztlicher Untersuchungsmethoden bei den Fliegertruppen der eigenen Armee und der unserer Feinde und durch sein lebhaftes Interesse für meine Arbeiten.

Für die hier zum ersten Male praktisch durchgeführte Eignungsprüfung an Straßenbahnführern und Straßenbahnführerinnen wurde mir von der Allgemeinen Lokal- und Straßenbahngesellschaft eine besonders weitgehende Unterstützung dadurch zuteil, daß Direktor Kühnert, der Leiter der Betriebsverwaltung Kiel, einen Teil seines Personals zu den Prüfungen schickte und mich durch Auskunft über fahrtechnische Fragen belehrte. Von seinen technischen Beamten unterstützte mich außerdem besonders der Fahrdienstleiter Hamann.

Die Zusammenstellung des gesammelten und durchgeprüften Materials und der eigenen experimentellen Untersuchungen zu der vorliegenden Arbeit erfolgte im Institut für gerichtliche Medizin, Direktor Professor Dr. Ziemke. Bei der Beurteilung der Bedeutung, welche ein Teil der bei den psychologischen Prüfungen festgestellten Ergebnisse für die gerichtliche Medizin hat und der Bedeutung, welche eine Begutachtung der psychologischen Berufs-Eignungsprüfungen für die gerichtliche und für die soziale Medizin hat, standen mir die reichen Erfahrungen meines verehrten Chefs, Professor Dr. Ziemke, zur Seite.

Allen genannten Herren, ganz besonders aber meinem Mitarbeiter Dr. Wittmann, bin ich zu größtem Dank verpflichtet.

Kiel, im November 1919.

Alex Schackwitz.

Inhaltsverzeichnis.

Einleitung.

Im Verlauf des Krieges war von psychologisch interessierter Seite vorgeschlagen worden, die militärärztliche Tauglichkeitsuntersuchung für Fachtruppen, insbesondere für Kraftfahrer und Flieger, durch psychologische Eignungsprüfungen zu ergänzen. Es wurde behauptet, daß derartige Prüfungen darüber Aufschluß geben könnten, ob ein Bewerber eine bestimmte, für den Dienst bei der betreffenden Truppe als notwendig angenommene seelisch-körperliche Eigenart besitze oder nicht besitze. Es sollte somit möglich sein, mit ziemlicher Sicherheit für bestimmte technische Truppengattungen die wirklich geeigneten Bewerber zu erkennen und auszuwählen. Diese behauptete Möglichkeit einer sehr erwünschten Auswahl konnte freilich nicht mit bereits erfolgreich durchgeführten Eignungsprüfungen erwiesen werden.

Um Unterlagen für ein Gutachten zu gewinnen, das vom Verfasser über derartige Eignungsprüfungen vom Feldsanitätschef und vom Sanitätsdepartement des Kriegsministeriums angefordert wurde, war es daher notwendig, die einzelnen bisher vorgeschlagenen Methoden zu prüfen. Neben einer Untersuchung des Wertes der theoretischen Voraussetzungen, die stets bei derartigen Eignungsprüfungen bewußt oder unbewußt gemacht werden, und einer Nachprüfung bekanntgegebener Eignungsprüfungen, erschien es zweckmäßig, selbst eine derartige psychologische Eignungsprüfung an einer größeren Anzahl von Bewerbern für einen bestimmten Beruf praktisch so durchzuführen, daß die Möglichkeit gegeben war, durch einen Vergleich der Prüfungsergebnisse mit den späteren Leistungen in der Praxis den Wert einer derartigen Prüfung festzustellen.

I. Die ersten Vorschläge zu psychologischen Berufs-Eignungsprüfungen.

Psychologische Eignungsprüfungen, d. h. Untersuchungen der individuellen seelisch-körperlichen Eigenart eines Menschen nach psychologischen Gesichtspunkten und mit psychologischen Methoden, um daraus auf die Eignung für einen bestimmten Beruf zu schließen, wurden zuerst 1910 von Münsterberg (10) zur Anwendung in den Berufsberatungsstellen vorgeschlagen. Münsterberg war davon ausgegangen, daß bei den vorhandenen individuellen Unterschieden in der psychischen Eigenart der Menschen und den weitgehend verschiedenartigen Anforderungen der einzelnen Berufe eine dem Grade und der Art nach verschiedene psychologische Berufseignung bei den einzelnen Menschen vorhanden sein müßte. Würde es nun als erwünscht angesehen, jedem Beruf nur durchaus geeignete Bewerber zuzuführen, so frage es sich, ob nicht die experimentelle Psychologie uns Methoden an die Hand geben könne, durch die sich eine richtige Auswahl ermöglichen lasse.

Die bisherigen Methoden der Berufswahl und Berufsauslese sollen sich nach Münsterberg (16, S. 26 ff.) als ganz unzureichend erwiesen haben. Münsterberg behauptet, daß die bisher allgemein übliche Beurteilung der Berufseignung durch den Nachweis der Vorbildung mittels Prüfungen und Zeugnissen und durch den persönlichen Eindruck des Bewerbers vielleicht in günstigen Fällen die Fernhaltung von gänzlich ungeeigneten Elementen ermöglichen könne, aber niemals die erwünschte Auslese der Geeigneten. Denn die Prüfungen gäben uns in der Hauptsache nur Aufschluß über erworbene Kenntnisse, und die Zeugnisse würden uns neben dem sittlichen Wohlverhalten über einzelne oft erst nach längerer Übung erzielte Leistungen, die aber in keinerlei Beziehung zu denen im späteren Beruf zu stehen brauchen, unterrichten. Der persönliche Eindruck ferner, der sich erfahrungsgemäß oft durch ganz unwesentliche Äußerlichkeiten leiten ließe, könnte zu den gröbsten Fehlschlüssen führen. Auch die vielfach verbreitete Ansicht, daß weitgehend eine natürliche zureichende Berufswahl erfolge, indem jeder Mensch durch Neigung und Interesse gleichsam instinktiv dem für ihn besonders geeigneten Beruf zugeführt werde, sei ein Irrtum. Denn Neigung und Interesse für einen bestimmten Beruf könne auch durch unzureichende und falsche Beurteilung der betreffenden Berufsarbeit ausgelöst werden. Es käme weiter eine ungenügende Kenntnis des eigenen Könnens hinzu. Die meisten Menschen erführen die Grenzen ihres Könnens überhaupt erst durch Mißerfolge in der Berufsarbeit. Und ebenso unzureichend wie der einzelne über sich selber, seien auch die Lehrer und die Erzieher über die feineren Abstufungen der Eigenart ihrer Zöglinge unterrichtet, wenn sie vielleicht auch gröbere, in die

Augen springende, Ausfälle in irgendeiner Richtung bei einer Berufsberatung in Rechnung ziehen würden. In den meisten Fällen würde nun aber bei der Berufswahl nicht einmal diese ganz unzureichende Beurteilung der psychischen Eigenart der Berufsbewerber benutzt, sondern nach rein äußeren Motiven und Zufälligkeiten, wie Familientradition, Aussicht auf reichlichen Verdienst, angenommener Vornehmheit eines Faches und ähnliches, eine Berufswahl vorgenommen. Eine Folge dieser unzureichenden Berufswahl seien die vielfach zu hörenden Klagen über Mangel an tüchtigen Arbeitskräften in den verschiedenen Berufen, ein häufig zu beobachtender Berufswechsel und ein auffallendes Fehlen der Berufsfreudigkeit. Es würden so durch eine mangelhafte Berufswahl wertvolle Menschenkräfte in unerwünschtem Maße vergeudet. Diese Übelstände könnten aber leicht durch psychologische Berufs-Eignungsprüfungen beseitigt werden, indem durch exakte Prüfungsmethoden in einfacher Weise die Eigenart der einzelnen Bewerber festgestellt würde; dadurch sei es dann ermöglicht, nur geeignete Persönlichkeiten den verschiedenen Berufen zuzuführen.

Diese Münsterbergsche Auffassung von einer unzureichenden Art der bisherigen Berufswahl dürfte in ihrer Verallgemeinerung kaum zu Recht bestehen. Nach den Erfahrungen des praktischen Lebens und nach den Ergebnissen von Erhebungen über Berufswahl und Berufsauslese [z. B. 6, 8] dürfte bei uns, in Deutschland, in den für derartige Prüfungen in Frage kommenden spezialisierten Berufen, die eine längere Lehrzeit erfordern, durchweg schon jetzt eine verständige Berufswahl stattfinden und Berufswechsel und Berufsverdrossenheit aus mangelhafter psychischer Eignung für den betreffenden Beruf zu den Seltenheiten gehören. Berufsverdrossenheit vor allem hat sicherlich in den meisten Fällen nicht die fehlende Berufseignung als Ursache, sondern in vielen übersehbaren Fällen andere Ursachen, z. B. individuelles Verhältnis zu Vorgesetzten, ungünstige Wirtschaftslage in dem betreffenden Beruf, spätere Erkrankung, allgemeine Unzufriedenheit u. a. m. Und ein Wechsel des Berufs hat in der Mehrzahl der Fälle seinen Grund in der steigenden oder fallenden Nachfrage für Arbeitskräfte in den verschiedenen Berufen, je nach der besonderen wirtschaftlichen Lage. Allgemein dürfte man bei uns in den verschiedenen Berufen Arbeitskräfte vorfinden, die sich für den betreffenden Beruf so weit eignen, wie es nach der allgemeinen Zusammensetzung der verschiedenen Menschengruppen aus mehr oder weniger Begabten zu erwarten ist.

Man kann außerdem darüber streiten, ob es überhaupt in allen Fällen erwünscht sei, dem Berufsuchenden die Mühen der eigenen Wahl durch eine derartige Eignungsprüfung abzunehmen und ihn einem Beruf zuzuführen, dessen erfolgreiche Ausübung für ihn von vornherein wenigstens soweit sichergestellt ist, als seine seelisch-körperlichen Eigenschaften den Berufsanforderungen gerecht werden können. Man kann sich vorstellen, daß die Beschäftigung mit den Aussichten und Verhältnissen in den verschiedenen Berufen und die Überwindung der nach schließlich getroffener Wahl sich entgegenstellenden Schwierigkeiten ungleich wertvoller für die Persönlichkeit des einzelnen, für seine spätere Berufstüchtigkeit und Berufsfreudigkeit sei, als eine von vornherein sichere Zuordnung zu einem Beruf. Man kann außerdem den Vorschlägen, die Berufswahl durch Prüfungsmethoden zu erledigen, entgegenhalten, daß sie Menschen voraussetzen, die sich den Ergebnissen derartiger Prüfungen unterwerfen. Nach den Erfahrungen der Berufsberatungsstellen würde man bei uns in dieser Beziehung jedenfalls auf erheblichen Widerstand stoßen.

Trotzdem wird man aber psychologische Eignungsprüfungen, falls sie wirklich nach kurzer Untersuchung eine sichere Zuordnung der einzelnen Bewerber zu den für sie besonders geeigneten Berufen ermöglichen sollten, für überaus wertvoll halten müssen, und ihre Verwendung bei Zweifeln gelegentlich der Berufswahl als durchaus wünschenswert ansehen können. Bei gewissen Berufen müßte man, immer unter der Voraussetzung, daß eine Eignungsprüfung wirklich die Eignung feststellt, weitergehen und z. B. für die Verkehrsberufe — wie Straßenbahn-, Hochbahn-, Kraftwagen-, Lokomotivführer — die Einführung derartiger Prüfungsmethoden im Interesse der Allgemeinheit fordern; denn in diesen Berufen kann jeder Ungeeignete durch seine Unfähigkeit nicht nur sich selber, sondern auch andere Menschen jederzeit in Gesundheits- und Lebensgefahr bringen.

II. Die unzulänglichen Grundlagen und Voraussetzungen.

Es fragt sich nun aber, ob derartige Eignungsprüfungen, wie sie zuerst von Münsterberg für Straßenbahnführer (16, S. 44 ff.) und Schiffsführer (16, S. 65 ff.), nach ihm von Moede-Piorkowski für Kraftfahrer (35), von William Stern für Straßenbahnführerinnen (32) und von Ulbricht-Schreiber für Eisenbahnpersonal (33) vorgeschlagen *sind*, wirklich die behauptete Auslese ermöglichen, bzw. worauf sich eigentlich die Behauptungen stützen, daß derartige Prüfungen eine sichere Berufszuordnung erzielen. Zureichende Beweise mit erfolgreichen Eignungsprüfungen, die an einer größeren Anzahl von Bewerbern durchgeführt worden wären und deren Ergebnisse vor allem mit der späteren Bewährung in der Praxis übereinstimmten, konnten bisher nicht erbracht werden. Auch ist bisher von den Befürwortern derartiger Methoden niemals eine größere Anzahl von Berufsbewerbern unabhängig von dem Ausfall der Eignungsprüfung dem Beruf zugeführt worden um zu prüfen, ob die Ergebnisse der Eignungsprüfung, besonders wenn sie ungünstig ausfielen, den Schluß auf die Zukunft mit Recht zulassen oder ob und welche erkennbaren gesetzmäßigen Beziehungen zwischen Prüfungs- und Berufsleistung bestehen. Man hat offenbar vorausgesetzt, daß zwischen gegenwärtigen und zukünftigen Leistungen ganz bestimmte stets vorhandene und nicht erst zu erforschende Beziehungen bestehen. Es ist deshalb hier die weitere Frage zu beantworten, wie man zu dieser Voraussetzung gekommen ist.

Die Erfahrungen des praktischen Lebens geben für diese gemachten Voraussetzungen keine Unterlagen. Eindeutige, gesetzmäßige, allgemein vorliegende Beziehungen zwischen gegenwärtigen und früheren Leistungen, zumal wenn die Lehrzeit für einen Beruf dazwischen lag, konnten bisher nirgend festgestellt werden. Wir beobachten immer wieder, daß ein in einen Beruf Eintretender sich im Anfang seiner Lehrzeit ungeschickt und unbeholfen anstellen kann, und später ein geschickter und brauchbarer Arbeiter wird. Wir beobachten aber auch, daß anfänglich Geschickte und Gewandte sich zu weniger tauglichen Arbeitern entwickeln können. Wir können weiter feststellen, daß anfänglich vorhandene größere Unterschiede in der Schnelligkeit, Pünktlichkeit und Aufmerksamkeit bei mehreren gleichzeitig in denselben Beruf eintretenden Lehrlingen sich allmählich ausgleichen und dann schließlich eine Reihe von Arbeitern mit gleichartigen und gleichwertigen Leistungen vorhanden ist. Wir erleben immer wieder Überraschungen und Enttäuschungen, wenn wir die Beurteilung der anfänglichen Leistungen mit den späteren Leistungen vergleichen, und werden so durch die direkte Beobachtung auch bei langjähriger Erfahrung und guter Menschenkenntnis nicht in den Stand gesetzt, eindeutige Gesetzmäßigkeiten festzustellen. Und doch erstrecken sich derartige Beobachtungen der anfänglichen Leistungen über Tage, Wochen und Jahre, während die psychologische Prüfung angeblich in wenigen Minuten zu einer Beurteilung der späteren Leistungsfähigkeit führen soll.

Aber auch die Ergebnisse der experimentellen allgemeinen und individuellen Psychologie weisen keinerlei Tatsachen auf, aus denen sich eindeutige gesetzmäßige Beziehungen zwischen einer Prüfungsleistung und späteren Leistungen in der Praxis, die nach einer Lehrzeit in einem Beruf erzielt werden können, ableiten lassen. Denn es ist bisher — außer in einigen Arbeiten, wie die von Bobertag [(27)], in denen dieselben Schulkinder wiederholt in jährlichem Zwischenraum auf ihre Intelligenz geprüft wurden — weder versucht worden, noch ist es gelungen, ganz allgemein die Beziehungen zwischen einem gegenwärtig vorhandenen Komplex seelisch-körperlicher Funktionen und einem früher festgestellten Komplex zu untersuchen. Die experimentelle Psychologie hat zwar aus den Unterschieden bei Leistungen verschiedener Individuen bei psychologischen Versuchen die Theorie der seelischen Typen aufgestellt und die verschiedensten Vorstellungs-, Reaktions- und Aufmerksamkeitstypen, sogar Begabungstypen bestimmter Art, die hier von Interesse sein könnten und in Frage kämen, beschrieben, aber andererseits auch gefunden, daß die Wesenszüge der Leistungen eines Individuums, gleichzeitig Beziehungen zu den verschiedensten angenommenen Typen, in den verschiedensten Abstufungen und Zusammenstellungen, erkennen lassen. Wieweit aber das größere oder geringere Vorhandensein oder Fehlen gewisser Wesenszüge eindeutige Schlüsse auf eine ganz bestimmte und feststellbare Typenzusammensetzung oder gar auf eine zukünftige Zusammensetzung zuläßt, wieweit das Entstehen, Verändern oder Verschwinden derartiger Wesenszüge geht, ist bisher durch entscheidende experimentelle Untersuchungen nicht erforscht worden. Um so überraschender ist es, daß die oben genannten Psychologen, welche Eignungsprüfungen vorschlugen oder über sie berichten, nach dem Vorgange von Münsterberg, mit seelischen Anlagen, Fähigkeiten, Dispositionen, Typen gleichsam wie mit feststehenden und direkt oder indirekt feststellbaren organischen Eigentümlichkeiten rechnen, über deren prinzipielles, dauerndes Vorhandensein oder Nichtvorhandensein gar nicht zu streiten sei.

Da nun nicht anzunehmen ist, daß diese Psychologen von vulgärpsychologischen Vorstellungen geleitet werden, und da praktische Erfahrungen und experimentelle Tatsachen, auf die sie zurückgreifen könnten, nicht zur Verfügung stehen, muß daran gedacht werden, daß sich die Grundlagen der psychologischen Eignungsprüfungen bei ihren Befürwortern, von denen Münsterberg und Stern in erster Linie in Frage kommen dürften, sich auf metaphysische und erkenntnistheoretische Voraussetzungen stützen. Es ist ferner anzunehmen, daß sich diese Voraussetzungen in den Arbeiten dieser Forscher, besonders aber in den von ihnen vorgeschlagenen Prüfungen erkennen lassen. Im Folgenden sollen unter diesen Gesichtspunkten die bisher im Druck bekanntgegebenen Eignungsprüfungen der Verkehrsberufe ausführlich besprochen und beurteilt werden. Hierbei wird sich gleichzeitig zeigen, ob die mit diesen Prüfungen, die als Typen für derartige Eignungsprüfungen gelten können, angeblich erzielten oder doch als möglich behaupteten Erfolge zu Recht bestehen.

Münsterberg hat nun zwar in seinem viel gelesenen Buch »Psychologie und Wirtschaftsleben« (16), das als Ausgangspunkt dieser ganzen Bewegung anzusehen ist, ausdrücklich gefordert, daß der angewandten Psychologie, zu der die Eignungsprüfungen gehören, ausschließlich psychologische Tatsachen zugrunde gelegt werden dürfen (S. 4). Außerdem findet sich dort (S. 4) die Behauptung, daß die noch umstrittenen Prinzipien der allgemeinen Psychologie und der Gegensatz in den Erklärungstheorien keinen Einfluß auf die psychologischen Tatsachen, d. h. auf gefundene, allgemein gültige Gesetze des Seelenlebens und auf erforschte individuelle Verschiedenheiten hätten, daß somit also die angewandte Psychologie mit erkenntnistheoretischen Fragen überhaupt nicht in Berührung zu kommen brauche. Aber trotz dieser Forderung und trotz dieser Behauptung hat Münsterberg und mit ihm seine Nachfolger die psychologischen Eignungsprüfungen auf erkenntnistheoretischen Grundlagen aufgebaut. Denn Münsterberg geht von den nur erkenntnis-theoretisch ableitbaren aber als tatsächlich nicht nachweisbaren »psychophysischen Dispositionen« (1, S. 209) aus. Diese Dispositionen werden bei den einzelnen Individuen in bestimmter Form als dauernd vorhanden und indirekt erkennbar vorausgesetzt; sie sollen durch ihr dauerndes, ziemlich unveränderliches Vorhandensein und durch ihre Erkennbarkeit eine individualpsychologische Voraussage als Grundlage der Eignungsprüfung ermöglichen (17, S. 77). Jeder qualitativen und quantitativen Variation der Sinnesempfindung, der Aufmerksamkeit, der Reaktionsweise, des Denkvermögens, des Wollens, des Gefühls, des Gedächtnisses, der Phantasie usw., kurz jeder psychischen Eigenschaft soll nach Art, Stärke und Lebhaftigkeit verschieden, eine bestimmte psycho-physische Disposition zugrunde liegen. Diese psycho-physischen Dispositionen werden als die Bedingungen jedes möglichen psychischen Geschehens angesehen und sollen ihre physische Grundlage in einer bestimmten bleibenden molekularen Organisation des Gehirns und seiner sensorischen und motorischen Anhänge haben (1, S. 209). Diese aus erkenntnistheoretischen Erwägungen heraus entstandenen Grundlagen sind nun bei Münsterberg und seinen Anhängern unbemerkt zu Tatsachen geworden oder werden doch jedenfalls so benutzt, als ob sie es wären.

In ähnlicher Weise wie Münsterberg nimmt auch William Stern als Grund von Leistungen »Dispositionen« oder »Fähigkeiten« an, die sich in allen Leistungen leicht feststellen lassen sollen, und die, da sie als dauernd angenommen werden, eine Vorhersage von zukünftigen Leistungen ermöglichen sollen. Nach Stern sind »Dispositionen« oder »Fähigkeiten« innerlich angelegte Wirkungsfähigkeiten und Richtungen des Individuums, die von außen wohl angeregt und ausgelöst, nie aber *erzeugt werden können.* Er unterteilt diese Dispositionen in labile »Anlagen«, *die erst nach einer Determinierung von außen zu einer* endgültigen Art des *individuellen Funktionierens führen,* und in stabile »Eigenschaften«, die als relativ-konstante Verhaltungsform den Wesenskern eines Menschen ausmachend, wenig von außen zu beeinflussen sind (13, S. 27). Diese so definierten Dispositionen, die konstruiert und nicht aus der Erfahrung abgeleitet sind, sollen an den feststellbaren aktuellen Leistungen erkennbar sein, weil Stern glaubt, daß die Leistungen auf den verschiedenen Gebieten die Symptome der verschiedenen dauernden Fähigkeiten enthalten, und uns deshalb über *die* »immanenten Angelegtheiten« eines Individuums, d. h. also über seine *Dispositionen* und Fähigkeiten nach Qualität und Quantität unterrichten.

Ähnliche Voraussetzungen über das Vorhandensein und die Erkennbarkeit bestimmter Dispositionen werden von allen genannten Befürwortern psychologischer Eignungsprüfungen und von allen Erfindern neuer Prüfungsmethoden stillschweigend oder ausgesprochenerweise gemacht. Es wird dabei der weiteren Behauptung Münsterbergs kritiklos zugestimmt, daß die persönlichen Verschiedenheiten in der Ermüdbarkeit, Erschöpfbarkeit und Erholbarkeit, in der Disposition zum Lernen und Einüben, in der Fähigkeit, von der Wiederholung Nutzen zu ziehen, und in der Neigung zum Vergessen, in der Tendenz zum Nachahmen, in dem persönlichen Arbeitsrhythmus, in der Sorgsamkeit der Arbeit, der Geschicklichkeit, der Beharrlichkeit, der Beeinflussungsmöglichkeit und ähnlicher Eigenschaften sich mit verhältnismäßig einfachen Testexperimenten feststellen lassen sollen (19, S. 403). Auf der Grundlage dieser Voraussetzungen ist man der Antwort auf die prinzipielle Frage der Möglichkeit der Meßbarkeit von Dispositionen und Anlagen, und damit auch der prinzipiellen Frage der Möglichkeit einer Eignungsprüfung leicht enthoben. Es galt dann nur noch die Schwierigkeiten zu überwinden, die auch bei diesen Voraussetzungen bestehen bleiben, und die sich bei jeder Eignungsprüfung, sowohl bei der Analyse der Berufsarbeit und bei der Zusammenstellung der Aufgabe, wie bei der Einrichtung der Prüfungsmethode, und schließlich bei der Bewertung der Prüfungsergebnisse einstellen.

III. Die bisher bekanntgegebenen psychologischen Berufs-Eignungsprüfungen für Verkehrsberufe.

Die Schwierigkeiten, die bei psychologischen Berufs-Eignungsprüfungen zu überwinden sind, wurden noch 1911 von William Stern, einem der Hauptbefürworter der Einführung derartiger Prüfungsmethoden, für so groß gehalten, daß er nach Münsterbergs ersten Vorschlägen die praktisch brauchbare Ausgestaltung dieses Testprogramms für außerordentlich weit entfernt ansah [13, S. 104]. Ebenso verkannte auch Münsterberg bisweilen die großen Schwierigkeiten nicht, die sich den Eignungsprüfungen entgegenstellen. 1912 wird im Vorwort seines Buches »Psychologie und Wirtschaftsleben«, in dem alle von ihm vorgeschlagenen Eignungsprüfungen zusammengestellt sind, ausdrücklich darauf hingewiesen, daß es sich hier nur um vorläufige Ergebnisse und Vorschläge handle, die nur Anfänge darstellen sollen, um als Beispiele und Anregungen zu dienen [16, S. VI]. Aus den Beschreibungen der Eignungsprüfungen im Buche selber geht diese Einschränkung aber nicht mehr hervor, und der unkritische Leser glaubt deshalb Berichte über erprobte Eignungsprüfungen zu lesen. Bei diesen ersten Anregungen und Beispielen aus dem Jahre 1912 ist es merkwürdigerweise geblieben, und Münsterberg hat nach den dort fragmentarisch bekanntgegebenen Ergebnissen weniger Versuche an einigen Straßenbahnführern nach seiner Methode der Eignungsprüfung für diesen Beruf nie wieder über weitere praktische Versuche mit Eignungsprüfungsmethoden dieses oder eines anderen Verkehrsberufes berichten können, obgleich sein Buch wiederholt bis 1919 neu aufgelegt wurde.

Trotz dieser Sachlage findet man immer wieder in volkstümlich geschriebenen Aufsätzen der Tagespresse und in Büchern über Berufswahl und Berufsauslese [23, 30] besonders die Versuche Münsterbergs als Beispiele dafür angeführt, daß bereits jetzt die Möglichkeit besteht, durch ein einfaches, wenige Minuten dauerndes experimentelles Verfahren zu prüfen, ob ein Bewerber für einen bestimmten Beruf geeignet sei oder nicht.

Eine nähere Betrachtung der Vorschläge wird dagegen zeigen, daß sich für die praktische Brauchbarkeit dieser Methoden keine sicheren Anhaltspunkte finden lassen.

a) Die Straßenbahnführer- und die Schiffsführer-Eignungsprüfung nach Münsterberg (16, S. 44 ff.).

Zu der Straßenbahnführer-Eignungsprüfung will Münsterberg durch eine Versammlung der amerikanischen Gesellschaft für Arbeitergesetzgebung im Jahre 1911, in der die Straßenbahnunfälle und ihre Ursachen besprochen wurden, angeregt worden sein. In dieser Versammlung, in der Berufsspezialisten des Straßenbahnwesens zusammengekommen waren, soll betont worden sein, daß es bei der Ursache der Straßenbahnunfälle in der Hauptsache auf die »geistige Konstitution« des Wagenführers ankomme. Insbesondere sei die fortwährend benötigte Fähigkeit, das Gesamtbild der Straße so zu überschauen, daß alle die vielen möglichen Bewegungen der Fußgänger, der Wagen und der Autos gleichzeitig erfaßt werden, bei den Führern in verschiedenem Maße vorhanden, und ebenso die Ablenkung der Aufmerksamkeit. Es gäbe Führer, die sozusagen niemals einen Unfall herbeiführen und auch den kopflosen Fußgängern und den ungeschickten Chauffeuren gewachsen sind, während bei anderen, weil sie nicht voraussehen, wie sich die Dinge entwickeln werden, in gewissem Sinne ohne ihr Verschulden und doch auf Grund ihrer persönlichen Eigenheiten, leichter oder schwerer Unfälle besonders häufig sich einstellen. Aus dieser Auffassung der Sachlage ergab sich die Frage, ob Psychologen in der Lage seien, durch eine experimentelle Prüfung die Eignung für Straßenbahnführer festzustellen.

Münsterberg glaubte diese Prüfung ausführen zu können. Nach seinen Beobachtungen sollte für die Unfallfrage im wesentlichen als »zentrale geistige Leistung« eine »eigentümlich komplizierte Aufmerksamkeits-Leistung, eine charakteristische Kombination von Aufmerksamkeit und Phantasie« in Frage kommen, mit deren Hilfe es möglich sei, die im schnell wechselnden Straßenbild ständig und in verschiedener Richtung sich bewegenden Fußgänger, Wagen und Autos in ihrer Schnelligkeit zu beurteilen. Eine derartige Leistung sei nicht allen Menschen möglich. Es gäbe Menschen, die einer solchen Mannigfaltigkeit von Bewegungen, weil sie immer wieder den Erfolg der Bewegungen erst abwarten wollen, nicht gewachsen sind und in ihren Impulsen dauernd gehemmt werden. Als Straßenbahnführer würden derartige Menschen nicht aus der Stelle kommen und in entscheidenden Augenblicken durch Hemmungen nicht so handeln können, wie es zur Vermeidung eines Unfalles notwendig sei. Es gäbe andere, die sich auch bei schneller Fahrt für eine kurze Zeit in diese große Mannigfaltigkeit einleben können, die aber bald in ihrer Aufmerksamkeit versagen. Es gäbe so in bezug auf diese eigenartige einheitliche Leistung eine Reihe verschiedenster seelischer Typen und es sei deshalb die Aufgabe des Psychologen, die Personen herauszufinden, die dem geeigneten Typus angehören und so diese Leistung voraussichtlich ausführen könnten.

Zur Umsetzung dieser Leistung in das Laboratoriums-Experiment konstruierte Münsterberg einen Apparat, an dem sich nach seiner Ansicht eine seelische Leistung vollziehen läßt, die eine innere Ähnlichkeit zu der oben geschilderten Leistung der Wagenführer habe. Die Brauchbarkeit der Prüfungsmethode sollte sich einmal dadurch erweisen, daß sich bei zuverlässigen Wagenführern, an denen M. zunächst seine Versuche machte, gute, bei unzuverlässigen Führern schlechte Resultate zeigen, und daß zweitens bei den Wagenführern im Versuch das Gefühl erweckt wird, daß ihre Tätigkeit hierbei eine größtmögliche Ähnlichkeit mit ihrer Tätigkeit während der Fahrt habe.

Der von Münsterberg für die Eignungsprüfung der Straßenbahnführer konstruierte Apparat besteht aus einem kastenartigen Gestell, in dem unter einer Glasplatte vom Versuchsleiter auszuwechselnde je 26 zu 9 cm große, mit qcm Einteilung versehene Kartonblätter liegen. Über die Glasplatte hinweg wird durch Drehen einer vom Prüfling zu bedienenden Handkurbel ein gürtelförmig geschlossener, 15 cm breiter schwarzer Samtstreifen mit zwei fensterartigen Ausschnitten von 9 zu 6 cm so bewegt, daß bei Bedienung der Apparatur ständig einer der Ausschnitte von unten nach oben über die Glasplatte hinläuft. Es sind auf diese Weise ständig 6 Reihen von je 9 Quadraten auf dem Karton unter der Glasplatte sichtbar. Die mittleren 26 Quadrate der Kartonblätter sind durch zwei dickere Linien abgegrenzt und in jedes der dazwischenliegenden Quadrate der Buchstabe A bis Z gedruckt. In den je 4 Parallelreihen von Quadraten rechts und links der mittleren Reihe sind in unregelmäßiger Verteilung etwa 100 Ziffern zum größeren Teil schwarz, zum kleineren Teil rot, eingedruckt, und zwar ausschließlich die Ziffern 1 bis 3.

Der Prüfling erhielt mit Vorzeigung eines so bedruckten Kartons ungefähr die folgende Instruktion:

»Denken Sie sich, daß diese Mittellinien ein Geleise auf der Straße bedeuten, daß jede 1 einen Fußgänger, jede 2 einen Wagen und jede 3 ein Auto vorstellt, weil das Auto sich um die dreifache, der Wagen um die zweifache Strecke fortbewegt hat, wenn der Fußgänger einen einfachen Schritt macht. Jeder solcher Schritt soll durch ein Quadrat dargestellt sein, alle die schwarzen Zahlen bewegen sich dem Geleise parallel, kommen also für etwaiges Kreuzen der Geleise gar nicht in Betracht. Sie können mithin von den schwarzen Zahlen vollkommen absehen. Die roten Zahlen dagegen sind die gefährlichen. Sie bedeuten die Passanten, die sich von rechts oder von links her auf das Geleise zu bewegen. Ihre Aufgabe ist es nun, das Geleise von A bis Z mit den Augen entlang zu gehen und so schnell wie möglich herauszufinden, an welcher Stelle *die roten* Ziffern gerade auf das Geleise kommen würden, wenn die 1 *einen Schritt*, die 2 zwei Schritte und die 3 drei Schritte macht. *Ist die rote 3 beispiels*weise vier Quadrate vom Geleise entfernt, so ist *keine Gefahr*, da sie das Geleise nicht erreicht; ist die rote 3 ein oder zwei Quadrate vom Geleise entfernt, so ist ebenfalls keine Gefahr, da sie das Geleise schon überschritten haben würde. Gefahr ist also nur dann, wenn die rote 1 um ein Quadrat, die rote 2 um zwei Quadrate und die rote 3 um drei Quadrate, entweder auf der rechten oder auf der linken Seite vom Mittelgeleise entfernt ist. Sobald Sie solche Gefahr sehen, rufen Sie den Buchstaben im Geleise aus. Denken Sie nun nicht etwa an ihre Straße oder an wirkliche Menschen, sondern wenden Sie Ihre ganze Aufmerksamkeit einfach den Zahlen selbst zu. Aber hüten Sie sich, daß Sie sich nicht um die schwarzen Zahlen kümmern, statt um die roten, und daß Sie nicht zu nahe und zu ferne Zahlen als gefährlich ansehen, und seien Sie ganz besonders bemüht, keinesfalls eine rote Zahl zu übersehen, die gerade in Ihr Geleise hineintreten würde, wenn Sie die entsprechende Zahl der Schritte macht.«

Münsterberg will bei seinen Versuchen nach einer derartigen Instruktion und Demonstration von wenigen Minuten keinen Wagenführer gefunden haben, der nicht sofort den Versuchsbedingungen gerecht werden konnte und der nicht verstand, was er im Versuch zu tun hatte. Die Prüfung selber erfolgte dann in der Weise, daß der Prüfling an den Apparat bei ständigem Drehen an der Kurbel die Buchstaben ausrufen mußte, die er als Gefahrpunkte im Sinne der Instruktion erkannte, während der Versuchsleiter 12 mal die bedruckte Karte jedesmal dann schnell wechselte, wenn der eine Ausschnitt oben im Samtstreifen verschwunden war, und der andere unten eben auftauchte. Die aufgerufenen Buchstaben wurden aufgeschrieben und die Gesamtzahl in Sekunden gemessen. Das Drehen der Kurbel mußte vom Prüfling so schnell als möglich erfolgen, doch so, daß es dem Prüfling noch möglich war, alle roten Ziffern in ihrer Stellung zu den Buchstaben in der mittleren Reihe genau zu beachten.

Als zahlenmäßige Versuchsergebnisse erhielt Münsterberg bei seinen Prüfungen:

1. die Zeit, die für die Durchsicht der 12 Karten gebraucht wurde,
2. die Anzahl der falsch aufgerufenen Gefahrpunkte,
3. die Zahl der übersehenen wirklich vorhandenen Gefahrpunkte.

Münsterberg hat derartige Prüfungen mit einer »größeren« Zahl von Wagenführern vorgenommen, von denen »einige« vom Standpunkt der Straßenbahngesellschaft und mit Rücksicht auf Unfallvermeidung »allerbeste« Männer waren, während andere der Entlassung nahe standen und besonders solche waren, die eine Reihe kleiner Unfälle verschuldet hatten. Es ist zu bedauern, daß Münsterberg hier, wie auch bei seinen übrigen Vorschlägen, keine Zahlenangaben oder sonstige genauere Bestimmungen mitteilt, die einen kritischen Einblick in die Versuche und deren Auswertungen gestatten. Die »erprobten Wagenführer« sollen nun darin einig gewesen sein, daß sie in der Prüfung genau die Empfindung erlebten, die sie von der Wagenführung her in belebten Straßen kannten, womit für Münsterberg ein entscheidendes Ergebnis für die Richtigkeit seiner Methode gegeben war. Bei der Beobachtung der Prüflinge im Versuch konnte Münsterberg feststellen, daß einige überlangsam, einige überschnell waren, einige bald ermüdeten und einige sich durch die schwarzen Zahlen ablenken ließen, einige nach einer richtigen Reaktion auf einen roten Gefahrpunkt, die nächstfolgenden Gefahrpunkte übersahen, und Münsterberg schloß aus diesen und ähnlichen verschiedenen Verhaltungsweisen in dem kurzen 3—7 Minuten währenden Versuch, daß sich hier alle die Eigentümlichkeiten und Schwächen der Wagenführer wiederspiegelten, die im Straßenverkehr so verhängnisvoll werden können.

Bei der Bewertung und Berechnung der Ergebnisse glaubte Münsterberg, »um nicht zu weit in Einzelheiten geführt zu werden«, von den falsch angegebenen Gefahrpunkten absehen zu können. Er verrechnete nur die Sekunden, die zur Durchsicht der Karten gebraucht worden waren, und die übersehenen Gefahrpunkte. Da sich bei den untersuchten Straßenbahnführern zufällig 2—26 Fehler feststellen ließen, und die Zeit zwischen 180 und 240 (in Wirklichkeit zwischen 140 und 420) Sekunden schwankte, glaubte Münsterberg sich berechtigt,

24 (26 weniger 2) Fehlerstufen und 240 (420—180) Sekundenstufen einrichten und weiter die Fehlerzahl mit 10 multiplizieren zu können, um so ebenfalls 240 Fehlerstufen zu erhalten. Es sollte auf diese Weise gelingen durch Hinzuzählung der 10fachen Fehlerzahl zu der Sekundenzahl für jedes Individuum eine einzige Ziffer zu erhalten, die einen Anhaltspunkt für den Vergleich der Persönlichkeiten unter Berücksichtigung beider Seiten der Leistungen bilden sollte. Auf der Grundlage dieser sonderbaren an Zahlenmystik erinnernden, zum mindesten aber willkürlichen und innerlich in keiner Weise berechtigten, Berechnungsweise, die jeder rechnerischen und psychologischen Begründung entbehrt, empfahl Münsterberg 1912 in einer zweiten Versammlung der amerikanischen Gesellschaft für Arbeitergesetzgebung, als Ergebnis seiner Untersuchungen, eine Gesamtziffer von 450 als brauchbare Durchschnittsleistung bei dieser Prüfung für einen Wagenführer anzusehen. Das sollte heißen, daß ein Wagenführer, der für diesen Versuch 400 Sekunden gebrauchte, nicht mehr als 5 Fehler machen dürfte, bei 350 Sekunden nicht mehr als 10 Fehler, bei 300 Sekunden nicht mehr als 15. Eine noch kürzere Zeit mit einer größeren Fehlerzahl als 15 würde als nicht brauchbar anzusehen sein, dagegen sehr wohl eine kürzere Zeit mit kleinerer Fehlerzahl. Nach dieser Berechnung sollten kleinere Zahlen als 350 (immer die 10fache Fehlerzahl zu der Zahl der Sekunden addiert) als vorzüglich gelten, Zahlen von 350—450 als befriedigend, Zahlen von 450—550 als mangelhaft, Zahlen über 550 als gänzlich ungeeignet gelten.

Münsterberg will nun als weitere entscheidende Tatsache für den Wert und die Richtigkeit seiner Methode, nachdem er schon die Angaben der geprüften Wagenführer über gleichartige Erlebnisse bei der Prüfung und während der Fahrt als entscheidend ansah, eine »weitgehende« Parallelität zwischen der Prüfungsleistung, die durch die so gefundenen Ziffern ausgedrückt war, und zwischen den praktischen Leistungen der Wagenführer im Betrieb festgestellt haben. Angaben über die Zahl der geprüften Führer, über die Art der Beurteilung dieser Führer seitens der Straßenbahngesellschaft, über den Grad der behaupteten Parallelität fehlen. Dagegen finden sich die Angaben, daß es sich nicht um eine ideale Korrespondenz handele, und daß diese auch nicht erwartet werden dürfte. So zeigten z. B. die von der Gesellschaft zur Prüfung überwiesenen »allerbesten« Männer, durchweg Straßenbahnführer, die bereits 25 Jahre und länger im Dienst und über 45 Jahre alt waren, nur befriedigende Leistungen, während jüngere, wenig erprobte Führer (ebenso wie Studenten, mit denen in gleicher Weise Versuche gemacht wurden) durchweg bessere Leistungen aufwiesen. Münsterberg führt diese Unstimmigkeit darauf zurück, daß allgemein jüngere Menschen, die der Schule näher stehen, besser mit Druckzeichen und Diagrammen umgehen können. In Wirklichkeit dürfte dieses äußere Moment nicht das ausschlaggebende sein, sondern die Tatsache, daß ein 40jähriger Mann einem derartigen Versuche nicht nur fremd und leicht auch ablehnend gegenübersteht, sondern ihm auch eine ganz andere Bedeutung zumißt, als ein junger Mensch, der bei seiner noch nicht so weit vorgeschrittenen Entwicklung viel einstellungsfähiger, viel aufnahmefähiger bzw. anpassungsfähiger ist. Außerdem weist Münsterberg an dieser Stelle mit Recht daraufhin, daß die Beurteilung der Güte der Fahrer nach der Zahl der gehabten Unfälle zu falschen Schlüssen führen müsse, weil erfahrungsgemäß zahlreiche Unfälle ohne jedes Verschulden des Führers entstehen und gegebenenfalls auch von den besten und geschicktesten Führern nicht zu vermeiden sind. Ebenso sei die Beurteilung der Straßenbahnführer seitens der Straßenbahngesellschaft kein objektives Maß für die praktische Leistungsfähigkeit, weil dieser Beurteilung oft Charaktereigenschaften des Führers zugrunde gelegt werden, die durch die Eignungsprüfung gar nicht erfaßt werden sollen oder können. Unter Berücksichtigung aller dieser und ähnlicher Faktoren (wie diese Berücksichtigung erfolgte, ist wiederum nicht angegeben), die notwendigerweise das Gesamtbild verunreinigen müssen, hat Münsterberg trotzdem eine »genügende« Übereinstimmung gefunden, um »genügend« die Weiterführung zu rechtfertigen. Andererseits glaubte Münsterberg aber schon in dieser ersten »noch lange nicht hinreichend erprobten Form« eine experimentelle Prüfung gefunden zu haben, mit der es möglich sein sollte, ungefähr ein Viertel der im Amte befindlichen Wagenführer auszuschließen und so »Tausende von Unglücksfällen und Hunderte von Todesfällen, wenn auch nur zur Hälfte« für die Zukunft auszuschließen. In seinem 1914 erschienenen Werke »Grundzüge der Psychotechnik« behauptet Münsterberg dann unter Weglassung der obigen Einschränkungen, nach wörtlicher Wiedergabe des Verfahrens und der Versuche von 1912 und ohne über irgendwelche weiteren neuen Untersuchungen zu berichten, daß die psychotechnische Zuverlässigkeit dieser Methode, die durch die »Übereinstimmung« der Ergebnisse mit den praktischen Resultaten an Männern, die sich als Wagenführer jahrelang bewährt haben und solchen, bei denen Unfälle vorkamen und die entlassen werden mußten, bewiesen sei [19, S. 135].

Die kritiklose Übernahme dieser Behauptung von der Übereinstimmung der Prüfungsergebnisse mit den praktischen Leistungen, die bei den Versuchen Münsterberg trotz der eigenartigen Berechnung und Bewertung der Versuchsergebnisse gar nicht vorhanden gewesen ist, hat vielleicht besonders dazu geführt, in den erwähnten populären Bearbeitungen gerade diese Prüfung der Straßenbahnführer als Musterbeispiel einer erfolgreichen Eignungsprüfung hinzustellen.

Die von Münsterberg auf Grund seiner Analyse des Straßenbahnführers festgestellte »eigentümlich komplizierte Aufmerksamkeitsleistung«, deren Vorhandensein für die Fähigkeit, Unfälle zu vermeiden als wesentlich angesehen wurde, war nur eine Wiederholung der Auffassung der Straßenbahntechniker über die Unfallfrage. Man kann jedenfalls nicht behaupten, daß es sich hier um eine sorgfältige Analyse der für diesen Beruf wichtigsten seelisch-körperlichen Funktionen handelt, wie sie von Münsterberg an anderer Stelle als Ausgangspunkt jeder Berufs-Eignungsprüfung ausdrücklich gefordert wird. Münsterberg glaubte mit der oben beschriebenen Aufmerksamkeitsleistung »die eigentlich zentrale Leistung erfaßt zu haben, welche die Gesamtfunktionen des Wagenführers enthalte, die für die Unfallvermeidung in Frage komme«. Die wichtige Prüfung der Eignung der Straßenbahnführer auf ihre allgemeine Fahrleistung wurde merkwürdigerweise gar nicht beabsichtigt. Nun handelt es sich aber in Wirklichkeit auch bei der Vermeidung von Unfällen, soweit überhaupt dabei das Verhalten des Führers eine Rolle spielt, nicht nur um eine richtige Aufmerksamkeitseinstellung, sondern vor allen Dingen um eine genügend schnelle und richtige Handlungsweise auf plötzliche und unerwartete Ereignisse. Münsterberg glaubte von einer Prüfung dieser Leistung absehen zu können, weil er annahm, daß derartigen Handlungen als Einzelfunktionen die einfachen Reaktionen des betreffenden Führers für optische Reize zugrunde liegen, und weil er in Vorversuchen festgestellt hatte, daß die Reaktionszeiten bei den verschiedenen zuverlässigen und unzuverlässigen Führern keine charakteristischen Unterschiede aufwiesen. Die Annahme, daß die Art der Handlung auf erwartete optische Reize in einfachen Reaktionsversuchen der Art der Reaktionen des Führers entspricht, wenn er in Fällen plötzlicher Gefahr eine Reihe von Hebeln blitzschnell bedienen soll, während er noch unmittelbar vorher angespannt das buntbewegte Straßenbild und die Fahrt seines Wagens gleichzeitig beachten mußte, ist aber sicher falsch. Denn beim Vermeiden von Unfällen, Erkennen von Gefahren und seinem Vorbeugen, handelt es sich, rein analytisch gesprochen, nicht nur um eine Aufmerksamkeitsleistung, sondern um eine damit verbundene Willensbereitschaft, also um kompliziertere psychologische Verhältnisse. Die Aufmerksamkeitsleistung kann somit, wenn sie durch das Münsterbergsche Verfahren hervorgerufen wurde, groß sein, ohne daß die Willensbereitschaft, und die Bereitschaft zum sofortigen und richtigen Handeln im Sinne einer komplizierten Leistung, es auch sein müßte. Die Leistung kann bei ausschließlicher Prüfung der Aufmerksamkeit gerade deshalb so groß und gut sein, weil jede Determinierung zu einer Handlung hier wegfällt. Eine andere Frage, zu der allerdings Münsterberg gar keine Stellung genommen hat, ist es dann weiter, ob es überhaupt im Experiment möglich sein wird, die Situation der Straßenbahnführer bei einem Unfall wiederzugeben. Es ist zu bedenken, daß auch dann, wenn man noch so überraschende und eigenartige Schreckreize in einer die Aufmerksamkeit vielseitig in Anspruch nehmenden Prüfungsaufgabe darbietet, dadurch niemals das Gefahrmoment für das eigene und fremde Leben, das dem Unfall niemals fehlt, mit in die Aufgabe hineingebracht wird. Wieweit das Verhalten der Versuchspersonen bei den üblichen Schreckreizen für die Beurteilung der Berufseignung verwertet werden kann, soll weiter unten an der Hand von Beispielen besprochen werden.

Ist es nun Münsterberg durch seine Apparatur wenigstens gelungen eine Aufgabe zu schaffen, die zu einer gleichen Aufmerksamkeitsleistung zwingt, wie er selbst sie in der Praxis für eine Unfallvermeidung forderte? Münsterberg glaubte diese Frage bejahen zu können, weil ihm von den geprüften Führern (von wie vielen und auf welche Fragen hin, ist nicht angegeben) erklärt worden war, daß sie im Versuch die gleichen Empfindungen gehabt hätten, wie bei der Führung des Wagens in einer belebten Straße. Diesen Erklärungen, die Münsterberg als entscheidend für den Wert seiner ganzen Methode angesehen wissen will, ist aber kaum diese Bedeutung beizumessen, zumal sie erfahrungsgemäß von Versuchspersonen leicht dem Versuchsleiter zu Gefallen gemacht werden. Verfasser hat bei seinen Versuchen oft ähnliche Äußerungen gehört, auf die daher später noch einmal eingegangen werden soll. Hier sei nur darauf hingewiesen, daß derartige Männer einfacher Bildung überhaupt nicht in der Lage sind selbst Beobachtungen, wie sie der Psychologe wünscht, zu machen; auch können sie ihre Erlebnisse nicht genau beschreiben, weil ihnen die Ausdrücke fehlen bzw. eine schnelle richtige Anwendung der Ausdrücke Schwierigkeiten macht. Bei der Instruktion und im Experiment war außerdem eine Suggestion keineswegs, wie Münsterberg behauptet, ausgeschlossen, sondern im Gegenteil durch die Vergleiche mit Geleise, Fußgänger, Wagen und Auto ein Verwechseln von Vorstellungen auf Grund einer Bedeutungsanalogie im höchsten Grade nahegelegt.

Vergleicht man nun die Arbeit, die in der Prüfungsaufgabe gefordert wird, mit der praktischen Führertätigkeit, so findet sich nicht die von Münsterberg für derartige Prüfungen geforderte »*innere Ähnlichkeit der seelischen Leistungen*«, *sondern auffallende Gegensätze*.

Bei der in der Prüfungsaufgabe geforderten Beachtung des gleichsam ablaufenden Kartonstreifens, sieht der Prüfling ständig einen Ausschnitt von 9 zu 6 cm und hat seine Aufmerksamkeit in diesem kleinen Feld dauernd auf einen beweglichen Streifen von 9 zu 1 cm mit wechselndem Inhalt zu richten. Bemerkt er in diesem Feld rote Ziffern in bestimmter feststehender Anordnung, so hat er den zugehörigen Buchstaben der Mittelreihe auszurufen. Die Anordnung der roten Ziffern hat sich der Prüfling gedächtnismäßig einzuprägen und die Leistung wird deshalb in weitgehendem Maße von der Entwicklung des Gedächtnisses für visuelle Eindrücke und von der Übung abhängig sein. Bemerkt der Prüfling schwarze Buchstaben, auf welchen nach der Instruktion nicht zu reagieren ist, so beurteilt er diese Reihe ohne jedes Beachten der einzelnen Ziffern als solche und in ihren jeweiligen Stellungen allein durch das Fehlen des Rot. Die Bewegung des Streifens erfolgt durch den Prüfling, indem er ständig, ohne sich selber vorwärts zu bewegen, eine Kurbel zu drehen hat.

Im direkten Gegensatz zu dieser Tätigkeit bei der Prüfungsaufgabe hat der Führer bei der Fahrt auf dem Wagen den ganzen vor ihm liegenden Raum der Straße zu beachten. Hier muß er sowohl auf die feststehenden Verhältnisse der Straßenengen und Straßenübergänge, der Kurven und der Steigungen achten, wie auf die mit verschiedener und wechselnder Richtung und Schnelligkeit sich bewegenden Menschen, Wagen und Autos und schließlich auf die Signale des Schaffners. Dabei sind die Menschen, Wagen und Autos, die sich dem Geleise parallel bewegen und deshalb für die Fahrt des Wagens zunächst keine direkte Bedeutung haben, nicht wie die ihnen im Versuch als entsprechend gedachten Ziffern, durch eine besondere Farbe gekennzeichnet, sondern sind desselben Aussehens, wie die sich in anderer Richtung bewegenden Figuren und können außerdem jederzeit, ohne daß es für den Führer vorher sogleich erkennbar zu sein braucht, ihre Richtung ändern. Nimmt man noch hinzu, daß der Führer zwar durch gelegentliches Ein- und Ausschalten des Stromes und durch Anziehen und Lösen der Bremse die Fahrgeschwindigkeit verändern kann, aber nicht wie im Versuch, durch ständiges Kurbeln gleichsam selbst den Motor bildet, so ergibt sich zusammenfassend, daß die Münsterbergsche Prüfungsaufgabe Auffassungsvorgänge und Gedächtnisleistungen verlangt, die den bei der praktischen Wagenführung sich abspielenden Wahrnehmungsvorgängen nicht entsprechen, da die Reizverhältnisse dort und hier unvergleichlich verschieden sind. Daß außerdem die für den Fahrbetrieb gleichzeitig mit einer bestimmten Aufmerksamkeitsleistung notwendige Willensbereitschaft in der Prüfung überhaupt nicht erfaßt wurde, ist schon erwähnt worden.

Einen ganz ähnlichen, doppelten Fehler macht Münsterberg bei seinem Vorschlag zu einer Eignungsprüfung für Schiffsführer (16, S. 55). Diese Prüfung ist ebenfalls in der volkstümlichen Literatur für Berufsberatung und Berufsbegabung als erprobte, erfolgreiche Eignungsprüfung angeführt worden. *Mit dieser Prüfungsmethode, die übrigens nie an Schiffsführern, sondern nur im Laboratorium an Studenten erprobt wurde,* sollte die Sicherheit und Schnelligkeit der Entscheidung in verwickelten Situationen bei den Prüflingen festgestellt werden. Münsterberg dachte dabei an die Situationen, in die der Schiffsführer bei Schiffszusammenstößen versetzt wird, und hielt die dann zu zeigende Entschlußfähigkeit für die wichtigste Eigenschaft, die für die Eignung zum Schiffsführer in Frage kommt. Diese Eigenschaft glaubte Münsterberg durch folgenden Kartensortierversuch aufdecken zu können.

24 Karten in der Größe von Spielkarten sind in der oberen *Hälfte* mit 4 Reihen von je 12 Buchstaben des großen Alphabetes bedruckt und zwar mit A, E, O und U in unregelmäßiger Anordnung. In 4 Karten ist einer dieser 4 Vokale 21 mal und jeder der 3 anderen 9 mal, in 8 Karten der eine 18 mal und jeder der 3 anderen 10 mal, und in 8 Karten ein Vokal 15 mal und jeder der 3 anderen 11 mal vertreten. In 4 Karten ist schließlich ein Vokal 16 mal, jeder der 3 anderen 8 mal vertreten und überdies noch 8 verschiedene Konsonanten beigemischt. Diese 24 Karten sind nun von dem Prüfling in 4 Haufen zu verteilen, und zwar so, daß im ersten Haufen alle die Karten zusammenkommen, bei denen der Buchstabe A der häufigste zu sein scheint, im zweiten der Buchstabe E usw. Selbstverständlich darf das Ergebnis nicht durch Zählung der Buchstaben gewonnen sein. Schon der Versuch der Zählung würde die Zeit für die Prüfung so verlängern, daß sie ungenügend würde. Die Zeit für die Verteilung wird mit der Stoppuhr gemessen und die fehlerhaft in die falschen Haufen gelegten Karten gezählt und bewertet. Eine falsch gelegte Karte, in der ein Buchstabe 21 mal vorkam, wurde vierfach, beim 18 maligen Vorkommen dreifach, beim 16 maligen Vorkommen zweifach und beim 15 fachen Vorkommen einfach als Fehler gerechnet. Fehlerzahl und Sekundenzahl wurden dann miteinander multipliziert und nach einigen Versuchen bestimmt, daß ein Produkt unter 400 »ein Zeichen vollkommener Zuverlässigkeit für sehr schnelle und richtige Entscheidungen in komplizierter Lebenslage« bekundet. 400 bis 1000

soll die »Breite einer verläßlichen normalen Geistesart« bedeuten, 1000 bis 2000 soll noch ausreichend sein, 2000 bis 3000 unzuverlässig und über 3000 gänzlich unbrauchbar.

Abgesehen von der ebenso unpsychologischen wie willkürlichen Berechnungsweise der Ergebnisse und der absurden Schlußfolgerungen aus den so gewonnenen Ergebnissen ist auch in dieser Prüfung zu bemängeln, daß sie einerseits Wahrnehmungsverhältnisse schafft, die denen der Wirklichkeit auch nicht in einer Ähnlichkeit entsprechen, daß sie andererseits die zu prüfende Willensbereitschaft bzw. die Entscheidungsbereitschaft überhaupt nicht erfaßt. Gelingt es gelegentlich dem Prüfling in diesen Buchstabenreihen einen in der Mehrzahl vorhandenen Buchstaben wirklich als solchen zu erkennen, so handelt es sich lediglich um einen Wahrnehmungsvorgang, und nach dem Erkennen ist die Zuordnung des Kartenblattes zu dem betreffenden Haufen eine einfache Wahlhandlung entsprechend der Aufgabe, wobei eine eigentliche Entscheidung zwischen mehreren Handlungstendenzen überhaupt nicht eintrifft. Ein Zögern im Verteilen in dem Falle, daß der Prüfling die Bedeutung des Haufens (also einen Bestandteil der Aufgabe) vergessen hätte, würde keinen Mangel an Entschlußfähigkeit wenigstens für diese Verteilung zeigen, sondern lediglich einen gegenwärtigen Mangel an Merkfähigkeit für die Bedeutung der vier Kartenhaufen d. h. ein Nichtgegenwärtigsein der Aufgabe. Im allgemeinen dürfte es aber ausgeschlossen sein, daß der Prüfling in der kurzen Zeit, die er sich zum Betrachten der Karten gönnt, deutlich den am zahlreichsten vorhandenen Buchstaben erkennen kann. Es liegen hier Reiz- und Auffassungsverhältnisse vor, ähnlich wie bei tachistoskopischen Versuchen; die Auffassung des Dargebotenen ist erschwert und unsicher und in ihrem Ergebnis willkürlich. Die tatsächlich hier vorliegenden Auffassungsverhältnisse sind durchaus nicht geklärt. Erkennt nun aber der Prüfling infolge der erschwerten Auffassungsbedingungen den in der Mehrzahl vorhandenen Buchstaben auf der Karte überhaupt nicht, und das dürfte in der Mehrzahl der Fälle sein, so kann natürlich auch von einer Entscheidungshandlung nicht mehr die Rede sein, denn die Karte könnte in diesem Falle auf jeden Haufen mit gleicher Berechtigung gelegt werden. In gleicher Weise könnte der Prüfling verfahren, wenn er die Karten von vornherein ohne sie besonders zu beachten, in vier Haufen verteilte. Man kann sich tatsächlich durch Nachprüfungen davon überzeugen, daß auf diese letztere Art bei sehr vielen Menschen »eine normale verläßliche Geistesart« festgestellt werden kann. Eine Entscheidungs- und Entschlußfähigkeit, die Münsterberg prüfen wollte, wird von dieser Prüfungsaufgabe in keiner Form in Anspruch genommen. —

Wenn sich auch nach der oben festgestellten weitgehenden Unzulänglichkeit der Prüfungsmethode für die Straßenbahnführer eine weitere Besprechung erübrigt, so liegt es doch im Interesse der hier beabsichtigten grundlegenden Stellungnahme zu derartigen psychologischen Eignungsprüfungen, die alle mehr oder weniger in ähnlicher Weise wie Münsterberg vorgehen oder ihn direkt nachahmen, noch die weiteren gröberen Fehler in diesem Verfahren aufzudecken.

Münsterberg hatte bei seinen Versuchen gefunden, daß sich bei mehrfacher Wiederholung der Versuchsreihe Zeit- oder Fehlerzahl oder beide verringerten. Diese Tatsache, daß nach einer Wiederholung ein Ausgleich in den Leistungen stattfindet, muß den Wert dieses Verfahrens als bedenklich erscheinen lassen. Sollte der erstmals gefundene Unterschied in der Leistung auf »dispositionelle« Verschiedenheit begründet sein, so durfte er in der wiederholten Prüfung nicht verschwinden. Münsterberg wird statt dessen zu der Annahme verführt, daß nur die einmalige und erste Prüfungsreihe für die Beurteilung entscheidend sei. Münsterberg hatte weiter gefunden, daß die jüngeren Männer unter den Fahrern, über deren praktische Leistungen noch kein sicheres Urteil vorlag, durchweg im Versuch besser waren als die älteren erprobten Führer, die von der Straßenbahngesellschaft als allerbeste Männer bezeichnet waren. Ebenso hatte er gefunden, daß die mit den Laboratoriums-Versuchen vertrauten Studenten noch erheblich bessere Leistungen aufweisen als die jugendlichen Fahrer. Nimmt man noch hinzu, daß es Münsterberg durch seine vieljährige experimentelle Erfahrung nicht unbekannt sein mußte, von wieviel Zufälligkeiten, die sich der Kontrolle entziehen, jeder derartige erste Versuch, zumal bei experimentellen Versuchen so fernstehenden Personen wie Straßenbahnfahrern abhängt, so ist es ganz unverständlich, daß Münsterberg trotz dieser vielen Unstimmigkeiten dieses Verfahren und seine Untersuchungszeit von 3 bis 7 Minuten für ausreichend hält, um beurteilen zu können, ob ein Mann ein geeigneter oder ungeeigneter Führer sei, und diesem Urteil außerdem eine solche Bedeutung beimißt, daß von dem Ausfall der Prüfung die eventuelle Entlassung des Mannes abhängig gemacht werden sollte.

Ebenso unbegreiflich wie die Kürze der Zeit, die von Münsterberg für eine Eignungsprüfung für ausreichend befunden wurde, ist die Art der oben beschriebenen Berechnung und Verwertung der Prüfungsergebnisse. Münsterberg glaubte durch Gleichmachung der Zahl für den Umfang der Schwankungen der zur Verrechnung kommenden Fehler mit der Zahl für den Umfang der Schwankungen der zur Prüfung gebrauchten Sekunden, Fehler- und Zeitverbrauch gleichwertig gemacht zu haben, was natürlich, da es sich um Größen verschiedener Dimension handelt, an und für sich unmöglich ist. Aber selbst wenn man annimmt, daß es gelungen sei, das Gesamtergebnis der einzelnen Prüfung auf einen zahlenmäßigen Ausdruck zu bringen, der einen Mittelwert darstellt, so wäre es unzulässig, diese Zahl allgemein als Maßstab für eine zu fordernde Prüfungsleistung aufzustellen.

Wie Münsterberg »weitgehende Parallelität«, »eine genügende Übereinstimmung« zwischen den so verrechneten Prüfungsziffern und den praktischen Leistungen im Betrieb gefunden hat, ist nicht ersichtlich. Angaben über die Zahl der geprüften und gefundenen einzelnen tatsächlichen Ergebnisse fehlen außerdem. Dagegen ist aus den Angaben, daß die Übereinstimmung nicht ideal war, daß die von der

Straßenbahngesellschaft als allerbeste Männer bezeichneten Führer, nicht die besten Prüfungsergebnisse zeigten, sondern von den jüngeren und unerprobten Führern übertroffen wurden, und daß die Beurteilung der Führer seitens der Straßenbahngesellschaft sich auf ganz andere Eigenschaften erstrecken könne als hier zur Untersuchung ständen, und deshalb diese Beurteilung nicht maßgebend sei, der Schluß zulässig, daß die Ergebnisse der Prüfungen zunächst keine Überstimmung mit der Praxis zeigten, daß dann aber Münsterberg nach subjektivem Ermessen diese verschiedenen Faktoren solange und in einer Weise in Betrachtung zog, bis eine genügende Übereinstimmung hergestellt war. Durch diese Ausführungen dürfte bewiesen sein, daß es sich bei Münsterberg nicht etwa um ein Prüfungsverfahren handelt, das nach Verbesserung einiger Unstimmigkeiten, die bei allen neuartigen Methoden vorhanden zu sein pflegen, zu einer brauchbaren Eignungsprüfung ausgebaut werden könnte, sondern um eine Prüfungsmethode, die abgesehen davon, daß sie sich auf ganz unhaltbare Grundvorstellungen aufbaut, weder die zu prüfenden seelisch-körperlichen Funktionen erfaßt, noch den Grundforderungen gerecht wird, die für psychologische Untersuchungen allgemein gültig sind.

b) Die Eignungsprüfung für Straßenbahnführerinnen von William Stern.

Während Münsterberg mit seiner Methode bereits im Dienst befindliche Straßenbahnführer auf ihre Eignung untersuchte, ist bei der zweiten hier ausführlich zu besprechenden Eignungsprüfung für den Straßenbahnführerdienst von William Stern (32) über die Untersuchung von Bewerberinnen für den Führerdienst berichtet. Hier war es möglich, einen Vergleich zwischen der Leistung bei einer psychologischen Eignungsprüfung und der Leistung, die nach Erlernung des betreffenden Führerberufs in der Praxis erzielt wurde, vorzunehmen. Bedauerlicherweise handelt es sich aber bei Stern nur um eine ganz vorläufige Versuchsanordnung und um eine überaus kleine Zahl geprüfter Personen. Im ganzen sind von Stern nur sechs Frauen auf ihre Eignung zum Straßenbahnführerdienst untersucht worden, und diese kleine Zahl verringert sich noch weiter dadurch, daß bei nur drei Frauen die vorhergegangene Prüfung mit der späteren Berufsleistung verglichen wurde. Trotz dieser überaus kleinen Versuchsreihe und trotz einer nur teilweisen Übereinstimmung der Prüfungsergebnisse mit den praktischen Leistungen bei diesen drei Frauen wurde diese Sternsche Prüfungsmethode durch eine sofortige Bekanntgabe in den Tageszeitungen dem großen Publikum mitgeteilt. Es wurde dadurch der Glaube erweckt, als gäbe es bereits zuverlässige Methoden, die zu Straßenbahnführern geeigneten Menschen durch eine einfache, nur kurze Zeit in Anspruch nehmende Prüfung zu erkennen und auf diese Weise die vielen Unfälle im Straßenbahnbetrieb weitgehend zu verringern. Ganz abgesehen davon, daß es natürlich ganz allgemein durchaus unzulässig ist, aus einer derartig kleinen Versuchsreihe entscheidende allgemeine Schlüsse zu ziehen, selbst wenn Prüfung und Praxis in diesen Fällen übereingestimmt hätten, ist es noch viel unzulässiger, ohne jede weitere Nachprüfung einer aus zufällig aufgestellt gewesenen Apparaten improvisierten Methode einfach zu erklären, daß derjenige, welcher diese Prüfungsaufgabe nicht zufriedenstellend löse, für den Beruf als Straßenbahnführer untauglich sei und deshalb gar nicht erst eingestellt werden dürfe. In dieser Weise ist Stern vorgegangen, indem er von den sechs Frauen zwei nach der wenige Minuten dauernden Untersuchung für unfähig erklärte und ihre Anstellung dadurch verhinderte.

Eine Betrachtung dieser Prüfungsmethode wird zeigen, daß hier in ähnlicher Weise wie bei der Münsterbergschen Straßenbahnführerprüfung die Art des aufmerksamen Beachtens, wie sie beim Dienst als Führer tatsächlich erforderlich ist, gar nicht erfaßt wird, und daß außerdem eine ganze Reihe von grundsätzlichen Fehlern nachweisbar sind, die auch diese Eignungsprüfung als ungeeignet erscheinen lassen.

Stern wollte in seiner psychologischen Eignungsprüfung eine Reihe von bestimmten »Fähigkeiten«, wie Intelligenz, Aufmerksamkeit und Reaktionsweise bestimmter Art, wie Stern sie für den Fahrdienst als notwendig ansah, prüfen. Das durch die Prüfung sogar dem Grade nach festzustellende Vorhandensein oder Nichtvorhandensein dieser Fähigkeiten sollte dann entscheiden, ob die betreffende untersuchte Person für den Führerdienst geeignet oder ungeeignet sei.

Die Intelligenz, im Sinne einer schnellen und richtigen Auffassung für neuartige Anforderungen und im Sinne einer angemessenen Selbstkritik der eigenen Leistungen [32, S. 93], sollte durch das Verhalten der geprüften Personen vor dem eigentlichen Versuch bei der Instruktion und durch das Verhalten nach dem Versuch bei der Selbstkritik der Leistungen, festgestellt werden.

Aufmerksamkeit und Reaktionsweise wurden geprüft, indem festgestellt wurde, ob und wie die zu prüfende Person imstande war, während der »längeren« Zeit von 6,5 Minuten eine Kette fortwährend wechselnder Eindrücke (Buchstabenreihe) ohne Nachlassen der Aufmerksamkeit zu folgen und auf bestimmte Glieder der Kette, deren Auftreten unregelmäßig erfolgt, möglichst schnell zu reagieren. Außerdem mußte auf außergewöhnliche Reize, welche hier die Kette unterbrechen (Buchstaben in anderer Farbe, sogenannte Gefahrreize), ebenfalls schnell und sicher, aber andersartig reagiert werden, und schließlich mußte gelegentlich auf mehrere gleichzeitige Anforderungen (Normal- und Gefahrreize gleichzeitig) auch gleichzeitig reagiert werden.

Die überaus einfache Apparatur [27], mit der man imstande sein soll diese verschiedenen Fähigkeiten in 6,5 Minuten zu prüfen, besteht aus einem mechanisch 5 cm hinter einem senkrechten Spalt von 14 mm Breite vorbeiziehenden Papierstreifen. Auf diesem Streifen sind 416 verschiedene Buchstaben des kleinen Alphabets je 7 mm hoch in bunter Reihe und in unregelmäßigen Abständen angeordnet. Die zu prüfende Person wird vor diesen Spalt gesetzt — der Kopf hierbei in einem Abstand von ca 75 cm vom Spalt entfernt gehalten — und sieht in dem Spalt zurzeit einen Buchstaben vorüberziehen. Sie hat nun die Aufgabe, auf bestimmte Buchstaben (Normalreize) s, a und g, mit einem sofortigen

Niederdrücken einer Telegraphentaste mit dem rechten Zeigefinger zu antworten. Von den 416 Buchstaben sind 404 schwarze Buchstaben und unter diesen Buchstaben sind 68 Normalreize, (22 s, 19 a, 28 g). Außerdem sind 12 rote Buchstaben als sogenannte Gefahrreize in dieser Reihe verteilt. Auf diese roten Buchstaben ist durch Umlegen eines Hebels mit der linken Hand zu antworten, und bei vier dieser Buchstaben, einem s, einem a, und zwei g, die gleichzeitig Normalreize sind, ist mit beiden Händen zu reagieren. Es ist so in dieser Prüfung 68mal mit der rechten Hand allein, 8mal mit der linken Hand allein, 4mal mit beiden Händen zugleich, im ganzen also 76mal zu reagieren und 340mal nicht zu reagieren. Bei jeder Reaktion wurde durch elektrische Übertragung der Tasten- bzw. der Hebelbewegung ein Strich auf dem vorbeiziehenden Papierstreifen gezeichnet, aus dessen Stellung zu den vorbeigezogenen Buchstaben der Reaktionszeit in ein Fünftel Sekunden zu berechnen ist.

Die Instruktion, die dem Prüfling seitens des Versuchsleiters gegeben wurde, lautete folgendermaßen:

»Wir wollen einmal prüfen, ob Sie gut aufpassen können. Setzen Sie sich hier vor diesen Spalt. Sie werden an diesem alle möglichen Buchstaben vorbeiziehen sehen. Schwarze und manchmal auch rote, alle durcheinander. Zuweilen wird eine kleine Pause eintreten, in der keine Buchstaben kommen; dann kommen wieder welche, immer müssen Sie gut aufmerken. Jedesmal wenn ein s, ein a, ein g schwarz oder rot sichtbar wird, sollen Sie ganz schnell auf diesen Taster drücken. Also auf welche Buchstaben?« (Vp. wiederholt).

»Und was sollen Sie dann tun?« (Vp. zeigt es.)

»Nun passen Sie wohl auf, es kommt noch etwas anderes. Manchmal kommen auch rote Buchstaben; und auf jeden roten Buchstaben müssen Sie mit der linken Hand diesen Hebel schnell hin- und herbewegen. Sehen Sie so!« (Es wird vorgezeigt.) »Was sollen Sie also machen?« (Vp. wiederholt.) »Also: Auf jedes s, a, g, *ganz gleich von welcher Farbe*, drücken Sie auf den Taster, bei jedem roten *Buchstaben, ganz gleich* welcher er ist, ziehen Sie den Hebel. Nun wollen wir sehen, ob Sie mich ganz verstanden haben.«

Nach dieser Belehrung wurde die Aufgabe in der Weise eingeübt, daß die zu prüfende Person die Hände an Hebel und Taste bereitlegen mußte und der Versuchsleiter fragte: »Was machen Sie, wenn sichtbar wird: ein schwarzes a? Ein rotes w? Ein schwarzes w? Ein schwarzes g? Ein schwarzes p? Ein rotes s? . . . . «. Diese Einübung wurde solange fortgesetzt, daß angenommen werden konnte, daß die ganze Aufgabe wirklich verstanden war und dann die eigentliche Prüfung vorgenommen. Nach Schluß des Versuchs wurden dann noch zwei Fragen an die geprüfte Person gerichtet: »War es schwer?« Und »Glauben Sie, daß Sie Alles richtig gemacht haben?«

Aus der Art, wie die zu prüfende Person, die dem Prüfungsleiter völlig unbekannt ist, die wenige Minuten dauernde Instruktion aufnahm und wie sie sich bei der anschließenden kurzen Einübung verhielt, glaubte Stern die »Auffassungsfähigkeit« allgemein beurteilen zu können, und wollte so eine Intelligenzprüfung gefunden haben, »deren Ergebnisse«, nach Sterns Worten, »deshalb als bedeutsam betrachtet werden kann, weil die Aufgabe mit den praktischen Intelligenzanforderungen des Berufs eine gewisse Ähnlichkeit besitzt«. Ganz abgesehen davon, daß sich über diese behauptete Ähnlichkeit streiten läßt, ist es überraschend gerade bei Stern, der in ausführlicher Weise zu den verschiedenen Arten der Intelligenzprüfungen kritisch Stellung genommen hat [(17)] und eine Reihe von Forderungen aufstellte, die bei der Zusammenstellung von Intelligenzprüfungen zu beachten seien, eine derartige unbegründete Behauptung und Annahme zu finden. Denn selbst wenn die unzureichende Sternsche Definition der Intelligenz: »Anpassungsfähigkeit an neue Aufgaben« zu Recht bestände, kann sie niemals auf diese Weise zureichend geprüft werden. Hinzu kommt nun aber noch, daß die Instruktion, wenn sie in der obigen Form gegeben wurde, unzureichend, wenn nicht irreführend ist. Statt »auf jeden roten Buchstaben müssen Sie mit der linken Hand usw. ...« müßte es in der Instruktion ungefähr heißen: 1. Wenn ein roter Buchstabe kommt, muß links der Hebel bewegt werden. 2. Rechts wird gedrückt, wenn ein rotes oder schwarzes s, a oder g kommt. 3. Der Hebel wird gleichzeitig mit der Taste bewegt, also beide Hände arbeiten gleichzeitig, wenn ein rotes a, s oder g kommt.

In ähnlicher Weise wie der Schluß auf die Intelligenz ist die Folgerung unbegründet, die Stern aus den Beantwortungen der am Schluß des eigentlichen Versuchs gestellten Fragen über die Schwierigkeit der Aufgabe und der Selbsterkenntnis der gemachten Fehler, zog. Die erste Frage war von den fünf geprüften Frauen verneint worden. Stern nimmt nun an, daß diese Verneinung erfolgt sei, weil die Frauen gefürchtet hätten, bei Bejahung dieser Frage, die Anstellung nicht zu erhalten. Ganz abgesehen davon, daß diese Befürchtungen bei Stern, der tatsächlich in wenigen Minuten über Einstellung oder Nichteinstellung entschieden hat, nicht unbegründet waren, kann man aus einer derartigen Antwort überhaupt keine bestimmten Schlußfolgerungen ziehen. Man könnte jedenfalls ebensogut aus dieser Verneinung schließen, daß die Frauen gefürchtet hätten, sonst noch einmal geprüft zu werden, und diese wiederholte Prüfung dürfte den Frauen sicher durchweg nicht angenehm gewesen sein, wenn man berücksichtigt, daß hier einfache Frauen zum ersten Male zur Prüfung in einen dunklen Raum, angefüllt mit für sie geheimnisvollen Apparaten, geführt wurden. Man könnte auch daran denken, daß die verneinende Antwort aus Höflichkeit oder Gefälligkeit gegen den Versuchsleiter erfolgt sei oder an das Nächstliegende, daß die Prüfung den Frauen wirklich subjektiv keine Schwierigkeiten bot. Bei diesen und anderen Möglichkeiten wäre es die Aufgabe des Versuchsleiters gewesen, wenigstens den Versuch zu machen, durch weiteres Befragen Klarheit in diese Antwort zu bringen oder ganz auf sie bei der Beantwortung zu verzichten. Aus den Antworten auf die zweite Frage nach der Richtigkeit der Ausführung will Stern »große individuelle Verschiedenheiten« festgestellt haben. Ganz abgesehen davon, daß auch hier lebhafte Zweifel berechtigt sind, ob es möglich ist, aus derartigen kurzen Antworten derartig weitgehende Schlüsse abzuleiten, sind aus den bekanntgegebenen Antworten diese großen Verschiedenheiten nicht ersichtlich, denn alle Frauen berichten über gemachte Fehler.

Aus den Aufzeichnungen der Taster- und Hebelbewegungen auf dem ablaufenden Papierstreifen sollten die Richtigkeit und Schnelligkeit der Reaktion, sowie der Zeitablauf der Aufmerksamkeit, ihre Stetigkeit, Sprunghaftigkeit und Ermüdbarkeit bestimmt werden können und speziell aus den aufgezeichneten rechtshändigen Reaktionen auf Normalreize die »allgemeine« Reaktionsgeschwindigkeit des Geprüften. Es sind also recht weitgehende Schlüsse, die hier aus wenigen Reaktionen nach einem $6^1/_2$ Minuten dauernden Versuch als möglich behauptet werden. Die »allgemeine Reaktionsgeschwindigkeit«, deren Existenz nur von einigen Forschern angenommen wird, ist nun in der Weise abgeleitet worden, daß man aus dem Anfang, der Mitte und dem Ende des Versuchs Stichproben nahm. Ein derartiges Verfahren ist bei jeglicher Bestimmung einer durchschnittlichen Reaktionszeit eine Quelle gröbster Fehler. Es ist ferner unmöglich und widerspricht jeder psychologischen Erfahrung, daß aus den verschiedenen gefundenen Zeitwerten und der Verteilung der Fehler in einem so kurzen Versuch Stetigkeit, Sprunghaftigkeit und Ermüdbarkeit der Aufmerksamkeit abgeleitet werden kann. Wenn sich in diesem $6^1/_2$ Minuten dauernden Versuch zeigt, daß in der Mitte eine verlängerte Reaktionszeit auftritt und am Schluß des Versuchs wieder eine kürzere Zeit, so handelt es sich nicht, wie Stern schließt, um eine Ermüdung, die wieder zurückging, sondern um Zufälligkeiten, die bei derselben Person ebensogut in umgekehrter Reihenfolge hätten auftreten können. Aber selbst wenn es jemals gelingen sollte, in einem derartigen Versuch einen Ermüdungsverlauf festzustellen und aufzuzeichnen, so könnte daraus doch nur geschlossen werden, daß die Versuchsperson gegenwärtig bei diesem Versuch in dieser Weise in bezug auf Ermüdbarkeit reagierte. Daß sie sich zu anderer Zeit bei einem gleichartigen Versuch ebenso verhält, ist höchst unwahrscheinlich aber immerhin möglich. Die noch weitergehende Annahme, daß die im Versuch gefundene Ermüdbarkeit parallel gehe oder doch in solchem gesetzmäßigen Zusammenhang stehe, daß im Versuch die später eintretende Ermüdbarkeit erkannt werden könne, folgt aus dem Versuch niemals, sondern ist eine theoretische Annahme, über deren Berechtigung man sehr abweichender Meinung sein kann. Bisher liegen in der Psychologie keinerlei Tatsachen vor, die eine derartige Annahme stützen können. Stern hätte hier klar zum Ausdruck bringen müssen, daß es sich lediglich um seine persönliche Ansicht handle, da Nichtpsychologen nur zu leicht geneigt sind anzunehmen, daß alle Behauptungen in den Arbeiten für angewandte Psychologie sich auf Tatsachen stützen.

Zu der für die Beurteilung der Prüfungsmethode wichtigen Vergleichung der Berufsleistungen mit den Prüfungsleistungen kam es nur bei drei Frauen, weil eine Frau den Dienst aus äußeren Gründen vor der Ausbildung verließ, und weil zwei der Prüflinge auf Grund des Ausfalles der Prüfung nicht eingestellt wurden. Diese Nichteinstellung auf Grund einer bestimmten Qualität der Prüfungsleistungen war im Interesse der Bewertung der Methode durchaus unerwünscht. Erst durch den Vergleich mit der Praxis hätte sich ergeben können, wie weit diese Bewertung der beiden geprüften Frauen zu Recht bestand. Auf Grund welcher Erfahrungen sich Stern für berechtigt hielt, diese sicheren Gutachten über zwei Frauen abzugeben und ihnen so eine Existenzmöglichkeit zu nehmen, ist nirgends zu erkennen. Die hier vorliegenden Prüfungsergebnisse von drei Frauen, die mit den späteren praktischen Leistungen verglichen werden könnten, müßten Stern durch die gefundenen Unstimmigkeiten von der Nichtberechtigung seiner Begutachtung und der Unzulänglichkeit seiner

Methode, bzw. derartiger Prüfungsmethoden überhaupt, überzeugt haben.

Nach den Protokollen zeigt die trotz der relativ sehr schlechten Prüfungsleistungen zugelassene Versuchsperson I in der Praxis gute Leistungen. Diese Frau hat nach dem Protokoll schlechter gearbeitet als die merkwürdigerweise für ungeeignet erklärte Versuchsperson IV. Nach dem Protokoll war die Versuchsperson I bei der Instruktion schwerfällig, im Versuch unfähig zu ununterbrochener Anspannung der Aufmerksamkeit, sie übersah den dritten Teil aller Normalreize, reagierte auf 4 falsche Buchstaben und verfehlte die beidhändigen Reaktionen durchweg. Diese minderwertige Leistung, die jedenfalls den Versuchsanforderungen nicht gerecht wird, deutet nun Stern in der Weise, daß er annimmt, hier sei die Instruktion zweifellos irrig aufgefaßt. Die Versuchsperson habe die Aufgabe so verstanden, daß sie auf die roten Buchstaben nur linkshändig zu reagieren habe, und daß durch die so bewirkte andersartige Einstellung der Aufmerksamkeit, weiter eine geringere Zuwendung der Aufmerksamkeit auf die Normalreize bedingt sei. Damit fänden auch die vielen Auslassungen ihre Erklärung. Dieser Erklärung dürfte soviel Tatsächliches zugrunde liegen, daß durch die oben bereits gekennzeichnete unzulängliche Art der Instruktion in dem Teil der Aufgabe bezüglich der roten Buchstaben, jenes Mißverstehen bei einer einfachen Frau leicht möglich war. Freilich steht dem die Angabe entgegen, daß die Reaktionen mit bestimmter Zuordnung der Buchstaben zu Hebel und Taster bis zur Beherrschung eingeübt worden seien, denn dabei hätte das Mißverstehen doch in die Erscheinung treten und beseitigt werden müssen. Daß noch weiter durch die andersartige Einstellung die vielen Auslassungen ihre Erklärung finden, ist aber durch nichts begründet. Durch derartige weitgehende Deutungen würde jedes Versuchsergebnis illusorisch werden. Wurde die Versuchsperson I auf Grund der Prüfungsergebnisse für tauglich erklärt, so hätte auch die Versuchsperson IV zugelassen werden müssen. Die Prüfungsleistungen dieser Versuchsperson sind nach dem Protokoll an und für sich besser, zum mindesten ebenso gut, wie die der Versuchsperson I und werden noch günstiger, wenn man berücksichtigt, daß diese Versuchsperson IV bei der Prüfung mit Unwillen arbeitete und deshalb nicht ihre volle Leistungsfähigkeit erkennen ließ. Die Versuchsperson III, deren Leistungen in der Prüfung als »gut« bezeichnet werden, wurde nach ihren praktischen Leistungen nur als »genügend« bezeichnet und nur die Versuchsperson V zeigt in der Prüfung und in der Praxis gleichmäßig »sehr gute« Leistungen.

Trotz dieser Unstimmigkeiten bezeichnet Stern das Gesamtergebnis seiner Prüfung als hinreichend. Dadurch, daß er die Prüfungsleistungen der Versuchsperson I auf Grund obiger Deutung als genügend bestimmt, findet er keine Person, die den Testanforderungen genügt und den Dienstanforderungen gegenüber versagt habe. Da es sich aber nur um drei Personen handelt, wäre diesem Ergebnis auch dann keine Beweiskraft für die Bewertung der Prüfungsmethode zuzusprechen, wenn eine tatsächliche Übereinstimmung zwischen Prüfungs- und Praxisleistungen bestanden hätte, denn es könnte sich bei einer so kleinen Zahl um Zufallsergebnisse handeln.

Diese Betrachtung der Sternschen Prüfungsmethode dürfte gezeigt haben, daß es mit ihrer Hilfe ebensowenig wie mit der Methode nach Münsterberg gelingen konnte und je gelingen kann, die Eignung für den Straßenbahnführerdienst festzustellen. Dieses Ergebnis dürfte auch nach einer Einführung der von Stern vorgeschlagenen Verbesserungen und Erweiterungen der Methode nicht zu erwarten sein, weil Stern in allen Fällen durch seine Prüfung »bestimmte Fähigkeiten« feststellen will, deren Vorhandensein er als »Vorbedingung« für »eine schnelle Erlernung und erfolgreiche Ausübung dieses Berufes« fordert. Nun sind aber, wie oben bereits auseinandergesetzt wurde, diese »bestimmten Fähigkeiten« im Sinne Sterns erkenntnistheoretische Gebilde und keine nachweisbaren Tatsachen. Schon die wenigen Versuche Sterns haben ja nur die allgemeine Erfahrungstatsache bestätigt, daß sich durch Übung, die in der Prüfung scheinbar festgestellten Fähigkeiten ändern bzw. ganz andersartige Fähigkeiten auftreten können. So konnte man z. B. bei der Versuchsperson I eine Art des Aufmerkens bei den praktischen Leistungen feststellen, die der Art des Aufmerkens bei den vorher erfolgten Prüfungsleistungen derselben Person entgegengesetzt war. Ist das allgemein möglich, so kann keine noch so gut ausgearbeitete Eignungsmethode die Zukunft vorhersagen, ganz gleich ob es sich nun in solchen Fällen um eine durch Übung geänderte, früher andersartige Fähigkeit handelt, oder um eine bei der Prüfung noch latent gewesene und erst durch die Prüfung in die Erscheinung getretene Fähigkeit, oder ob schließlich der Art des Aufmerkens und Beachtens überhaupt keine bestimmten Fähigkeiten zugrunde liegen, sondern es sich hier um Entwicklungsstufen und Entwicklungsmöglichkeiten einer ganzen Reihe von ineinandergreifenden psychischen Funktionen handelt, die außerdem durchaus nicht gradlinig zu verlaufen brauchen. Es könnte nur noch behauptet werden, daß auch den durch Übung erzielbaren Veränderungen der verschiedenen »Fähigkeiten« wiederum bestimmte »besondere Fähigkeiten« zugrunde liegen, und daß diesen letzteren Fähigkeiten, die den Einzelnen befähigen, »Fähigkeiten« zu ändern, in einer Prüfung so erkennbar sind, daß man die in der Zukunft zu erwartenden Änderungen der übrigen Fähigkeiten des Prüflings erkennen kann.

c) Die Eignungsprüfung für Eisenbahnpersonal bei den Sächsischen Staatseisenbahnen (33).

Eine dritte Eignungsprüfung der Verkehrsberufe, die bei den Sächsischen Staatseisenbahnen bereits eingeführt wurde, bietet besonderes Interesse, weil hier zum ersten Male derartige Prüfungsmethoden bei einer staatlichen Behörde Verwendung finden. Bei dieser Eignungsprüfung, die von Ingenieuren zusammengestellt wurde, sind psychologische und physiologische Tatsachen, Gesetze und Methoden nicht berücksichtigt und durchweg die vielfach höchst problematischen oder nur für ganz bestimmte Verhältnisse und Aufgaben und unter ganz bestimmten Bedingungen gefundenen, von der Kritik noch nicht einmal einstimmig anerkannten Ergebnisse der Experimentalpsychologie kritiklos in der Weise verwandt wurden, als handle es sich um Experimentalergebnisse der den Ingenieuren vertrauten exakten Naturwissenschaften. Dadurch bietet dieses Prüfungsverfahren eine für das Aufblühen dieser jüngsten aller Wissenschaften, der Psychotechnik, besonders charakteristische und reichhaltige Zusammenstellung aller möglichen Fehler und Fehlschlüsse; es soll deshalb ausführlich besprochen werden.

Nach Angaben des Präsidenten der Generaldirektion der Sächsischen Staatsbahnen, Dr. ing. Ulbricht, und nach Beratungen mit den Psychologen Elsenhans, Brahn, Piorkowski und Moede wurde von Dr. ing. Schreiber eine Reihe von Prüfungsmethoden zusammengestellt, um die Eignung von Fahrdienstleitern und Lokomotivführern festzustellen. Es sollten in diesen Prüfungen die für diese Berufe als erforderlich angenommenen »Grundeigenschaften«: 1. rasche Auffassung, 2. Entschlußfähigkeit, 3. Ruhe, 4. Ausdauer, 5. gutes Gedächtnis, auf Vorhandensein oder Nichtvorhandensein, dem Grade nach geprüft werden. Das tatsächliche Vorhandensein derartiger »Grundeigenschaften« und die Möglichkeit des Nachweises wird ohne eine Begründung vorausgesetzt. Weiter wird unbegründet vorausgesetzt, daß diese Grundeigenschaften auch bei »gut eingearbeiteten Bediensteten, die unter gewöhnlichen Verhältnissen recht Befriedigendes leisten«, vielfach »nur mangelhaft« vorhanden sind. Denn derartige Personen zeigen bei »plötzlichen besonderen Anforderungen« oft einen Mangel an Auffassungsfähigkeit, Entschlossenheit und Umsicht, Nachlassen der Spannkraft und Unzuverlässigkeit des Gedächtnisses und können »ernste, wenn nicht verhängnisvolle Folgen im Betrieb« herbeiführen. Diese Mangelhaftigkeit, die auch nach längerer Beobachtung aus den Dienstleistungen nicht erkennbar sei, könne aber durch eine experimentelle Prüfung obiger Grundeigenschaften aufgedeckt werden.

Als erste Prüfung wird zur Erforschung »der Auffassungsgabe, Entschlußfähigkeit, Ruhe und Ausdauer« eine sogenannte Fahrerprobe« vorgenommen. Diese Prüfung besteht darin, daß der Prüfling, nach eingehender Unterweisung und Einübung, eine Reihe von Licht- und Schallreizen, die den im Fahrdienst üblichen nachgebildet sind und auf einer »Signaltafel« dargeboten werden, 30 bis 40 Minuten lang mit bestimmt vorgeschriebenen Umstellungen von zwei Hebeln schnellmöglichst zu beantworten hat. Die als Reize dienenden einzelnen Signale werden in regelloser Folge vom Prüfungsleiter eingeschaltet. Die Zeit zwischen Auslösung und Antwort wird durch ein Chronoskop, das $^1/_{1000}$ Sekunden anzeigt, aufgenommen. Gelegentlich wird der Prüfling durch ein grelles Blendlicht gestört. Außer der Beachtung der Licht- und Schallreize, die durch Wahlreaktionen zu beantworten sind, hat der Prüfling dauernd auf zwei sich langsam bewegende Zeiger (entsprechend Wasserstand- und Dampfdruckzeiger auf der Lokomotive) zu achten und durch gelegentliche Bedienung einer Kurbel diese Zeiger sofort umzustellen, wenn sie sich einer Grenzmarke nähern. Der Prüfungsleiter schreibt die Reaktionszeiten nach Ablesen am Chronoskop auf und verzeichnet gleichzeitig die von ihm zu beobachtenden Fehler und Mißgriffe. Aus allen Reaktionszeiten wird dann die mittlere Reaktionszeit r, die mittlere Variation v und die Zahl der Fehlreaktionen f_r, sowie der Aufmerksamkeitsfehler f_a (vielleicht der übersehenen Reize?) festgestellt. Die gefundenen Werte werden dann in eine empirische Formel $S = r + 2v + \frac{2f_r + f_a}{n} - 0{,}1$ eingesetzt. Hierbei ist n offenbar die Fehlerzahl und 0,1, nach den dort gemachten Angaben, die Zeit in Sekunden, die das Hin- und Herbewegen des Hebels im Durchschnitt erfordert.

Es ist nicht ersichtlich, weshalb man zur Aufnahme von Reaktionszeiten von durchschnittlich einer Sekunde mit eben so großen Streuungen ein Präzisionsinstrument benutzt, das $^1/_{1000}$ Sekunden aufzeichnet, zumal die Kontakte besonders an den Hebeln und die Aufleuchtung der Lampen Fehlerquellen bedingen, die über $^1/_{10}$ Sekunde groß sind. Die Anzahl der jedesmal den einzelnen Prüflingen gegebenen Reize ist nicht bekannt gegeben, da aber nach den Angaben eine regelellose Darbietung stattfand, steht fest, daß die der Verrechnung zugrunde gelegte Zahl der Reaktionszeiten für jeden Prüfling eine andere ist. Dadurch ist eine Vergleichung zum mindesten fehlerhaft. Eine weitere Fehlerquelle ist die regellose, bei jedem Prüfling verschiedene Darbietung deshalb, weil sie eine verschiedene Wertigkeit der einzelnen Reize bedingt, da jeder Reiz von dem zeitlichen Abstand und der Art des vorhergehenden Reizes mehr oder weniger abhängig ist. Zum mindesten müßte gefordert werden, daß bei jedem Prüfling die Blendreize in gleicher Anzahl und an gleichen Stellen und mit gleichen Folgereizen gegeben werden, um einen verwertbaren Vergleich der Leistungen zu ermöglichen. Wie aus einer derartigen Prüfung die beabsichtigte zahlenmäßige Zerlegung einer »guten Auffassungsgabe für die Vorgänge auf der Bahn, Entschlußfähigkeit, Ruhe und Ausdauer« gewonnen werden soll, ist nicht angegeben. Ebenso vermißt man jede Aufklärung über den Zweck und das Entstehen der merkwürdigen Formel, in der sehr unsichere Größen verschiedenster Dimension willkürlich zusammengezählt werden. Für die Behauptung, daß man durch eine derartige Prüfung den Lokomotivführer erkennt, der zwar bei gewöhnlichen Verhältnissen recht Befriedigendes leistet, aber bei plötzlichen, unerwarteten, besonderen Anforderungen eventuell versagt, vermißt man jeden Versuch eines Beweises.

Als zweite Prüfung wird zur Feststellung der »Willenstärke und der Ermüdbarkeit« eine Ergographenkurve aufgenommen. Der Prüfling hat je nach seinen körperlichen Kräften, die mittels eines Federdynamometers festgestellt werden soll, 4 bis 8 kg mit dem Mittelfinger an einem Dubois-Ergographen eine Zeitlang zu heben, wobei in üblicher Weise ein Ergogramm aufgezeichnet wird. Die Fläche dieses Ergogramms wird dann unberechtigter Weise dort als das Maß der geleisteten Arbeit aufgefaßt, obwohl gegen diese Auffassung seit Volkmann (1870) wiederholt mit Recht Stellung genommen wurde (28)). Da gleichzeitig Ermüdungszustände bestimmt werden sollen, wird durch gleichzeitige Zeitregistrierung die mittlere Leistung L_m in mkg/sk und die Teilleistungen L_i innerhalb von je 2 Sekunden berechnet. Dabei wird die Ermüdung als »Abnahme der Leistung in der Zeiteinheit« begrifflich bestimmt und bei den Untersuchungen festgesetzt, daß während der Versuchsdauer T, als Ermüdung die mittlere Leistung in einer Minute gelten soll. Eine derartige Bestimmung der Ermüdung ist aber ein Unding, denn die Ermüdung kann niemals eine Leistung sein.

Um die Prüflinge einer Gruppe in bezug auf die Ergographenversuche vergleichbar zu machen, wird wiederum eine empirische Formel festgesetzt $S = \frac{c^1}{T} + \frac{c^2}{L_m} + c^3\triangle$, worin c^1, c^2, c^3 Festzahlen (?) bedeuten sollen, die für jede Gruppe in nicht gegebener Weise besonders gefunden wurden. Außerdem wurde noch aus dem Ergogramm eine Streuungszahl abgeleitet, die für die »Bewertung der Ruhe« der »dritten Grundeigenschaft« verwertet wird. Weitere Größen, die außerdem noch aus der Ergographenkurve gewonnen wurden, scheinen nachher nicht verwertet worden zu sein und können hier deshalb übergangen werden.

Eine Ergographenkurve bietet nun aber nach den sehr reichen Erfahrungen, die auf diesem Gebiete vorliegen und in einer reichhaltigen Literatur niedergelegt sind, keineswegs ein eindeutiges Maß für die geistige oder körperliche Ermüdbarkeit eines Menschen. Nicht einmal ein Maß für die zur Zeit vorhandene Ermüdbarkeit des jeweils arbeitenden Fingers kann aus einer derartigen Kurve sicher abgeleitet werden. Denn es ist zu berücksichtigen, daß die Gestalt einer derartigen Kurve von einer Fülle der verschiedensten physikalischen, physiologischen und psychologischen Bedingungen abhängt, die sich gegenseitig in unkontrollierbarer Weise beeinflussen können, und deren gleichmäßige Herstellung bei der Prüfung verschiedener Personen auf unüberwindbare Schwierigkeiten stößt. Schon die wiederholte Aufnahme einer Ergographenkurve bei derselben Person zeigt auch dann auffallende Verschiedenheiten, wenn man sich bemüht, äußere und innere Umstände weitmöglichst ähnlich zu gestalten. Eine einmalige Kurve ist stets — wenn auch wie hier in sehr unzuverlässiger Form vorher die Körperkraft mittels eines Federdynamometers, aufgenommen wurde, um danach das zu hebende Gewicht zu bestimmen — mehr oder weniger ein Zufallsergebnis, das einen kritischen Beobachter höchstens von der Wertlosigkeit dieser Prüfungsmethode für die Feststellung der Ermüdbarkeit überzeugen könnte. Weitgehendere Aufschlüsse über Ausdauer und Willensstärke, über Ermüdbarkeit und Ruhe bei der Berufsarbeit, wie sie hier erwartet werden, können aus einer derartigen Kurve niemals gewonnen werden. Die Zusammenfassung der gefundenen problematischen Größen der verschiedensten Dimension in der oben wiedergegebenen Formel, für deren Ableitung keine Erklärungen gegeben werden, ist außerdem mathematisch sinnlos.

Mit einer dritten Prüfungsmethode soll ermittelt werden, ob und wie die »Fähigkeit« vorhanden ist, während einer längeren Dauer »Eindrücke im Gedächtnis zu behalten, denen inzwischen andere, ebenfalls zu merkende Wahrnehmungen gefolgt sind«. In einem geschlossenen Kasten läuft auf einer automatisch bewegten Trommel ein gedruckter Papierstreifen ruckweise so ab, daß in einem Ausschnitt des Deckels abwechselnd 18 mal je 5 Sekunden lang eine Zahl von 1 bis 20 und 18 mal je 15 Sekunden lang ein leeres Feld erscheint. Der Prüfling hat zunächst 7 Felder, 4 mit Zahlen bedruckte und 3 leere Felder passieren zu lassen, sich die Zahlen der Reihe nach zu merken und sie in die folgenden leeren Felder in der gleichen Reihenfolge einzutragen. Bei diesen Eintragungen hat er die fortlaufenden zwischen den leeren Feldern neu eintretenden Zahlen zu merken und sie fortlaufend jedesmal in das nachfolgende 8. Feld einzutragen. Es sind also alle 18 leeren Felder jedesmal mit der an vierter Stelle vorhergehenden und gemerkten Zahl zu versehen. Die Prüfung kann dadurch erschwert oder erleichtert werden, daß man die fünfte oder die dritte vorhergehende Zahl als die zu merkende vorschreibt. Ob dieses in einzelnen Fällen geschehen ist, geht aus der Beschreibung nicht hervor. Ein Vergleich der Prüfungsergebnisse einer Gruppe von Prüflingen soll dadurch ermöglicht werden, daß die Ergebnisse wiederum in eine Formel $S - 3\left(\frac{1}{n} + \frac{f}{n}2\right)$ eingesetzt werden, worin n die Stellenzahl und f die Fehlerzahl bedeutet. Im Gesamtprüfungszeugnis soll f oder ein passender Bruchteil (?) von f für die Bewertung der »Auffassungsfähigkeit« und die »Ausdauer« benutzt werden. Wie das geschehen soll, ist ebensowenig angegeben, wie die mathematischen Gesetze, die der eigenartigen Formel zugrunde liegen.

Aus der Beschreibung ergibt sich, daß es sich hier um eine Prüfung der Merkfähigkeit für Zahlen unter etwas erschwerten Umständen handelt. Die Prüfung könnte vielleicht sehr wohl dazu dienen, krankhafte Störungen der Merkfähigkeit aufzudecken. Um eine Aufdeckung derartiger Zustände, die Sache des Arztes ist, handelt es sich hier aber nicht. Es wird hier beabsichtigt, bei Geistesgesunden festzustellen, ob sie die im Dienstbetrieb vorkommenden Zeichen und Signale auch dann rechtzeitig und in richtiger Weise beachten, wenn einige Zeit zurückliegende neue, ebenfalls zu beachtende Zeichen und Signale oder Ereignisse anderer Art eingetreten sind. Dabei wird angenommen, daß einem derartigen Verhalten eine bestimmte Fähigkeit zugrunde liegt, deren Vorhandensein oder Nichtvorhandensein sich durch den obigen Versuch nachweisen lassen soll. Auch wenn man dieser Annahme beitreten würde, daß es derartige Fähigkeiten ganz allgemein gäbe, und daß diesem Versuch und dem geschilderten Verhalten in der Praxis eine bestimmte Fähigkeit zugrunde läge, wird man nicht annehmen können, daß hier in beiden Fällen, in der Praxis und im Versuch, die gleiche Fähigkeit in Frage komme. Abgesehen von der ganz andersartigen Situation bei dem Merken und Handeln im praktischen Dienst, handelt es sich nicht wie im Versuch um eine einfache Zahlenreihe im rhythmischen Ablauf, die zu merken ist, sondern um eine bunte Mannigfaltigkeit der verschiedensten visuellen und akustischen Zeichen und Signale, um mündliche und schriftliche Befehle, die in ganz unregelmäßiger Folge gegeben werden. Und auf diese verschiedenen Ereignisse wird nun nicht, wie im Versuch, eine einfache Wiedergabe in derselben Reihenfolge gefordert, sondern die verschiedenartigsten Handlungen, die in unregelmäßigen Zwischenzeiten auszuführen sind, während sich dazwischen wiederum ganz andersartige Handlungen und Bewegungen einschieben. Es wird demnach im Versuch eine ganz andersartige Leistung geprüft, als in der Praxis nachher verlangt wird, und bei Annahme einer bestimmten Fähigkeit, die den Leistungen zugrunde liegt, demnach auch eine andere Fähigkeit. Aber selbst wenn eine im Versuch festgestellte Merkfähigkeit für Zahlen oder auch für einzelne Worte mit der Fähigkeit identisch wäre, die im praktischen Dienst für den oben beschriebenen Aufgabenkomplex in Frage kämen, wäre aus dieser Feststellung kein Gewinn zu ziehen. Denn aus allen experimentell-psychologischen Merkfähigkeits- und Gedächtnisversuchen geht mit Sicherheit hervor, daß sich nach mehrfacher Wiederholung der Versuchsreihe ein bedeutender Übungszuwachs feststellen läßt, so daß aus den ersten Versuchsreihen bei einer Versuchsperson keine Beurteilung einer allgemein vorhandenen Merkfähigkeit oder eines allgemein vorhandenen Gedächtnisses zulässig ist. Es ist durchaus möglich, daß Prüflinge, die bei dieser Art der Gedächtnisprüfung im Versuch geringe Leistungen aufweisen, in der Praxis durchaus zuverlässige und umsichtige Beamte sind und umgekehrt. Schon nach wenigen Vergleichungen der Prüfungsergebnisse mit praktischen Leistungen dürfte sich die nach psychologischen Erfahrungen zu erwartende Unbrauchbarkeit dieser Methode auch dem Nichtfachmann zeigen.

An 4. Stelle ist ein Prüfungsverfahren zur Feststellung einer Fähigkeit »den Verlauf von Bewegungen abzuschätzen« vorgesehen. Es sollen zu diesem Zweck Geschwindigkeitsschätzungen in der Weise vorgenommen werden, daß dem Prüfling die Aufgabe gestellt wird, den Zeitpunkt anzugeben, in dem sich ein sich gleichmäßig bewegender rotierender Zeiger an einer bestimmten bezeichneten Stelle des Umkreises einer Scheibe befindet, wenn er sich hinter einer vorgestellten, undurchsichtigen halbkreisförmigen Scheibe bewegt, nachdem im Anfang der erste Teil der Zeigerbewegung sichtbar war. Der Apparat besteht aus einem Uhrwerk mit einer einem Zifferblatt entsprechenden Scheibe von 55 cm Durchmesser, auf der sich ein Doppelzeiger mit drei verschiedenen Geschwindigkeiten rechts herum bewegen kann. Vor die untere in Grade eingeteilte Hälfte dieser Scheibe ist ein undurchsichtiger Halbkreis gesetzt, während sich am Umkreis eine verstellbare Marke befindet. Der Versuch wird nun in der Weise ausgeführt, daß der Prüfling zunächst das sich deckende Zeigerpaar als einen Zeiger sieht, der sich gleichmäßig durch den unteren Halbkreis fortbewegt.

Das Zeigerpaar verschwindet dann hinter dem Halbkreis mit der eingestellten Marke und der Prüfling hat nun die Aufgabe, einen Kontakt in dem Augenblick zu schließen, in dem er nach seiner Schätzung glaubt, daß der verdeckte sich bewegende Zeiger gerade die Marke passiert. Durch den Kontaktschluß wird der eine Zeiger angehalten, und der Versuchsleiter ist in der Lage, die Schätzung nach Graden abzulesen und aufzuschreiben. Zur Erschwerung des Versuchs wird dem Prüfling aufgegeben, gleichzeitig die Taktschläge eines Metronoms (etwa $1^1/_2$ Sekunden) laut zu zählen und diese Zählung zu beginnen, während der Zeiger sich noch hinter der undurchsichtigen Scheibe bewegt. Durch diese Maßnahme soll die Schätzung der Zeigergeschwindigkeit erschwert werden, und außerdem die Aufmerksamkeit anderweitig in Anspruch genommen werden. Von jedem Prüfling sind bei drei verschiedenen Zeigergeschwindigkeiten mindestens je drei Schätzungen bei jedesmal anders gestellter Marke auszuführen. Da nun die Schätzung um so schwieriger wird, je länger der Weg vom Verschwinden des Zeigers bis zur Marke ist, wird der Schätzungsfehler z durch die entsprechende Wegstrecke a geteilt und dieser Bruch als relativer Schätzungsfehler v bezeichnet, $v = \frac{z}{a}$. Aus allen relativen Fehlern wird ein Mittelwert nach der Formel $m = \sqrt{\frac{[v\,v]}{n}}$ gebildet, worin die eckige Klammer nach dem Gebrauch der Fehlerrechnung die Summe aller Fehlerquadrate und n die Zahl der Schätzungen bedeutet. Zum Vergleich der Prüfungsergebnisse untereinander wird das Ergebnis weiter nach der Formel $S = \frac{m}{15} + \frac{m^2}{300}$ umgebildet. Das quadratische Glied in dieser Formel soll deshalb gebildet sein, weil große Werte von m nur bei solchen Prüflingen vorkamen, deren »Veranlagung« für richtige Abschätzung von Geschwindigkeitsvorgängen offensichtliche Mängel hatte bzw. unter dem Durchschnitt stand. Schließlich sollten die Ergebnisse dieses Prüfungsabschnittes für die endgültige Bewertung der »Auffassungsfähigkeit« und der »Ruhe« mit verwertet werden. Wie diese Verwertung geschehen ist, wird nicht angegeben.

Dieser Prüfungsabschnitt geht von der Annahme aus, daß der erfolgreichen Ausführung dieser Prüfung eine besondere Fähigkeit zugrunde liegt, die beim Eisenbahnpersonal vorhanden sein muß, um Wagen- und Zugbewegungen auch dann richtig abzuschätzen, wenn die Fahrzeuge auf Teilen der Wege der Sicht entzogen sind. Es dürfte sich auch hier um recht verschiedene Funktionen, oder bei der Annahme von zugrunde liegenden Fähigkeiten um recht verschiedene Fähigkeiten handeln, die in beiden Fällen richtige Schätzungen ermöglichen. Im Versuch handelt es sich darum, bei gestellter Aufgabe die Bewegung des Zeigers in dem kleinen Feld der Scheibe zu beachten und kleine Zeitstrecken zu schätzen, für die unmittelbar vorher Vergleichswerte gegeben worden sind. Es werden also apperzeptive Zuordnungen zweier Wahrnehmungsinhalte bzw. eines Vorstellungs-

und eines Wahrnehmungsinhalts gefordert, wie es aus den sogenannten Komplikationsversuchen bekannt ist. Diese haben ergeben, daß es sich bei den »Schätzungen« weniger um eine Schätzungsfähigkeit, sondern um den Einfluß der Einstellung und Richtung der Aufmerksamkeit handelt, also um Zustände, die bei derselben Person sehr veränderlich sind. In der Praxis ist dagegen die Aufgabe nicht vorher gestellt, etwas Bestimmtes so zu beachten und zu behalten, daß es nachher geschätzt werden kann. Hier muß in dem mit zahlreichen sich in verschiedener Richtung und mit verschiedener Geschwindigkeit bewegenden Objekten erfüllten Raum, plötzlich und unerwartet eine Bewegung nach Schnelligkeit und Zeit richtig beurteilt werden, während sich der Beurteiler selber in vielen Fällen ebenfalls in Bewegung befindet. Eine Fertigkeit in derartigen Beurteilungen und Schätzungen kann erst nach langer Übung und vielen Erfahrungen erreicht werden. Wird trotzdem behauptet, daß dieser Fertigkeit in erster Linie eine durch die Prüfungsaufgabe zu ermittelnde Fähigkeit zugrunde liege, so müßten hierfür Beweise erbracht werden. Es müßte an einer größeren Anzahl von Eisenbahnbediensteten gezeigt werden, daß die Prüfungsergebnisse dieser Aufgabe und die oben beschriebenen besonderen Leistungen in der Praxis der Qualität nach Ähnlichkeiten aufweisen. Dazu würden allerdings Versuchsergebnisse, die durch nur dreimalige Wiederholung jeder Versuchsreihe gewonnen wären, nicht genügen. Denn auch bei derartigen Versuchen spielt abgesehen von den Zufallsergebnissen, die zu Unrecht gute oder schlechte Leistungen vortäuschen können, die Übung eine große Rolle. Erst bei einer größeren Anzahl von Schätzungen ist die Bildung eines Mittelwertes zulässig. Bei Berechnung des mittleren Fehlers in obiger Formel geht das Vorzeichen des Schätzungsfehlers durch die Quadrierung verloren. Dies ist aber durchaus nicht gleichgültig, wie aus den von verschiedener Seite vorgenommenen Komplikationsversuchen hervorgeht. Die zur Vergleichung der einzelnen Prüflinge innerhalb einer Gruppe besonders hergestellte empirische Formel ist auch bei diesem Prüfungsabschnitt unverständlich, da jede Begründung des Zustandekommens fehlt. Wenn behauptet wird, daß große Mittelwerte sich nur bei solchen Prüflingen finden, deren »Veranlagungen« für richtige Schätzungen Mängel aufweist, so fehlt dieser Behauptung jeder Nachweis, womit der Mangel dieser Veranlagung festgestellt wurde und bei wie vielen Personen diese Feststellung erfolgte. Zusammengefaßt dürfte auch dieser Teil der Prüfung kaum für eine Prüfung der Eignung von Bedeutung sein.

In einem zweiten Teil dieses Prüfungsabschnittes soll die weitere Fähigkeit ermittelt werden, die Ortsschätzung eines bewegten Körpers auf Grund des Erinnerungsvermögens auszuführen. Zu diesem Zweck werden die beiden Zeiger in eine Linie gegeneinander gestellt, sodaß beim Umlauf sich ein Zeiger im sichtbaren, ein Zeiger im unsichtbaren Halbkreis befindet. Der obere Halbkreis ist bei diesem Versuche in Grade eingeteilt. Der Prüfende hält nun unter angeblich gleichzeitigem Zuruf den für den Prüfling unsichtbaren Zeiger an, und der Prüfling hat sich in diesem Augenblick die gleichzeitige Stellung des sichtbaren Zeigers zu merken, um ihn beim nächsten Umlauf an dieser Stelle durch einen Kontaktschluß zum Anhalten zu bringen. Der Prüfende liest dann das Abweichen des oberen Zeigers von der Verlängerung des unteren Zeigers ab, da angenommen wird, daß bei richtiger Schätzung beide eine Linie bilden müssen. Die Abweichungen werden dann nach Vorzeichen und Graden aufgezeichnet. Der Versuch wird bei drei verschiedenen Geschwindigkeiten je dreimal wiederholt. Auch bei diesem Versuch wird aus den einzelnen Schätzungsfehlern jedes Prüflings z ein mittlerer Schätzungsfehler $m = \sqrt{\frac{[z\,z]}{n}}$ gebildet, worin $[z\,z]$ die Summe der Fehlerquadrate und n die Anzahl der Schätzungen bedeutet. Außerdem wird noch ein sogenannter einseitiger Schätzungsfehler s nach der Formel $s = \frac{[z]}{n}$ gebildet, wo $[z]$ die algebraische Summe der Schätzungsfehler unter Berücksichtigung der Vorzeichen bedeutet. Durch diesen einseitigen Schätzungsfehler s, mit bestimmten Vorzeichen werden Nachschätzer (+) und Vorschätzer (—) unterschieden. Die letzteren sind Prüflinge, die überwiegend einen Punkt geschätzt haben, der vor der Zeigerstellung lag, in welcher der Zuruf durch den Prüfenden erfolgte und umgekehrt. Auf diese Weise sollten *sich individuelle »Einseitigkeiten in den Temperamenten« bei den Prüflingen aufdecken lassen. Zur Gewinnung* eines Vergleichsmaßes werden die so gefundenen Werte m und s in einer Formel $S = \frac{m + s}{3}$ verrechnet, worin m und s als positive Zahlen eingeführt werden. Der Nenner 3 ist gewählt worden, um S auf eine gewisse Größenordnung $(0 < S < 5)$ zu bringen. Die Ergebnisse sollen dann weiter zur Beurteilung der »Auffassungsfähigkeit«, der »Entschlußfähigkeit« und, mit »herabgesetztem Gewicht« (?), der »Ruhe« benutzt werden. Wie das geschieht, ist nicht angegeben.

Es ist dort angenommen worden, daß in diesem Prüfungsabschnitt eine Leistung gefordert und geprüft wird, die mit bestimmten praktischen Dienstanforderungen in Einklang steht. Hierbei wird besonders an den Betrieb auf großen Verschiebebahnhöfen, im Stellereidienst auf stark befahrenen Schienenübergängen in der Nähe von großen Verkehrsstellen u. a. m. gedacht. Diese Auffassung dürfte durchaus irrig sein. Denn wenn man auch aus dem bewegten Getriebe an derartigen Dienststellen für diesen Vergleich eine Einzelsituation, die praktisch selten für sich allein vorkommt, herausgreift, so handelt es sich dabei doch stets um einen schnellfahrenden Zug oder um Teile eines Zuges, deren Stellung im Gelände während irgend eines anderen unerwarteten, plötzlichen und die Aufmerksamkeit anziehenden Ereignisses richtig beurteilt und in der Erinnerung festgehalten werden soll. Es kommt hinzu, daß dieser im umgebenden Raum gelegene Ort, unter Berücksichtigung von Richtungs-, Tiefe-, Licht-, Luft- und Witterungsverhältnissen, und während sich der Beobachter in einer bestimmten seelisch-körperlichen Verfassung befindet, zunächst zu bestimmen, und nachher unter ganz anderen eigenen und anderen Umweltverhältnissen zu erinnern ist. Im Versuch hat der Prüfling dagegen nur eine kleine sich nicht verändernde Fläche und in dieser lediglich die Stellung eines sich bewegenden Zeigers in dem Augenblick des erwarteten Zurufs zu beachten und zu erinnern. Da das Festhalten des beachteten Skalenstrichs in der Erinnerung für wenige Sekunden oder Minuten kaum besondere Schwierigkeiten machen dürfte, läuft die ganze Sache darauf hinaus, die sogenannte »persönliche Differenz« des Prüflings, d. h. die Zeit des Vor- oder Nachreagierens bei der Durchgangsbeobachtung festzustellen. Wollte man nur den Schätzungsfehler der Prüflinge bei diesem Versuch feststellen, so hätte es genügt, sich den Skalenstrich gleich nach Passieren des Zeigers oder nach einiger Zeit zeigen zu lassen, durch den der Zeiger nach der Schätzung des Prüflings im Augenblick des Zurufs gegangen war. Dazu wäre es dann allerdings nötig gewesen, den Zuruf als Glockenzeichen oder dgl. vom Zeiger selbst beim Durchgang durch einen bestimmten Strich der Skala auslösen zu lassen, was technisch sehr leicht einzurichten gewesen wäre. Dadurch, daß hier der Zuruf vom Versuchsleiter erfolgt, und daß der Versuchsleiter gleichzeitig den Zeiger anhält, wird nur scheinbar eine Gleichzeitigkeit hergestellt, denn der Versuchsleiter ist ebenso wie der Prüfling von seiner persönlichen Zeit abhängig. Der Zeiger wird also fast durchweg entweder vor oder nach dem Zuruf angehalten. Da der Prüfungsleiter außerdem die Aufgabe hat, den Prüfling zu beobachten, und da er bemüht ist, den Zeiger jedesmal an einer bestimmten und anderen Stelle anzuhalten, werden die Unterschiede nach experimentell-psychologischen Erfahrungen sogar recht erhebliche sein können. Es muß also bei einer derartigen Versuchsanordnung der Zeiger im Augenblick des Zurufs für den Prüfling fast stets in einer anderen Stellung stehen, als der Prüfungsleiter nachher bei der Berechnung des Schätzungsfehlers an der Hand des von ihm angehaltenen Zeigers annimmt. Je nachdem nun der Prüfling in gleichgerichteter oder in entgegengesetzter Weise wie der Prüfungsleiter vor- oder nachreagiert, wird der Fehler größer oder kleiner ausfallen, als er wirklich ist. In den berechneten Schätzungsfehler gehen also die persönliche Zeit des Prüfenden und die des Prüflings ein, ohne daß es möglich wäre, sie durch irgendeine Methode herauszuanalysieren. Die Ergebnisse dieser Prüfung sind also nicht einmal für die Feststellung der persönlichen Zeit zu verwerten. Aber selbst wenn es gelungen wäre, die persönliche Zeit der einzelnen Prüflinge festzustellen, so hätte diese Feststellung für eine angenommene Fähigkeit der Ortsschätzung wenig Bedeutung. Dagegen könnte eine derartige Feststellung vielleicht dazu dienen, den einzelnen Eisenbahnbeamten über seine persönlichen durchschnittlichen Zeitfehler aufzuklären, damit er die Kenntnis dieser Fehler gelegentlich verwerten kann. In der jetzigen Form ist aus diesem Prüfungsabschnitt kein irgendwie verwertbares Ergebnis zu gewinnen.

Mit einer weiteren Versuchsanordnung soll an fünfter Stelle das

»Raumgedächtnis« geprüft werden. In einem 40:40 cm großen Liniennetz, das aus Dreiecken, Fünfecken und Halbkreisen zusammengesetzt ist, sind 15 Knotenpunkte durch kleine Kreise bezeichnet, die mit gleichfarbenen kleinen Plättchen bedeckt sind. Von diesen Plättchen werden nun vom Versuchsleiter 5 (n) beliebige aufgenommen, und der Prüfling hat sich das Netz mit den 5 Knotenpunkten bzw. Kreisen 2—3 Minuten lang mit der Aufgabe zu betrachten, die Lage der Kreise in der Erinnerung zu behalten. Nach 45—90 (t) Minuten hat der Prüfling von dem nunmehr wieder an allen Knotenpunkten bedeckten Liniennetz die vorher aufgedeckt gewesenen Plättchen von den Knotenpunkten abzuheben. Nach Feststellung der Fehlerzahl wird die Leistung nach der Formel $S = 1 + \frac{n}{n-f} - \frac{t}{60}$ berechnet. Aus welchen Gründen diese umständliche Formel gewählt wurde, ist nicht angegeben. Wollte man die Prüflinge vergleichen, so genügte die einfache Zählung der Fehler. Man hätte dann allerdings bei allen Prüflingen gleiche Plättchenzahl und gleiche Zeit wählen müssen. Aus welchen Gründen man hier bei den verschiedenen Prüflingen, deren Leistungen man vergleichen wollte, verschiedene Plättchenzahl und verschiedene Zeiten wählte, ist nicht einzusehen und außerdem unzulässig, wenn man die Leistungen vergleichen will. Es ist ein grundlegender Irrtum, anzunehmen, daß es z. B. die gleiche Gedächtnisleistung ist, wenn man von 10 abgelegten Plättchen 5 und von 4 abgelegten Plättchen 2 behält oder, daß es eine doppelt so schlechte Leistung ist, wenn man von 10 abgelegten Plättchen 5 und von 4 abgelegten Plättchen alle 4 behält. Eine Zusammenzählung von Fehlerzeit und Zeit, also von Größen verschiedener Dimension ist ebenfalls unzulässig und führt zu groben Fehlschlüssen. Bei Anwendung dieser Formel würde z. B. ein Prüfling, der nach einer Stunde von 10 aufgehobenen Plättchen 5 wiedererkennt, als gleichwertig in bezug auf Gedächtnisleistung anzusehen sein gegenüber einem Prüfling, der nach zwei Stunden, von 6 aufgehobenen Plättchen 2 wiedererkennt, was offenbar Unsinn ist. Die errechnete Größe S soll außerdem Verwendung finden die »Auffassungsfähigkeit« zu bewerten. Wie und weshalb dieses geschieht, ist nicht angegeben. Die Bezeichnung »Raumgedächtnis« für die hier zu prüfende Eigenschaft ist irreführend. Unter »Raumgedächtnis« sollte nach den dortigen Angaben eine »Fähigkeit« verstanden werden, mit der Orte, an denen etwas geschehen soll, im Gedächtnis behalten werden können, und zwar sollte in diesem Prüfungsabschnitt eine Leistung verlangt werden, die ähnlich der Leistung im praktischen Dienst ist, die ein Bahnmeister, Stationsvorstand usw. auszuführen hat, wenn er unregelmäßig gelagerte Orte im Gedächtnis behalten muß, die ihm beim Begehen seines Dienstbereichs auffallen oder gezeigt werden, und für die von ihm später auszuführende Maßnahmen oder Entschließungen verlangt werden.

Auch hier handelt es sich im Versuch und in der Praxis um grundverschiedene Leistungen. Im Dienstbetrieb kommen hier überaus zusammengesetzte Verhältnisse in Frage, die dem Gedächtnis ein

Material bieten, die aus neuen Beobachtungen und älteren Erfahrungen, aus Gehörtem und Überlegtem usw. besteht und allerdings zu verschiedenen Orten in Beziehung stehen kann. In der Prüfung werden 5 Punkte in beliebiger Anordnung innerhalb eines Liniennetzes mit 15 Schnittpunkten gezeigt und müssen behalten werden. Ob dieses gelingt oder nicht, hängt vom Behalten dieser Punktanordnung und von einer Reihe von Zufälligkeiten ab, kann aber niemals zu den obigen Gedächtnisleistungen nur deshalb in Beziehung gesetzt werden, weil in beiden Fällen ein Gedächtnisstoff zu verschiedenen Orten Beziehung hat. Denn dieser Gedächtnisstoff ist verschieden und diese Orte haben doch nur die Bezeichnung Ort gemeinsam.

In einem weiteren 6. Prüfungsabschnitt sollte die »Nervenfestigkeit«, »Ruhe« und »Schreckhaftigkeit« durch ein Tremometer festgestellt werden. Die Prüfung wurde in der Weise angestellt, daß der Prüfling einen Zeigefinger auf eine Metallplatte setzte, die der elastischen Membran einer Mareyschen Trommel aufgeklebt ist, während die Trommel selbst mit der anderen Hand gehalten wurde. Die Trommel stand in üblicher Weise durch Luftübertragung mit einer Schreibvorrichtung in Verbindung, die auf eine rotierende Fläche eine Zitterkurve schrieb. Die Veränderung der Zitterkurve bei einem Schreckschuß sollte dann Aufschluß über die obigen »Fähigkeiten« geben, und je nach der Größe der Veränderung wurde der Prüfling in bezug auf diese Fähigkeiten einer von 4 Klassen zugeteilt. Bei dieser Versuchsanordnung gibt die Kurve mit ihren Veränderungen aber keinen eindeutigen Aufschluß über die Zitterbewegungen der Finger und der Hand und ihre Veränderungen durch die Schreckbewegungen. Denn dadurch, das die Aufnahmetrommel mit der anderen Hand gehalten wurde, die doch ebenfalls Zitterbewegungen macht und bei Schreckreizen sich mitbewegt, entsteht eine aus den verschiedensten Bewegungen zusammengesetzte Kurve, hohe Ausschläge können durch zufällige Bewegungen der Hände gegeneinander, und niedrige oder gar keine Ausschläge durch zufällige Bewegungen der Hände voneinander aufgezeichnet werden. Die aufgezeichnete Kurve gibt also keinen Aufschluß über die wirklich erfolgten Zitterbewegungen[(15)]. Aber auch wenn es gelungen wäre, Finger-, Hand- und Armbewegungen bei Schreckreizen exakt aufzunehmen, so wäre damit durchaus kein Urteil über die allgemeine Schreckhaftigkeit und »Nervenfestigkeit« gewonnen. Kann man schon im praktischen Dienst aus der gelegentlichen Schreckhaftigkeit oder vollkommenen Ruhe bei irgend einem schreckhaften Ereignis keine Schlüsse auf eine allgemeine Schreckhaftigkeit oder Ruhe machen, so ist es natürlich ganz ausgeschlossen, aus diesen Bewegungen bei erwarteten Schreckreizen, die für den Prüfling keinerlei Gefahr bieten, allgemeine Schlüsse zu ziehen.

In einem 7. Prüfungsabschnitt soll durch Aufnahme einer Atmungskurve in ähnlicher Weise wie durch die Zitterkurve die Grundeigenschaft »Ruhe« festgestellt werden. Die Aufnahme erfolgt in üblicher Weise mit Atmungsgürtel und Aufzeichnung der Atmungsbewegungen auf einer rotierenden Fläche durch eine Schreibvorrichtung, die durch einen Luftschlauch mit dem Atmungsgürtel in Verbindung steht. Gleichzeitig wird die Zeit in Sekunden aufgeschrieben. Eine derartige Atmungskurve hat nun aber auch in der Hand geübter Experimentatoren psychologisch einen sehr geringen Wert (15). Vermehrung und Verminderung der Atmungszahl hängt ebenso wie jede Veränderung der Atmungsgröße von den verschiedenen physiologischen und psychologischen Faktoren ab, die mit der »Ruhe« des Prüflings nichts zu tun haben brauchen, und sich gleichzeitig in unkontrollierbarer Weise gegenseitig in der verschiedensten Weise und Richtung beeinflussen können, ohne daß es möglich wäre, die einzelnen Faktoren aus der Kurve sicher zu isolieren. Bietet schon somit die normale Atmungskurve fast unüberwindbare Schwierigkeiten in der Beurteilung ihrer Form zu den zugrunde liegenden physiologischen, psychologischen und physikalischen Faktoren, so dürfte es ausgeschlossen sein, auch noch krankhafte Veränderungen der Atmung nebenher aufzudecken. Derartige krankhafte Zustände dürften am einfachsten durch eine ärztliche Untersuchung festgestellt werden. Eine Nachkontrolle ärztlicher Befunde durch Ingenieure ist bisher nicht üblich gewesen, dürfte vielleicht auch auf berechtigten Widerstand der Prüflinge stoßen.

Auch die in einer 8. Prüfung vorgenommene Untersuchung der »Herztätigkeit« mit Hilfe des Blutdruckmessers ist ein Übergreifen in ein rein ärztliches Gebiet ohne jede Sachkenntnis. Die »Herztätigkeit« *sollte dort im Rahmen der Eignungsprüfung* deshalb untersucht werden, *weil nach dortigen* psychologischen Vorstellungen »die psychologischen Vorgänge, die sich in der Betätigung der ‚Grundeigenschaften‘ wiederspiegeln, ihren Ursprung und ihre Nahrung in der Herztätigkeit finden«. Auf der Grundlage dieser eigenartigen Vorstellung ist manches Merkwürdige dieser Eignungsprüfung verständlich. Die Herztätigkeit wurde in der Weise geprüft, daß die Zeit für 20 Pulsschläge aufgeschrieben wurde, und der Blutdruck mit dem Apparat nach Riva-Rocci gemessen wurde. Dabei wurde ein Blutdruck zwischen 90 und 120 als normal angesehen, aus geringeren Blutdrucken wurde auf eine vorhandene Blutarmut und aus höheren Blutdrucken auf eine Erkrankung des Gefäßsystems oder auf Erregungszustände geschlossen. Ganz abgesehen davon, daß diese Bedeutungen der Höhe des Blutdrucks nur zum geringen Teil richtig sind und erkennen lassen, daß die Befürworter dieser Methode über die physiologischen und pathologischen Verhältnisse des Blutdrucks nicht unterrichtet sind, muß hier darauf hingewiesen werden, daß bisher über die hier gegebenenfalls in Betracht kommenden Beziehungen des Blutdrucks zu psychologischen Vorgängen keinerlei verwertbare Untersuchungen vorliegen. Derartige Untersuchungen dürften auch bei den zahlreichen Fehlerquellen, die diese Methode bietet, und bei dem Ineinandergreifen der verschiedensten Faktoren, die den Blutdruck beeinflussen, sehr schwierig sein.

Als Ergebnis dieser Betrachtung der Eignungsprüfungen bei den Sächsischen Staatseisenbahnen dürfte sich das Urteil ergeben, daß hier mit unzureichenden psychologischen und physiologischen Kenntnissen bei falschen Voraussetzungen und unter Anwendung von psychologisch und mathematisch unzulässigen Formeln, die eine nicht vorhandene Exaktheit der Untersuchungen vortäuschen können, eine Prüfungsmethode zusammengestellt und angewandt wurde, die niemals über die Eignung eines Eisenbahnangestellten oder eines Bewerbers für den Fahrdienst Aufschluß geben kann. Und ebensowenig kann durch diese Prüfung derjenige gut eingearbeitete Angestellte erkannt werden, der zwar unter gewöhnlichen Verhältnissen Befriedigendes leistet, aber bei besonderen Anforderungen versagt.

d) Die experimentelle Kraftfahrer-Eignungsprüfung von Moede und Piorkowski[(35)].

Die von Moede und Piorkowski ausgearbeitete experimentelle Eignungsprüfung für Kraftfahrer, die im letzten Kriegsjahre bei den Kraftfahrer-Ersatz-Abteilungen eingeführt wurde, kann hier leider nicht ausführlich besprochen und beurteilt werden, weil bisher genaue Angaben über die Prüfungsmethode, über die erzielten Prüfungsergebnisse, über die Verwertung dieser Ergebnisse bei der Beurteilung der Prüflinge und über Vergleiche der Leistungen in der Prüfung mit den Leistungen in der späteren Praxis nicht vorgelegt wurden. Es steht nur eine populäre Beschreibung dieser Prüfungsmethode in der im Druck vorliegenden Wiedergabe eines Vortrages von Moede[(35)] zur Verfügung, dessen allgemein gehaltenen Angaben aber keine geeigneten Unterlagen für eine kritische Besprechung und Beurteilung bieten können. Daß nähere Angaben über die Einzelheiten der Prüfungen »in allen ihren Teilen und womöglich gar noch mit charakteristischen zahlenmäßigen Belegen« — »natürlich nicht statthaft sind«[(35, S. 9)] ist früher mit den militärischen Verhältnissen zu begründen gewesen, jetzt aber nicht mehr zutreffend. Die in dem Vortrage aufgestellte Behauptung, daß aus den dort vorgetragenen Grundlagen der experimentellen Methodik dieser Prüfung für die Zuhörer bzw. für die Leser ohne weiteres zu erkennen sein soll, daß Moede und Piorkowski »auf Grund solch eingehender Untersuchungen in der Lage sind, ein Urteil über die Bewährung des Mannes in der Praxis zu fällen«[(35, S. 21)], muß erst bewiesen werden. Wenn Moede Wert darauf legt, daß seine Prüfungsmethoden von Fachleuten beurteilt werden, so ist es notwendig, daß Moede sich dazu entschließt, das Prüfungsverfahren mit genauer Beschreibung der Apparatur, den Verlauf der Prüfung in allen Einzelheiten und die tatsächlich erhaltenen Prüfungsergebnisse bekanntzugeben. Es ist jedenfalls bisher nicht üblich gewesen, ungeklärte wissenschaftliche Probleme und neue Untersuchungsmethoden, statt sie zur Beurteilung den Fachgenossen zu unterbreiten, durch die Zustimmung oder Ablehnung nach Vorträgen in Laienkreisen begutachten zu lassen.

Nach dem Vortrage scheint für Moede die Frage nach dem, was man unter »Fähigkeit« und »Funktion« zu verstehen hat, bereits außerhalb jeder Diskussion zu stehen. Für Moede ist offenbar jede gegenwärtig mögliche und im Experiment feststellbare Leistung irgendwelcher Art ein mehr oder weniger sicheres Zeichen für eine entsprechende allgemein vorhandene »Fähigkeit« und wird dementsprechend bewertet. Auf dieser Grundlage ist deshalb auch für Moede die Frage nach der Bedeutung und dem Wert psychologischer Eignungsprüfungen im Prinzip gelöst. Als Hauptaufgabe bleibt dann noch, das Prüfungsexperiment möglichst so zu gestalten, daß an den Prüfling Anforderungen ähnlicher Art gestellt werden, wie sie der spätere Beruf erfordert und die richtige Bewertung der Prüfungsergebnisse.

Dem ist nun aber entgegenzuhalten, daß man sich in den Kreisen der Psychologen über die Begriffe »Fähigkeit«, »Funktion«, »Anlage« usw., wenigstens in der Form, wie diese Begriffe hier benutzt worden sind, noch durchaus nicht einig ist. Die Mehrzahl der Forscher lehnen psychische Fähigkeiten in dem hier gebrauchten Sinne ab. Weiter muß darauf hingewiesen werden, daß es bisher niemand gelungen ist, die Beziehungen zwischen Prüfungsleistungen und späteren Leistungen in der Praxis eindeutig aufzudecken. Ebenso war es bisher keinem Forscher möglich, das Prüfungsexperiment so zu gestalten, daß der Prüfling in eine Situation gebracht wird, die in ihm eine seelische Verfassung hervorruft, wie sie bei ihm in der Wirklichkeit eintritt und aus der heraus er in bestimmter Weise zu handeln hat. Auch Moede ist dies *in seiner mit Piorkowski gemeinsam zusammengestellten Kraftfahrer-Eignungsprüfung nicht gelungen.* Das Verhalten des Prüflings in aufregenden, schreckhaften und gefährlichen Lagen, das für die Beurteilung eines zukünftigen Kraftwagenführers besonders interessiert, wird in der Prüfung nicht erfaßt und dürfte wohl auch kaum jemals durch eine experimentelle Prüfung erfaßt werden. Und ebenso gelingt es durch derartige Prüfungen niemals, die Einflüsse der Erlernung, der Übung und der Gewöhnung festzustellen. Diese Feststellung gelingt auch dann nicht, wenn nach Moedes Vorschlag in der Prüfung bestimmte Leistungen einigemal wiederholt werden. Aus den beobachtbaren Veränderungen der Leistungen und der Art des Eintritts dieser Veränderungen kann man keineswegs auf eine bestimmte Art allgemein vorhandener »Übungsfähigkeit« schließen, die sich auch im Beruf zeigen muß. Uns sind jedenfalls Gesetze darüber, wie sich die verschiedenartigen Leistungen eines Menschen nach Erlernung und längerer Übung verändern können, unbekannt. Ein auch nur einigermaßen sicherer Schluß von einer gegenwärtig vorhandenen auf eine in der Zukunft mögliche Leistung ist im Gegensatz zu den Behauptungen von Moede bisher weder aus den Forschungsergebnissen der allgemeinen experimentellen Psychologie, noch aus den Ergebnissen der psychologischen Praxis möglich, es sei denn, daß es sich um Leistungen handelt, die durch besondere dauernde Zustände der Sinnesorgane bedingt sind (Farbenblindheit, Sehfehler, Hörfehler usw.).

Stellt Moede z. B. mit der Prüfung fest, daß es einem Prüfling in einer bestimmten Weise gelingt, abgestufte Veränderungen eines Geräusches zu erkennen bzw. zu übersehen, so ist hieraus ein Schluß auf die Qualität und Quantität einer allgemeinen Fähigkeit, feine Motorgeräusche zu unterscheiden, sicher unzulässig. Denn nach den Erfahrungen der Wissenschaft und Praxis ist die Erkennung von Geräuschunterschieden weitgehend von der Übung abhängig. Jeder Beruf, in dem das Erkennen feiner Geräuschunterschiede von Wichtigkeit ist, bietet uns Beispiele in beliebiger Zahl, wie weitgehend sich eine Leistungsfähigkeit in dieser Richtung bei dem den betreffenden Beruf Ausübenden entwickeln kann. Dabei soll nicht behauptet werden, daß nun nach einer gewissen Lehr- und Ausbildungszeit die Unterscheidungsfähigkeit bei allen von gleicher Qualität ist, aber es kann behauptet werden, daß es bisher nicht bewiesen werden konnte, daß die am Schluß der Ausbildung oder nach längerer Berufsausübung feststellbaren Unterschiede in dieser Fähigkeit mit den vor der Ausbildung feststellbaren parallel gehen oder sonst in irgendeinem erkennbaren gesetzmäßigen Zusammenhang stehen. Die notwendige Feststellung normaler Gehörfunktionen, die für derartige Berufe Voraussetzung ist, geschieht am zweckmäßigsten durch den Arzt, in besonderen Fällen durch den Facharzt.

Auch die nach Art und Umfang in dieser Prüfung festgestellte Aufmerksamkeitsleistung des Prüflings berechtigt nicht zu dem Schluß, daß der Prüfling in dem erst zu erlernenden Beruf in gleicher Weise aufmerken wird. Das Vorhandensein eines bestimmten, dauernd vorhandenen und in den Grundzügen unabänderlichen Aufmerksamkeitstypus ist zwar auch von anderer psychologischer Seite (z. B. Stern) behauptet, aber bisher nie bewiesen worden. Die durch das Experiment im günstigsten Fall feststellbare gegenwärtig vorhandene Art des Aufmerkens ist weitgehend abhängig von der Vorbildung, dem bisherigen Beruf, der bisherigen Beschäftigungsweise und der zufälligen Stimmungslage des Prüflings in der Prüfung. Wie weitgehend in der Art des Aufmerkens eine Veränderung eintreten kann, dürfte für jeden augenfällig zu beachten gewesen sein, wer z. B. Gelegenheit hatte, beim Militär die Art des Aufmerkens des neueingestellten Rekruten mit der des ausgebildeten Soldaten zu vergleichen.

Einwendungen ähnlicher Art können bei allen »Fähigkeiten« gemacht werden, welche durch die Prüfung von Moede und Piorkowski angeblich festgestellt werden. Über den Wert der Aufnahme von Reaktionszeiten, der Schreckprüfung mittels eines Tremographen und der Ermüdungsmessung mittels des Ergographen ist bereits bei der Besprechung der Prüfungsmethoden der Sächsischen Staatsbahnen ausführlich gesprochen worden.

IV. Die Mindestforderungen an psychologische Berufs-Eignungsprüfungen.

Die vorstehenden Ausführungen über die bisher bekannt gegebenen psychologischen Eignungsprüfungen der Verkehrsberufe dürften gezeigt haben, daß es sich hier, entgegen der allgemeinen Ansicht, um eine

Frage handelt, die noch der Lösung harrt. Eine nachweisbar erfolgreiche psychologische Eignungsprüfung ist nicht bekannt geworden. Bei allen bisherigen Eignungsprüfungen — auch bei den hier nicht besprochenen — handelt es sich um Methoden, die von bestimmten erkenntnistheoretischen Voraussetzungen ausgehen und deren Erfolge zwar stets lebhaft behauptet, aber nie bewiesen wurden. Ganz gleich nun aber, von welchen Voraussetzungen ausgegangen wird, der Nachweis einer erfolgreichen psychologischen Eignungsprüfung dürfte erst dann erbracht sein, wenn es gelungen sein wird, mit einer derartigen Prüfungsmethode, ungefähr unter Innehaltung der folgenden Mindestforderungen, eine größere Anzahl richtiger Entscheidungen zu treffen. Diese Forderungen, nach deren Erfüllung erst eine zureichende Beurteilung einer Eignungsprüfung ermöglicht sein dürfte, sind:

1. Das Prüfungsverfahren, die Apparatur, die Instruktion, die Protokolle, die Art der Verrechnung bzw. die Art der Bewertung der Ergebnisse müssen in allen Einzelheiten zur möglichen Nachprüfung bekannt gegeben werden. Außerdem muß klar ersichtlich sein, was geprüft werden sollte, wie dieses geprüft wurde, auf welchen Teil der Prüfungsergebnisse sich die Beurteilung der Bewerber stützt und wie das Urteil aus den betreffenden Ergebnissen gewonnen wurde.

2. Das Prüfungsverfahren muß unter gleichen inneren und äußeren Bedingungen an einer größeren Anzahl von Bewerbern durchgeführt werden, die sich freiwillig den betreffenden Beruf erwählt haben und deren körperliche Tauglichkeit und Geeignetheit durch einen Arzt festgestellt worden ist.

3. Sämtliche Geprüfte müssen, ganz gleich ob sie im Prüfungsverfahren erfolgreich waren oder versagten, dem betreffenden Beruf zugeführt werden, ohne daß die Lehrstelle über das Ergebnis der Prüfung benachrichtigt wird.

4. Die Geprüften müssen nach Beendigung ihrer Lehrzeit oder zu einer späteren Zeit oder im Anschluß an eine Entlassung nach dem Teil ihrer praktischen Leistungen beurteilt werden, die den Prüfungsleistungen entsprechen sollen, um diese Beurteilung mit dem Ergebnis der früheren Eignungsprüfung vergleichen zu können.

Erst wenn es sich gezeigt haben sollte, daß unter Innehaltung dieser Forderungen bei den Geprüften eine weitgehende Übereinstimmung zwischen den Leistungen in der Prüfung und den Leistungen in der Praxis besteht, kann von dem Bestehen einer zuverlässigen psychologischen Eignungsprüfung für den betreffenden Beruf gesprochen werden. In diesem Falle wäre die Hoffnung berechtigt, vielleicht auch die Möglichkeit erwiesen, daß auch für andere Berufsarten Eignungsprüfungen zu finden sind. Ob und welche Vorteile sich aus einer praktischen Anwendung derartiger Prüfungsmethoden bei der Berufswahl ergeben können, sind dann weitere offene Fragen.

V. Eine neue psychologische Berufs-Eignungsprüfung für Straßenbahnführer.

In folgendem ist unter möglichster[1]) Innehaltung der obigen Forderungen versucht worden, eine psychologische Eignungsprüfung für Straßenbahnführer zusammenzustellen und praktisch zu erproben, um allgemeine Unterlagen für die Bewertung derartiger Prüfungsmethoden zu erhalten. Die praktische Durchführung ist durch eine weitgehende Unterstützung seitens des Direktors der Kieler Betriebsverwaltung der Allgemeinen Lokal- und Straßenbahngesellschaft ermöglicht worden, indem 67 Führer und Führerinnen bzw. Bewerber und Bewerberinnen zur Prüfung geschickt wurden.

a) Entstehung der Methode.

Die Prüfungsmethode ist nach einer größeren Anzahl von Vorversuchen entstanden. Bei der Zusammenstellung einer geeigneten Prüfungsmethode war es zunächst notwendig, in den Berufsleistungen diejenigen seelisch-körperlichen Zustände zu erkennen, die bei einer erfolgreichen Ausübung des Berufs als Straßenbahnführer als wesentlich bzw. als unbedingt notwendig erscheinen, um die Prüfungsaufgabe so zu gestalten, daß bei ihrer erfolgreichen Lösung entsprechende Zustände bzw. Leistungen notwendig sind. Diese Kenntnis konnte durch ein Befragen erfahrener Führer über ihre Tätigkeit nur unzureichend und höchstens indirekt gewonnen werden, da bei den Führern eine notwendige Selbstbeobachtung nach psychologischen Gesichtspunkten nicht stattfindet und auch mangels psychologischer Kenntnisse und Interessen gar nicht stattfinden kann. Außer den Angaben der Führer standen die Erfahrungen des Direktors, der Betriebsleiter und des Ausbildungs- und Aufsichtspersonals reichlich zur Verfügung und wurden mit ausgedehnten eigenen Beobachtungen beim Fahrdienst zur Beurteilung der Leistungen verwertet. Aus allem zusammengenommen, wurde für den Dienst als Straßenbahnführer eine Leistung folgender Art als wesentlich erkannt. Dauerndes unermüdliches Beachten der verschiedensten im Raume verteilten, unregelmäßig auftretenden, fortgesetzt wechselnden Bilder bzw. Ereignisse, die schnell und sicher zu erfassen sind und auf die mit Auswahl in verschiedener vorgeschriebener Weise mit bestimmten Bewegungen zu antworten ist, bei gleichzeitiger ständiger Bereitschaft, auf plötzliche und unerwartet schreckhafte Ereignisse schnell und richtig und ohne die Ruhe zu verlieren zu antworten. Diese vielseitige Leistung, die eine Fülle seelisch-körperlicher Funktionen einschließt,

[1]) Die zu fordernde ausführliche ärztliche Untersuchung mußte aus äußeren Gründen unterbleiben; s. auch S. 178.

wird in der vorliegenden Prüfungsaufgabe ebenfalls zu fordern versucht, nachdem zunächst vergeblich versucht worden war, durch Prüfung einzelner hervortretender Funktionen Unterschiede in der Eignung festzustellen. — So zeigten z. B. die Aufnahmen von Reaktionszeiten für verschiedene Reaktions- und Reizarten, ausgeführt an 50 Versuchspersonen mit je 200 Zeitaufnahmen, bei jeder Versuchsperson je 100 Aufnahmen an zwei Tagen, keine hinreichend charakteristischen Unterschiede. — Es wurde deshalb in weiteren Versuchen dahin gestrebt, möglichst alle bei der Analyse der Berufsarbeit gefundenen Funktionen gleichzeitig in ihrem Gesamtablauf durch eine Prüfungsarbeit an einer Apparatur zu erfassen. Dabei mußte es versucht werden, die Prüfungsarbeit möglichst so zu gestalten, daß der Bewerber in ähnlicher Weise wie im späteren Beruf eine zusammenhängende Arbeit zu leisten hatte, bei der die erzielte Arbeitsleistung in ihren Einzelheiten qualitativ und quantitativ erkennbar war. Dies war nur möglich, wenn eine Apparatur geschaffen wurde, die einerseits den Prüfling bestimmte, eine wirklich zusammenhängende Arbeit zu verrichten, die andererseits aber auch einen Einblick in das Vorhandensein, in die Art und den Ablauf der bei der fortlaufenden Arbeitsleistung vorhandenen verschiedenen einzelnen psychischen Vorgänge durch eine Registrierung gestattete. Zu dem Zweck mußte sich die Gesamtleistung aus einer Vielheit von Einzelleistungen zusammensetzen, die durch die Apparatur in ihrer Folge und in ihrer Güte aufgezeichnet werden konnten, ohne daß für den Prüfling die zusammenhängende Arbeitsaufgabe zerlegt wurde. Außerdem durfte die Erlernung und die Ausführung der Aufgabe dem Prüfling keine besonderen Schwierigkeiten bereiten; nach ausführlicher Instruktion mußte sie ihm in kurzer Zeit vertraut werden. Es waren also eine Anzahl von bestimmten Forderungen zu erfüllen. Es wurde deshalb an verschiedenen vorläufigen Apparaturen durch Versuche festgestellt, wie weit sie den Forderungen entsprachen und schließlich wurde durch Erweiterungen und Abänderungen die nachfolgend beschriebene Apparatur erzielt.

b) Die Apparatur.

Die Apparatur wurde behelfsmäßig aus Apparaten und Apparatteilen des Psychologischen und des Physiologischen Instituts der Universität Kiel zusammengestellt und kann weder in technischer noch in experimenteller Hinsicht Anspruch auf Vollkommenheit machen. Es dürfte mit entsprechenden Mitteln möglich sein, den Aufbau noch zweckmäßiger zu gestalten, und die eine oder andere Reiz- oder Reaktionsweise zu verändern bzw. zu verbessern. Die Schlußfolgerungen aber, die hier aus den Prüfungsergebnissen gezogen werden müssen, dürften auch nach derartigen Veränderungen oder Verbesserungen an der Apparatur dieselben bleiben. Für den hier verfolgten Zweck, die Grundlagen für eine Stellungnahme zu derartigen Eignungsprüfungen zu gewinnen, besaß diese Apparatur, wie die nachfolgend mitgeteilten Prüfungsergebnisse zeigen werden, eine hinreichende Vollkommenheit. Ein besonderer Wert war bei der Apparatur für die genaue Aufnahme der Reaktionszeiten auf die Einrichtung der Kontakte gelegt, so daß jedenfalls durch die Ein- und Ausschaltung der Kontakte keine unkontrollierbare Veränderung der Reaktionszeiten erfolgte.

Die Apparatur (siehe Abbildung) besteht aus drei Hauptteilen. Ein Teil (I) der Apparatur ermöglicht die Darbietung der verschiedenen Reize, ein anderer Teil (II) vereinigt die verschiedenen Reaktionshebel und ein dritter Teil (III) besteht aus dem zeitmessenden Apparat und einigen Schalthebeln.

In der Abbildung sind die Einzelheiten der besseren Übersicht halber nur skizzenhaft gezeichnet. Das Zusammenspiel der Reize und Reaktionen ergibt sich aus der weiter unten im Wortlaut wiedergegebenen Instruktion und der späteren Beschreibung des Prüfungsverfahrens.

Der Teil I der Apparatur für die Darbietung der Reize besteht aus einer kreisförmigen Holzscheibe (*A*) von 125 cm Durchmesser, die mit einer Achse in einem Gestell (*B*) an einem Tisch so befestigt ist, daß sie an der Tischkante vorbei leicht drehbar ist. Die Achse befindet sich in einer Höhe von 125 cm vom Fußboden entfernt. Die Scheibe wird mit einem kleinen an die Lichtleitung angeschlossenen Elektromotor (*C*) mit Zwischenschaltung einer Stufenscheibe (*D*), eines Zahnradgetriebes (*E*) und Schnurläufen gleichmäßig so gedreht, daß diese Umdrehung in etwa 4 Minuten erfolgt. Auf dieser Scheibe sind in einer Verteilung, wie sie aus der Skizze ersichtlich ist, 28 verschiedene Ansichtspostkarten in Schwarz- und Buntdruck mit nachfolgenden Abbildungen befestigt. 1. Fesselballon (Photo). 2. Windmühle (Photo). 3. Flugzeug (Rumpler Taube, farbiger Druck). 4. Stadttor (Triumphbogen Paris, Schwarzdruck). 5. Großes Gebäude (Kieler Schloß, farbiger Druck). 6. Scheinwerfer (Photo). 7. Brückentor (Eingang zur Hochbrücke-Levensau, farbiger Druck). 8. Hund (Jagdhund sitzend, vom Beschauer aus Kopf nach rechts gewandt, Photo). 9. Leuchtturm (Kanaleingang Kiel-Holtenau, farbiger Druck). 10. Soldat am Tisch sitzend (beim Essen, farbiger Druck). 11. Geschwader (Hochseeflotte, farbiger Druck). 12. Marinemannschaften auf dem Marsch (farbiger Druck). 13. Rheinbrücke (Hohenzollernbrücke bei Köln, farbiger Druck). 14. Reiterstandbild (Karl der Große, Lüttich, Schwarzdruck). 15. Altes Stadttor (Brückentor-Kortrijk, Photo). 16. Flußtal mit Stadtlandschaft (Lahntal mit Bad Ems, farbiger Druck). 17. Telegraphenarbeiter am Gestänge (Photo). 18. Zeppelinluftschiff (farbiger Druck). 19. Schloß am Abhang (Schloß an der Tauernbahn, farbiger Druck). 20. Hochbrücke Kiel-Levensau (Seitenansicht mit Kanal und durchfahrendem Kriegsschiff, farbiger Druck). 21. Zwei Holländerinnen (in Nationaltracht, farbiger Druck). 22. Bauernhaus (mit Strohdach, farbiger Druck). 23. Eiserne Hochbrücke Kiel-Holtenau (farbiger Druck). 24. Die gleiche Ansicht wie 15. 25. Schloßartiges Haus am Wasser (farbiger Druck). 26. Großes Gebäude (Kieler Universität, farbiger Druck). 27. Kriegs-

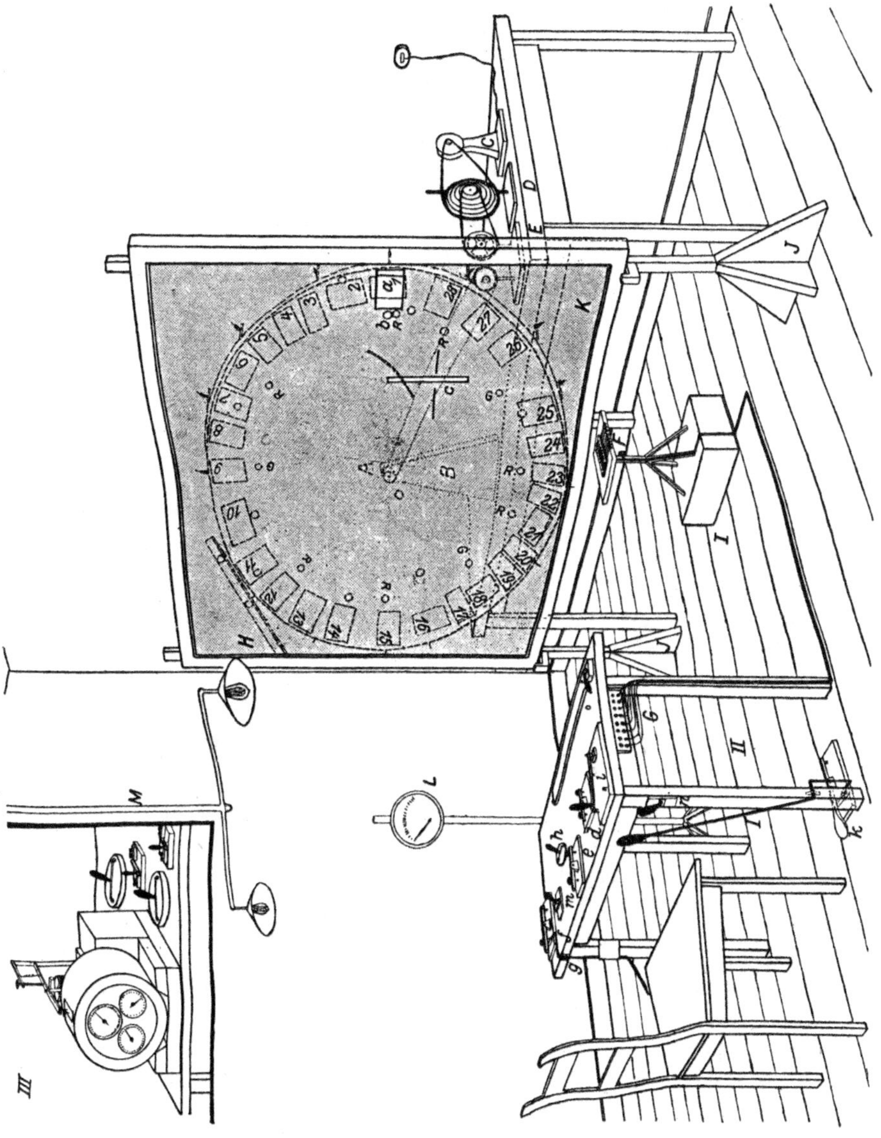

Skizze der Apparatur für die Straßenbahnführerprüfung.

Maßstab für die Hauptzeichnung 1 : 25, für die Nebenzeichnung links oben 1 : 12. Beschreibung S. 44 ff.

schiff (Kreuzer, farbiger Druck). 28. Strandpartie mit Landungssteg (farbiger Druck).

Außerdem sind auf der Scheibe in einer Anordnung, wie aus der Abbildung ersichtlich ist, verteilt und durch kleine Kreise angedeutet hintereinandergeschaltete kleine elektrische Metallfadenlampen von 6 Volt befestigt. Jede dieser Lampen ist mit einer röhrenförmigen Umhüllung umgeben, die nach vorne durch ein Stück farbiger Gelatine (rot, grün oder blau) abgeschlossen ist. Von jeder Lampe führt eine Leitung in die Achse der Scheibe. Auf dieser Achse, die als vereinte Leitung für alle Lampen dient, ist an dem über das Gestell hinausragenden Ende ein kleines Rad aus Platin aufgelötet, das in ein kleines hinten am Achsengestell befestigtes Quecksilbernäpfchen (in der Abbildung nicht gezeichnet) taucht, und so bei Drehung der Scheibe eine reibungslose, sichere und dauernde Abnahme des Stromes ermöglicht, ohne die Drehbewegung der Scheibe zu behindern. Von dem Quecksilbernäpfchen aus geht die Leitung zu drei hintereinandergeschalteten Akkumulatoren von je 2 Volt, die hinter der Scheibe aufgestellt sind (in der Zeichnung nicht angegeben). Von hier geht die Leitung weiter an den Zimmerwänden entlang zu der noch zu beschreibenden Uhr für die Aufnahme der Reaktionszeiten (III), die auf einem 5 m von der übrigen Apparatur aufgestellten Tisch befestigt ist. Das zweite Ende der Leitung jeder Lampe bzw. von jedem Lampenpaar, geht zu je einer Platinspitze, die am Rande der Scheibe an 12 im Umkreis verteilten senkrecht von der Scheibe abstehenden 10 cm langen Armen in verschiedenen Abständen befestigt sind. Bei der Umdrehung der Scheibe tauchen diese Platinspitzen nacheinander abwechselnd in einen der unter der Scheibe auf einem Stativ aufgestellten 3 cm langen und 1 cm breiten, parallel nebeneinander liegenden 8 Quecksilbernäpfe (*F*). Jeder dieser Näpfe ist so weit mit Quecksilber gefüllt, daß bei der gleichmäßigen Umdrehung der Scheibe eine Platinspitze etwa 4 Sekunden lang in das Quecksilber eintaucht, und so während dieser Zeit eine leitende Verbindung mit einer von dem Quecksilbernapf ausgehenden Leitung hergestellt ist. Diese Leitungen führen über einen *Verteiler* (*G*) zu mehreren noch zu beschreibenden Tasthebeln. Von diesen gehen die Leitungen zu der obenerwähnten Uhr (III), sodaß hiermit ein Stromkreis vollständig ist. Jedesmal also, wenn eine Platinspitze in einen Quecksilbernapf eintaucht, leuchtet eine farbige Glühlampe bzw. ein Glühlampenpaar auf und gleichzeitig springt die Uhr an. Durch Niederdrücken des zugehörigen Tasthebels wird der Stromkreis wieder geöffnet, hierdurch erlischt das Licht und die Uhr bleibt stehen. Durch Weiterbewegung der Scheibe und dadurch bedingtem Austritt der Platinspitze aus dem Quecksilber, wird der Stromkreis automatisch unterbrochen. Die Glühbirnen sind in einer solchen Anordnung auf der Scheibe verteilt, daß bei Umdrehung der Scheibe das Aufleuchten der farbigen Lampen abwechselnd an den verschiedensten Stellen erfolgt. Das auf der Scheibe befindliche rot-grüne Lampenpaar und ein weiteres rot-grünes Lampenpaar, das links oben über der Scheibe auf einem Stab (*H*) angebracht ist, wird nicht durch die Platinkontakte der drehenden Scheibe eingeschaltet, sondern durch Quecksilberschlüssel, die neben der Uhr auf demselben Tisch aufgestellt sind, und die von einem der Versuchsleiter bedient werden.

Auf der Scheibe sind neben den am Rand befestigten Karten die Buchstaben R, B, G, R, R, G, R, R, G, R in wechselnden Abständen (in der Abbildung kleine Kreise mit nebengezeichneten Buchstaben) so verteilt, daß sich bei Drehung der Scheibe jedesmal vor dem Eintritt bestimmter optischer oder akustischer Reize ein bestimmter Buchstabe an einer und derselben Stelle im Raum befindet. (Hierüber Näheres weiter unten bei der Wiedergabe der Instruktion und Beschreibung der Prüfungsaufgabe.)

Im mittleren Teil der Scheibe ist eine schwarze Kurvenlinie bestimmter Form befestigt, deren Bedeutung für die Prüfungsaufgabe ebenfalls weiter unten erklärt wird.

Hinter der Scheibe auf dem Tisch stehen die schon erwähnten drei hintereinander geschalteten Akkumulatoren. Außerdem ist dort ein Wagnerscher Hammer (elektrische Klingel ohne Glocke) mit Akkumulator und vorgeschaltetem Relais (in der Abbildung nicht gezeichnet) aufgestellt. Dieses Relais ist genau wie die farbigen Lampen geschaltet. Ein Leitungsdraht führt an die Scheibenachse und von da zu einem bestimmten Platinspitzenkontakt, der bei Eintauchen in einen der Quecksilbernäpfe eine Verbindung über ein zwischengeschaltetes Hebelsystem mit der Uhr herstellt. Der andere Leitungsdraht führt vom Relais über die Akkumulatoren auf dem entgegengesetzten Wege zu der Uhr. Auf diese Weise wird bei Eintauchen des betreffenden Platinkontaktes der Wagnersche Hammer gleichzeitig mit der Uhr in lärmende Bewegung gesetzt und diese Bewegungen durch Niederdrücken des zugehörigen Hebels zum Stehen gebracht.

Vor der Holzscheibe mit den verschiedenen, beschriebenen Ausrüstungen ist auf zwei Ständern (J) eine 138 : 138 cm große Spiegelglastafel (K) in einem Holzrahmen aufgestellt. Diese Glastafel ist durch einen Kreideanstrich undurchsichtig gemacht, so daß die oben beschriebene Holzscheibe mit allen Apparaten und der Antriebsvorrichtung für den zu prüfenden Bewerber unsichtbar ist. Nur bei Aufleuchten der farbigen Lampen schimmern ein oder mehrere farbige Lichtpunkte deutlich durch den Kreideanstrich. Die farbigen Lichtpunkte sind bei Tageslicht gut erkennbar.

In der Mitte der rechten Seite der Glastafel ist in einer Größe von 13 : 8 cm der Kreideanstrich entfernt, so daß ein Fenster (a) entstanden ist, hinter dem zurzeit je eine der auf dem Scheibenrand befestigten Ansichtskarten sichtbar ist. Neben diesem Fenster 1 cm nach innen gelegen ist ein kleines rundes Fenster (b) von 3 cm Durchmesser hergestellt, hinter dem in unregelmäßigen Abständen die oben beschriebenen Buchstaben in Zwischenräumen sichtbar werden. Diese Buchstaben sind in ihren Abständen und in ihrer Reihenfolge so angeordnet, daß sie kurz vor dem Eintreten bestimmter Reize auftreten, insbesondere wird bei einer ganzen Umdrehung der Scheibe einmal der Buchstabe G kurz vor Aufleuchten des Lampenpaares rot-blau sichtbar, und einmal der Buchstabe R kurz vor einem zweiten Aufleuchten des Lampenpaares rot-blau an einer anderen Stelle der Glastafel als das erste Mal.

In der Mitte der Glastafel findet sich ein weiteres 30 cm langes, 1 cm schmales Fenster (*c*), neben dem im unteren Teile zwei schwarze Striche auf der Tafel angebracht sind. Hinter diesem Fenster bewegt sich bei jeder Umdrehung der Scheibe eine Minute lang die auf der Scheibe befindliche schwarze Kurvenlinie so, daß durch das Fenster ein kurzer schwarzer Strich sichtbar ist, der mit wechselnder Geschwindigkeit von oben nach unten durch das Fenster läuft und in einem bestimmten Zeitpunkt, bei dem ein Platinkontakt in einen der Näpfe eintaucht, genau zwischen den beiden festliegenden Linien zu liegen kommt. Beim Eintauchen des Kontaktes ist die Verbindung mit der Uhr unter Zwischenschaltung eines Hebels hergestellt. Durch Umlegen dieses Hebels wird diese Verbindung wieder unterbrochen.

Der zweite Teil der Apparatur ist ein Tisch (II) (92 : 61 : 75 cm) mit verschiedenen Reaktionshebeln, der 2 m vor dieser Spiegelglastafel aufgestellt ist. Hinter dem Tisch sitzt der zu Prüfende auf einem Stuhl. Auf der Tischplatte ist rechts ein Tasthebel (*d*) befestigt, der in den Stromkreis der roten Lampe als Reaktionstaste eingeschaltet ist. Der Tasthebel ist außerdem in den Stromkreis eines rotblauen Lampenpaares jedesmal dann eingeschlossen, wenn die sich drehende Scheibe in eine Stellung gekommen ist, bei der kurz vorher der Buchstabe R durch das beschriebene runde Fenster gegangen ist.

Ungefähr in der vorderen Mitte des Tisches befindet sich ein zweiter ähnlicher Tasthebel (*e*), der in den Stromkreis der blauen Lampe eingeschaltet ist. Am linken Ende des Tisches ist ein dritter Tasthebel (*f*) befestigt, der in den Stromkreis der grünen Lampe eingeschaltet ist. Außerdem ist dieser Tasthebel in den Stromkreis eines rot-blauen Lampenpaares jedesmal dann eingeschaltet, wenn kurz vorher der Durchgang des Buchstabens G durch das runde Fenster erfolgte. Dieser Tasthebel ist so eingerichtet, daß ein Niederdrücken erst nach vorheriger Aushebelung einer Sperrvorrichtung möglich ist. Diese Sperrvorrichtung (*g*), eine zweimal gewinkelte Eisenstange, ist mit einem langen Mittelstück durch ein Scharnier am linken Tischbein befestigt, greift mit einem kurzen Ende unter den Tasthebel und hat ein umgebogenes längeres Ende, das so vom Tisch absteht, daß es mit dem linken Knie des Prüflings zur Seite geschoben werden kann. Durch diese Bewegung dreht sich das Mittelstück um die eigene Achse und das kurze Ende gibt durch seine Seitwärtsbewegung seinerseits den Tasthebel zum Niederdrücken frei. Wird das Knie dann wieder zurückgenommen, so schnellt die Sperrvorrichtung durch Federkraft in die Anfangsstellung zurück. Dieser Tasthebel ist also in der Weise konstruiert, daß zu seiner Bedienung eine doppelte Bewegung in verschiedenen Richtungen mit Bein und Hand notwendig ist.

Ungefähr in der Mitte des Tisches befindet sich ein Kontakthebel (*h*), der in den Stromkreis eingeschaltet ist, welcher beim Durchgang der beweglichen Linie durch die Verbindung der zwei festliegenden Linien auf der Scheibe mittels der Platinspitzenkontakte geschlossen wird. Der Hebel (*h*) ist zur Öffnung des Stromkreises nach der Versuchsperson hin hochzulegen. Es wird so an diesem Hebel als Reaktion auf den Durchgang einer sich bewegenden Linie eine Hebelbewegung in einer neuen Richtung verlangt.

Links neben dem Tisch ist auf einem 150 cm hohen Ständer (*L*) ein uhrartiges Gehäuse mit Zifferblatt und Zeigern (Amperemeter) von 15 cm Durchmesser aufgestellt. Dieser Zeiger, mit elektromagnetischem Antrieb, ist durch Leitung mit der sich drehenden Holzscheibe so verbunden, daß bei Eintauchen eines bestimmten Platinkontaktes ein Ausschlag nach einer Seite erfolgt und gleichzeitig die Uhr in Gang gesetzt wird. Um diesen Stromkreis zu unterbrechen und so den Zeiger wieder in die Ruhelage zu bringen und die Uhr anzuhalten, ist ein auf der rechten Seite des Tisches befestigter 20 cm langer Kontakthebel (*i*), der in der Tischebene zu bewegen ist, in den Stromkreis eingeschaltet. Dieser Hebel ist von dem Prüfling nach bemerkter Zeigerbewegung mit der rechten Hand zu bedienen und in die Ausgangsstellung zurückzulegen. Die auszuführende Bewegung hat bei diesem Hebel wiederum in einer anderen neuen Richtung (von rechts nach links horizontal) zu erfolgen.

Auf dem Fußboden unmittelbar links neben dem rechten vorderen Tischbein ist ein weiterer Hebel (*k*) befestigt, mit dem der Stromkreis des Relais, dem der Wagnersche Hammer vorgeschaltet ist, unterbrochen werden kann. Die Unterbrechung erfolgt durch Niedertreten mit dem rechten Fuß, sobald das Geräusch ertönt. Bei diesem Fußhebel ist eine Sperrvorrichtung (*l*) eingebaut, deren Hebelsystem durch einen an einem langen Arm befindlichen Handgriff zu bedienen ist. Durch ein Hinüberziehen dieses Handgriffes mit der rechten Hand in frontaler Richtung wird ein unter dem Fußhebel liegendes, mit dem langen Arm durch Winkelgelenke verbundenes kurzes Ende der Sperrvorrichtung zurückgezogen, und so der Fußhebel zum Niedertreten frei. Es muß somit auf einen akustischen Reiz als Reaktionshandlung und zum gleichzeitigen Anhalten der mit dem Geräusch in Gang gesetzten Uhr eine Doppelbewegung von Hand und Fuß in richtiger, kurz aufeinander folgender Reihenfolge in verschiedener Richtung mit größter Schnelligkeit ausgeführt werden.

Zwei weitere Hebel, die an dem Tisch befestigt sind, dienen zum Reagieren auf die weiter unten zu beschreibenden Schreckreize. Der eine dieser Hebel ist auf der linken Hälfte der Tischplatte befestigt und stellt einen Schalthebel (*m*) dar, der von dem zu prüfenden Bewerber nach sich hin umzulegen ist. Der zweite dieser Hebel (*n*) von gleicher Gestalt, ist an dem rechten Tischbein so angebracht, daß zur Umlegung eine Bewegung nach oben auszuführen ist. Beide Hebel sind gleichzeitig mit beiden Händen zu bedienen. Es sind also in diesem Falle mit beiden Händen gleichzeitig zwei Bewegungen in verschiedener Richtung auszuführen. Beide Hebel sind mit der noch zu beschreibenden Vorrichtung zur Erzeugung von Schreckreizen und mit der Uhr in einen Stromkreis geschaltet. Bei gleichzeitiger Umlegung beider Hebel nach erfolgter Auslösung eines Schreckreizes erfolgt Stillstand der Uhr und gleichzeitig Stillstand des die Scheibe treibenden Motors. (Über den Stillstand weiter unten.)

Zur Auslösung von Schreckreizen dienen drei verschiedene Einrichtungen, deren Auslösung durch besondere für den Prüfling unsichtbare Schalthebel erfolgt. (In der Abbildung der Apparatur nicht eingezeichnet.) Diese Schalthebel werden von einem der Versuchsleiter bedient. Rechts hinten am äußeren Tischrand befindet sich eine Holzlatte (*o*), die nach Aufrichtung auf Einschaltung eines der erwähnten Kontakthebel nach Auslösung eines Sperrhakens mit großer Kraft und laut klatschend unerwartet unmittelbar vor dem Prüfling auf den Tisch niederschlägt. Über den Tisch ist zur Erzeugung eines weiteren Schreckreizes an der Zimmerdecke eine zweiarmige elektrische Lampe (*M*) 200 cm hoch und 125 cm breit mit zwei Glühbirnen und zwei Lampenschirmen so befestigt, daß nach Einschaltung eines der erwähnten Kontakthebel bei gleichzeitiger Auslösung einer Sperrvorrichtung diese Lampe für den Prüfling unerwartet plötzlich herunterstürzt und erst in der Brusthöhe des Prüflings, also unmittelbar vor ihm, durch eine in der Zimmerdecke befestigte starke Kette mit Spiralfeder aufgefangen wird. Hinter dem Prüfling kann außerdem als dritter Schreckreiz eine Pistole (Schreckpistole für Radfahrer) abgeschossen werden, ebenfalls mit gleichzeitiger Einschaltung der Uhr.

Die in die Stromkreise aller Reizvorrichtungen eingeschaltete Uhr (III) zur Aufnahme der Reaktionszeiten steht auf einem Tisch 5 m seitlich hinter der übrigen Apparatur. Da eine Genauigkeit von $^1/_{100}$ Sekunden für derartige Zeitaufnahmen durchaus hinreichend erschien, wurde eine Löbnersche Terzienuhr (siehe Abbildung) benutzt. Diese Uhr ist als sehr empfindliches und zuverlässig genau gehendes Chronometer gebaut, hat auf seiner Vorderseite drei Zifferblätter, für $^1/_{100}$ Sekunde, für $^1/_1$ Sekunde und für $^1/_1$ Minute und auf der Hinterseite den Aufziehschlüssel. Am Kopf der Uhr befindet sich ein vorstehender Stift mit Knopf, der bei geringster Berührung die Uhr in Gang setzt, um bei Aufhören der Berührung die Uhr sofort anzuhalten. Ein zweiter Stift mit Knopf unmittelbar daneben, stellt bei Niederdrücken die Zeiger wieder auf die Anfangsstellung zurück. Diese Uhr ist in ein elektromagnetisches Hebelsystem so eingebaut, daß bei stromdurchflossenen Magnetwicklungen ein Anker angezogen wird, dessen Verlängerung auf den ersten Stift drückt und so die Uhr in Gang setzt. Der Hebel ist so eingestellt, daß auch bei der geringsten Bewegung des Hebels nach unten, die Uhr sofort anläuft, um ebenfalls sofort nach Aufhören der Hebelbewegung wieder stehen zu bleiben. Die Schaltung ist in der Weise vorgenommen, daß bei Eintritt der verschiedenen beschriebenen Reize, also bei Aufleuchten der farbigen Lichtpunkte, beim Durchgang der Linie, bei Geräuschen, bei der Zeigerbewegung und bei Schreckreizen jedesmal die Uhr in Gang gesetzt wird, um dann bei jeder richtigen Hebelbewegung sofort angehalten zu werden. Erfolgt also auf irgendeinen Reiz keine oder eine falsche

Hebelbewegung, so läuft die Uhr solange weiter, bis die Stromleitung durch Aufhebung des Platinspitzen-Quecksilber-Kontaktes an der sich drehenden Scheibe, bzw. bei Stör- und Schreckreizen durch Ausschalten der betreffenden Kontakte durch den Versuchsleiter, unterbrochen wird. Auf diese Weise ist also für jede einzelne der in kurzen Zwischenzeiten folgenden Reaktionen die Aufnahme der Reaktionszeit ermöglicht.

Neben der Uhr befinden sich zur Bedienung für den Versuchsleiter, der die Uhr abliest, Quecksilberschlüssel zum Einschalten der rot-grünen Lampenpaare, die als Störungsreize dienen. Da auf diese Zusammenstellung von farbigen Lichtpunkten nach der Instruktion (siehe unten) nicht reagiert werden soll, ist in diese Stromleitungen die Uhr nicht eingeschaltet. Diese rot-grünen Reize können infolge der Anordnung an den verschiedensten Stellen der Glastafel erscheinen und in jedem beliebigen Zeitpunkt der Prüfungsaufgabe gegeben werden.

c) Die Instruktion.

Jeder sich zur Prüfung meldende Bewerber (bzw. Bewerberin) wurde ausführlich über Art und Zweck der Prüfung je nach dem auf Grund einer kurzen Unterhaltung angenommenen Bildungsgrade und vorausgesetzten Verständnis für derartige Ausführungen ungefähr durch die nachfolgende Instruktion unterrichtet. Hierbei wurden die Grundgedanken und Absichten des Verfahrens mit großer Ausführlichkeit klargelegt. Durch gelegentlich eingeschaltete Rückfragen wurde immer wieder geprüft, ob das Vorgetragene verstanden wurde, um nötigenfalls die Ausführungen zu wiederholen oder zu erweitern. Einfach bejahende Zustimmung, daß alles verstanden sei, wurde nicht als ausreichend angesehen, da derartige Zustimmung bei einfachen Leuten erfahrungsgemäß aus Höflichkeit oder aus Schüchternheit erfolgt. Es wurde stets dahin gestrebt, bei den Bewerbern für die Prüfung ein lebhaftes und wohlwollendes Interesse zu erwecken, und außerdem den Bewerber zu freiwilliger, bestmöglichster Arbeitsweise im Versuch zu bestimmen. Es galt vor allen Dingen jedes Mißtrauen zu beseitigen, das — nicht nur bei einfach gebildeten Menschen — sowohl gegen derartige Untersuchungen an Apparaten ganz allgemein, wie gegen jede Befragung und Erforschung des Arbeitsprozesses, vorhanden ist, weil stets eine Schädigung persönlicher Interessen des Arbeitnehmers von seiten des Arbeitgebers gewittert wird. Andererseits galt es auch die bisweilen sicher vorhandene Angst vor einem schlechten Prüfungsergebnis und mitunter eine gewisse Unlust und einen gewissen Widerwillen gegen diese Prüfung und eine dementsprechend zu erwartende Arbeitsunlust bei der Prüfungsaufgabe bei einigen Bewerbern zu bekämpfen. Eine derartige Arbeitsunlust war besonders bei solchen Bewerbern zu erwarten, die das ganze Verfahren für einen ziemlich albernen Unfug oder für eine Spielerei hielten, die garnichts mit den Anforderungen des Straßenbahnführers zu tun habe und nur von Männern erdacht sein könnte, die den praktischen Anforderungen unkundig und verständnislos gegenüber ständen. Derartige Bewerber gehörten aber zu den Ausnahmen. In der überwiegenden Mehrzahl dürfte es sicher gelungen sein durch die eingehende Unterhaltung über die Absichten der Prüfung und durch die ausführliche Unterweisung in die Prüfungsaufgabe, Verständnis und Interesse für die Prüfung zu wecken, wenn sich auch bei den nach Geschlecht, Alter, Beruf, Lebenserfahrung und Allgemeinbildung verschiedenen Bewerbern weitgehende Abstufungen in diesem Verständnis und Interesse zeigten. Durch die Versicherung, daß der Ausfall der Prüfungen keinen Einfluß auf die Einstellung habe, dürfte es meistens weiter gelungen sein, ein anfänglich vorhandenes Mißtrauen und Bedenken, in einzelnen Fällen sogar richtige Angst vor einer schlechten Prüfungsleistung, zu beseitigen und die Bewerber zu bestimmen, in der Prüfung freiwillig und unbefangen das Bestmögliche zu leisten. In einigen Fällen geben aber die Prüfungsergebnisse sicher nicht das richtige Bild von den, wenigstens in dieser Prüfung möglichen Leistungen, weil die Versuchspersonen, sei es aus Gleichgültigkeit, sei es aus Mißtrauen oder aus Widerwillen nicht in der ihnen bestmöglichsten Weise gearbeitet haben.

Um bei der Prüfung jeden Bewerber in gleicher Weise vor eine ihm völlig unbekannte und neue Aufgabe stellen zu können, wurde jeder Prüfling aufgefordert, nicht über die Art der Aufgabe und ihre Einzelheiten zu sprechen. Die erwünschte Geheimhaltung dürfte durchweg und allgemein gelungen sein, denn die Geprüften unterhielten sich schon deshalb nicht mit ihren Kollegen über die Art der Aufgabe, um ihnen die Aufgabe nicht durch vorherige Mitteilungen so zu erleichtern, daß sie dadurch eventuell bessere Leistungen erzielen konnten. In den meisten Fällen waren die Prüflinge und die früher schon Geprüften gar nicht persönlich bekannt; auch konnte durch eine etwaige Aussprache nur die Gedächtnisleistung in bezug auf die zu merkenden Postkarten merklich verbessert werden. Die Instruktion wurde sämtlichen Prüflingen ungefähr mit folgenden Worten erteilt:

»Sie sollen hier daraufhin untersucht werden, ob Aussicht vorhanden ist, daß Sie den Beruf als Straßenbahnführer erfolgreich ausüben werden. Sie sind bereits bei einem Arzt auf Farbentüchtigkeit und Hörfähigkeit (vorgeschrieben durch Gesetz vom 28. VII. 92 über Kleinbahnen usw.) untersucht worden, und sollen nun hier auf Ihre geistige Eignung für den Beruf als Straßenbahnführer geprüft werden. Diese Prüfung soll nach einem neuartigen Verfahren einer sogenannten »psychologischen Berufseignungsprüfung« erfolgen. Da man nun noch nicht weiß, ob sich mit diesen Prüfungen sichere Ergebnisse erzielen lassen, soll zunächst Ihre Prüfung lediglich dazu dienen, den Wert der neuen Prüfungsmethode festzustellen. Das soll nun in der Weise geschehen, daß man Ihre Prüfungsleistung mit Ihrer späteren Leistung m praktischen Dienst als Führer vergleicht. Stimmen beide Leistungen überein, und findet man bei zahlreichen in gleicher Weise Geprüften ebenfalls Übereinstimmungen, so könnte eine derartige Prüfung später vielleicht einmal dazu dienen, allgemein unter den Bewerbern, die für den Straßenbahndienst geeigneten vor einer Ausbildung sicher zu erkennen und auf diese Weise ungeeignete von diesem Beruf zurückzuhalten. Ihre Anstellung bei der Straßenbahn ist aber von dem Ausfall dieser Prüfung in keiner Weise abhängig. Sie werden bei der Straßenbahn angestellt, ganz gleich wie Ihre Prüfung hier ausfällt. Das Ergebnis der Prüfung wird der Straßenbahn überhaupt nicht mitgeteilt.

Der Gedanke, der dieser Prüfung zugrunde liegt ist folgender: Aus Ihrer Beobachtung und Erfahrung, aus dem gelegentlichen Fahren auf der Straßenbahn auf dem Vorderperron wissen Sie, daß ein Straßenbahnführer ständig während des vielstündigen Dienstes überaus aufmerksam das bewegte Leben der Straße beobachten muß. Er muß seine Blicke dauernd geradeaus auı die Fahrbahn richten ohne dabei die Beachtung des seitlichen Straßenbildes zu vernachlässigen. Er muß dauernd angespannt aufmerken und fortgesetzt ohne zu ermüden alles beachten, was sich vor seinem Wagen auf der Straße mit verschiedener Schnelligkeit und in den verschiedensten Richtungen fortbewegt. Er muß außerdem aus den vielen verschiedenen Ereignissen diejenigen schnell heraus erkennen, die für ihn Bedeutung haben können und muß dann schnell entschlossen ganz bestimmte Bewegungen an den Hebeln seines Führerstandes ausführen und die Signalglocke bedienen. Er muß erkennen können, ob irgend ein Mensch oder Fahrzeug eine Stelle der Fahrbahn gleichzeitig mit seinem Wagen erreicht oder ob es sich um Menschen oder Fuhrwerke handelt, die in ihrer Bewegung dauernd außerhalb seiner Fahrbahn bleiben, bzw. die Fahrbahn schon überschritten haben, wenn sein Wagen die betreffende Stelle der Fahrbahn erreicht. Er muß sofort erkennen, wann er langsam zu fahren und wann er zu klingeln hat, wann der Wagen anzuhalten, wann der Strom ein- oder auszuschalten ist und ähnliches. Außerdem darf der Führer sich durch plötzliche ganz unerwartet eintretende oder schreckhafte Ereignisse niemals aus der Fassung bringen lassen. Er muß z. B., wenn plötzlich vor seinen fahrenden Wagen ein Mensch gerät, sofort die richtigen Hebel umlegen, die Bremse anziehen, den Sandstreuer in Tätigkeit setzen usw., um den Wagen auf die schnellste Weise zum Stehen zu bringen. Ein Straßenbahnführer darf also nicht schreckhaft sein, er darf jedenfalls beim Erschrecken und in der Aufregung nicht verwirrt und kopflos werden, sondern muß seine Ruhe bewahren und sofort zweckentsprechend handeln können. Für das Straßenbild muß er außerdem ein gutes Gedächtnis besitzen. Er muß sich die Stellen merken können, wo er kurz vor einer Weiche, einer Kurve, einer Straßenkreuzung jedesmal rechtzeitig den Strom abstellen bzw. die Fahrt verlangsamen muß. Er muß außerdem die Stellen in der Erinnerung festhalten können, wo aus Torwegen oder kleinen Seitengassen gelegentlich unerwartet Fuhrwerke heraustreten können. Schließlich muß er die Signale des Schaffners, die ihm vorschreiben, ob er an der nächsten Haltestelle anhalten oder weiterfahren soll, kurze Zeit im Gedächtnis behalten können. Durch irgendwelche Ereignisse in seiner Fahrbahn darf er sich nicht ablenken lassen, auch darf er sich nicht durch die an einer Haltestelle wartenden Personen bzw. durch deren Fehlen zu einer dem Signal des Schaffners entgegengesetzten Handlung bestimmen lassen. An einen guten Straßenbahnführer werden also mannigfaltige Anforderungen gestellt, denen er gerecht werden muß, um seine Berufsarbeit zufriedenstellend ausführen zu können, und um eine gewisse Gewähr dafür zu bieten, daß Zusammenstöße und Unfälle jedenfalls nicht durch seine Unfähigkeit und Unentschlossenheit zustandekommen.

Sie haben nun vielleicht schon bei Ihren Fahrten auf der Straßenbahn bemerkt, daß die einzelnen Führer durchaus nicht gleichartig in ihren Fahrleistungen sind, daß also ein Führer besser, sicherer, geschickter usw. als der andere Führer fährt. Die Frage ist nun, wovon hängt es ab, daß ein Führer diesen Anforderungen genügt, ein anderer nicht. Muß der gute Führer dazu ganz bestimmte Fähigkeiten oder Anlagen mitbringen, die es ihm ermöglichen, die oben aufgezählten Tätigkeiten des Straßenbahnführers mehr oder weniger gut auszuführen, oder läßt sich die Berufstätigkeit lernen? Man könnte sich vorstellen, daß derartige Fähigkeiten oder Anlagen dem Menschen angeboren oder doch anerzogen sind, daß sie beim erwachsenen Menschen als feststehende Bestandteile einer geistigen und seelischen Verfassung vorhanden und auch nachweisbar sind. Ist dies aber der Fall, so käme es nur darauf an, ein geeignetes Prüfungsverfahren für den Nachweis derselben zusammenzustellen. Ob dies ganz allgemein und besonders für den Straßenbahnführerberuf möglich ist, soll hier geprüft werden.

An dieser Apparatur hier sollen Sie nun eine bestimmte Arbeit verrichten, die von Ihnen ähnliche geistige Anstrengungen verlangt, wie ich sie Ihnen soeben von dem Dienst des Straßenbahnführers beschrieben habe. Auch hier bei diesem Versuch müssen Sie Ihre Aufmerksamkeit dauernd anspannen, Sie müssen dauernd viele verschieden auseinanderliegende Dinge, die in buntem Wechsel auftreten, zugleich beachten, Sie müssen auf ganz bestimmte Vorgänge schnell mit ganz bestimmten Handlungen antworten, bei anderen ähnlichen Vorgängen müssen Sie aber untätig bleiben. Sie müssen bei Eintreten von schreckhaften Reizen, ohne Ihre Ruhe zu verlieren, ganz bestimmte vorgeschriebene Aufgaben erfüllen und eine größere Anzahl von Bildern, die Ihnen durch die Apparatur gezeigt werden, so betrachten, daß Sie sie dem Inhalte nach benennen und zur späteren Wiedergabe im Gedächtnis gut behalten können.

Sie sehen hier auf diesem Gestelle (I) eine 2 qm große, eingerahmte Spiegelscheibe (*K*), die mit weißer Kreide so angetüncht ist, daß sie undurchsichtig ist. Nur hier an der rechten Seite sehen Sie ein kleines, viereckiges Fenster (*a*), hinter dem eine Ansichtspostkarte, z. B. die Abbildung eines Fesselballons (1), sich befindet. Diese Postkarte wird nun bei der Prüfung ständig durch andere Karten mit anderen Abbildungen ersetzt. Sie haben die Abbildungen aufmerksam zu betrachten, jede einzelne Abbildung gleich nach Erkennen laut zu benennen und gut im Gedächtnis zu behalten. Am Schluß der Prüfung werden Sie befragt werden, welche Karten Sie in der Erinnerung behalten haben. Um möglichst alle Karten dann angeben zu können, müssen Sie also ständig immer wieder hierher sehen, in ähnlicher Weise, wie der Führer des Straßenbahnwagens dauernd die Fahrbahn vor sich aufmerksam betrachten muß.«

Neben der Prüfung des Gedächtnisses für Gesichtseindrücke bezweckt dieser Teil der Prüfungsaufgabe vornehmlich die Versuchsperson zu bestimmen, dauernd auf diesen bestimmten Teil der Tafel zu achten. Das jedesmal laute Benennen der ständig in Abständen von 7—9 Sekunden vorbeiziehenden 28 verschiedenen Karten ermöglicht dem Versuchsleiter eine gewisse Kontrolle darüber, daß dieser Teil der Aufgabe erfüllt wird.

»Gleichzeitig müssen Sie den übrigen Teil der Tafel beachten. Auf dieser Tafel tauchen nämlich in unregelmäßigen Abständen und an den verschiedensten Stellen farbige, matt leuchtende Punkte, erzeugt durch kleine elektrische Lampen (in der Skizze als kleine Kreise auf der Holzscheibe gezeichnet), auf, nach deren Auftauchen Sie jedesmal eine ganz bestimmte Bewegung auszuführen haben. Sie werden entweder einen roten oder einen blauen, einen grünen oder auch gleichzeitig einen roten und einen grünen bzw. einen roten und einen blauen Lichtpunkt, jedesmal ungefähr von der Größe eines Dreimarkstückes, sehen. Ich werde Ihnen das Aufleuchten der Lichtpunkte in den verschiedenen Farben jetzt zeigen. (Demonstration.) Diese farbigen Lichtpunkte tauchen nun aber, wie ich Ihnen schon sagte, an den verschiedensten Stellen in bunter Abwechselung auf.

Jedesmal, wenn nun ein roter Lichtpunkt aufleuchtet (Demonstration), müssen Sie so schnell wie möglich hier auf diese Taste (*d*) drücken (Demonstration). Sie bemerken, daß durch das Niederdrücken der Taste der Lichtpunkt erlischt, also die Lampe ausgeschaltet wird. Die Apparatur ist nun so eingerichtet, daß mit jedem Aufleuchten einer Lampe gleichzeitig durch Einschaltung in den Stromkreis eine Uhr in Bewegung gesetzt wird, und daß diese Uhr bei Niederdrücken der Taste, welche die Lampe ausschaltet, stehen bleibt. Auf diese Weise ist es möglich, die Zeit, die Sie vom Erkennen des roten Lichtpunktes bis zum Niederdrücken einer Taste brauchen, in $^1/_{100}$ Sekunden von der Uhr abzulesen.

Erscheint nun irgendwo ein blauer Lichtpunkt, so müssen Sie so schnell wie möglich diese Taste (*e*) hier niederdrücken (Demonstration). Bei Auftauchen einer grünen Lampe ist diese Taste (*f*) niederzudrücken (Demonstration). Sie bemerken, daß sich diese Taste für den grünen Lichtpunkt nicht wie die beiden zuerst gezeigten ohne weiteres niederdrücken läßt, weil sich hier unter der Taste ein Sperrhebel befindet, den Sie jedesmal zuvor durch Zurücklegung eines verlängerten Winkelarmes (*g*) mit dem linken Knie auslösen müssen, um das Niederdrücken der Taste zu ermöglichen (Demonstration). Sie können sich vorstellen, daß durch diese kurz nacheinander auszuführenden zwei Bewegungen mit Bein und Arm, die Handlungszeit bei dem grünen Lichtpunkt etwas länger sein wird als bei dem roten und dem blauen Lichtpunkt.«

Es wird nun das Bedienen der drei Tasthebel so lange durch abwechselndes Aufleuchtenlassen der drei Lichter eingeübt, bis die Tasten schnell und fehlerfrei bedient werden können.

»Es können nun aber auch zwei Lichtpunkte verschiedener Farbe gleichzeitig aufleuchten. Sehen Sie z. B. einen roten und einen blauen Lichtpunkt gleichzeitig aufleuchten, so haben Sie eine von diesen drei Tasten niederzudrücken; es wird Ihnen an der Scheibe durch den Apparat selbst vor dem Erscheinen dieser beiden Lichtpunkte angezeigt, welche Taste Sie in diesem Falle niederzudrücken haben. In diesem kleinen Fenster (*b*) hier erscheinen nämlich in unregelmäßigen Abständen und in buntem Wechsel die Buchstaben R, B, G. Diese sind die Anfangsbuchstaben der Farben rot, blau, grün, und sie bedeuten, daß nach ihrem Verschwinden und dann erfolgendem gleichzeitigen Auftauchen von einem roten und einem blauen Lichtpunkt die Taste niederzulegen ist, die sonst beim Erscheinen der farbigen Lampen mit dem betreffenden Anfangsbuchstaben niederzudrücken ist. Es ist also jedesmal nur eine ganz bestimmte Taste niederzudrücken. Da nun die Buchstaben häufiger hinter dem kleinen Fenster erscheinen als die beiden Lichtpunkte, und da ferner die Buchstaben in allen Fällen schon wieder verschwunden sind, wenn die Lichter aufleuchten, so muß ein Buchstabe stets bis zum Auftauchen des nächsten Buchstabens sicher behalten werden. Sie werden später in Ihrem praktischen Beruf in ähnlicher Weise imstande sein müssen, die verschiedenen Signale des Schaffners kurze Zeit sicher im Gedächtnis zu behalten, wenn auch andere Reize Ihre Aufmerksamkeit ablenken. So werden Sie z. B. das Halte- oder Weiterfahrtsignal des Schaffners, das Sie vor einer Haltestelle bekommen haben, trotz anderer Ereignisse, die Ihre Aufmerksamkeit bei der Fahrt beanspruchen, behalten müssen, um an der nächsten Haltestelle richtig handeln zu können. An der Haltestelle wartende Personen würden Sie z. B. an und für sich zum Anhalten veranlassen, das frühere Signal des Schaffners über das Besetztsein des Wagens will aber, daß Sie weiterfahren. Oder: An der Haltestelle sehen Sie keine Personen, welche mitfahren wollen und Sie würden deshalb bestimmt sein, weiter zu fahren, wenn nicht ein vorhergegangenes Signal des Schaffners das Halten an dieser Stelle für einen Fahrgast, der den Wagen verlassen will, verlangt hätte. Der Führer muß also zurückliegende Signale im Gedächtnis behalten können, wenn seine Aufmerksamkeit auch fortdauernd durch andere Ereignisse in Anspruch genommen wird. Sie müssen hier in der Prüfung die vorbeiziehenden Buchstaben im Gedächtnis behalten, damit Sie beim gleichzeitigen Auftauchen eines roten und blauen Lichtpunktes wissen, welche Taste zu drücken ist, ohne sich durch ebenfalls zu beachtende Ereignisse, die zwischen dem Erscheinen des Buchstabens und dem Aufleuchten der Lichtpunkte liegen, ablenken zu lassen (Demonstration).«

Dieser rot-blau-Reiz mit vorhergehendem und bereits wieder verschwundenem Buchstaben, der die zugehörige Reaktionstaste angibt, wurde von vielen Versuchspersonen nur schwer begriffen. Er wurde deshalb so eingehend auseinandergesetzt, und die Reizbeantwortung so häufig geübt, bis es den Anschein hatte, daß auch dieser Teil der Aufgabe richtig verstanden war. Bei einigen Bewerbern dürfte dieses Verständnis nach den Erfahrungen und Befragungen bei der Prüfung aber nur ein vorübergehendes gewesen sein.

»Außer dem gemeinsamen Aufleuchten eines roten und eines blauen Lichtpunktes kann nun auch ein roter und ein grüner Lichtpunkt gemeinsam aufleuchten. In diesem Falle haben Sie nichts zu machen. Sie müssen also, sobald Sie einen roten und einen grünen Lichtpunkt gleichzeitig aufleuchten sehen, die Hände ruhig im Schoß liegen lassen. (Demonstration). Auch im praktischen Fahrdienst kommt es vor, daß ein Ereignis in dem einen Falle eine Handlung von Ihnen verlangt, während dasselbe Ereignis, wenn es sich in einer anderen Weise abspielt, für Sie keine Bedeutung hat. So wird z. B. ein neben den Schienen herfahrender Wagen von dem Führer zwar zu beachten sein, ihn aber nicht zu bestimmten Handlungen, zu Hebelbewegungen an den Bremsvorrichtungen, bestimmen. Ein Fahrzeug dagegen, das sich bei seiner Fahrtrichtung dem Geleise nähert oder es berührt, muß den Führer zum Bedienen der Bremsen veranlassen.

Sie sehen weiter hier in der Mitte der Tafel ein langes, schmales strichförmiges Fenster (*c*). Hinter diesem Fenster läuft hin und wieder eine schmale schwarze Linie mit verschiedener Geschwindigkeit herunter und erreicht schließlich die Höhe von 2 hier unten neben dem Fenster gezeichneten schwarzen Strichen. In demselben Augenblick, wo diese kleine bewegliche Linie so weit gekommen ist, daß sie gleichsam die Verbindungslinie der beiden feststehenden Linien bildet, müssen Sie diesen Hebel (*h*) nach sich zu umlegen (Demonstration und Einübung). Sie dürfen dieses Umlegen nicht zu früh und nicht zu spät ausführen, Sie dürfen sich durch die längere Zeit sichtbare, sich bewegende Linie nicht so ablenken lassen, daß Sie die Bilder oder die inzwischen auftauchenden Lichtpunkte übersehen.

Und nun kommen wir hier zu diesem Zeiger (*L*), der zurzeit stillsteht. Dieser Zeiger wird gelegentlich nach einer Seite ausschlagen. Sobald Sie die Zeigerbewegung bemerken, müssen Sie diesen größeren Hebel (*i*) nach sich hin zur Seite schieben und dann wieder zurücklegen (Demonstration und Einübung). Sie können nun natürlich nicht gleichzeitig auf die mehr rechts liegenden sich ständig bewegenden Bilder sehen und gleichzeitig nach links auf das Gehäuse, in dem sich der Zeiger befindet. Dieses ist aber auch zur Beachtung der Zeigerbewegung gar nicht nötig. Denn unser Auge ist überaus empfindlich für bewegte Dinge, die nur mit den seitlichen Teilen des Auges gesehen werden können. Es kommt also darauf an, daß Sie, trotzdem Sie ständig nach den sich bewegenden Bildern sehen müssen, zugleich die ganze Fläche der Glastafel und das links stehende Zeigergehäuse beobachten.

Während der ganzen Prüfung werden Sie das Geräusch eines elektrischen Motors (*C*) hören (Demonstration), der die Apparatur bewegt. Dieses gleichmäßige Geräusch wird gelegentlich unterbrochen durch ein kurzes schnarrendes, ratterndes Geräusch (Demonstration). Sobald Sie dieses Geräusch hören, müssen Sie sofort mit dem rechten Fuß diesen Hebel (*k*) niedertreten (Demonstration). Sie bemerken, daß sich der Hebel nicht ohne weiteres niedertreten läßt, weil hier durch einen unter den Hebel schiebbaren Eisenstab eine Sperrvorrichtung angebracht ist. Diese Sperrvorrichtung ist nun vorher auszulösen durch diesen Hebelgriff (*l*), der mit der rechten Hand zu bedienen ist. Es sind also hier möglichst kurz hintereinander zwei verschiedene Bewegungen in verschiedener Richtung auszuführen. Jeder falsche Griff und jede Bewegung in einer falschen Richtung verzögert das Niederdrücken des Fußhebels und damit die Handlungszeit, die auch in diesem Falle durch die Uhr genau angezeigt wird (Demonstration und Einüben). Im praktischen Dienst als Führer haben Sie oft in ähnlicher Weise schnell mehrfach zusammengesetzte Bewegungen, die in verschiedenen Richtungen liegen, auszuführen.

Sie finden nun weiter an diesem Tisch zwei Hebel (*m* und *n*) befestigt, für die Ihnen noch keine Verwendung gesagt wurde. Diese beiden Hebel, von denen sich der eine (*m*) hier oben auf dem Tisch befindet und den Sie mit der linken Hand nach sich zu umlegen müssen (Demonstration), und von denen sich der zweite Hebel (*n*) hier unten am rechten Tischbein befindet und den Sie gleichzeitig mit dem anderen nach oben hin mit der rechten Hand umzulegen haben, sind so schnell wie möglich zu bedienen, wenn plötzlich ein lauter Krach, ein Knall, ein laut niederstürzender Gegenstand oder irgendetwas, was Sie erschreckt, sich ereignet. Wie dieser Schreck bei Ihnen erzeugt werden soll, wird Ihnen jetzt nicht gesagt, damit auch wirklich etwas für Sie Überraschendes eintritt. Sie haben also in solchen Fällen beide Hebel gleichzeitig sofort umzulegen (Demonstration und Einübung des schnellen und gleichmäßigen Umlegens). Im praktischen Dienst als Führer müssen Sie in ähnlicher Weise bei plötzlichen schreckhaften Ereignissen durch richtiges Bedienen von zwei Hebeln imstande sein, den Wagen auf die schnellste Weise zum Stehen zu bringen.

Über die Art und die Einzelheiten der Prüfungsaufgabe sollen Sie mit Ihren noch zu prüfenden Kollegen nicht sprechen. Es ist sonst nicht möglich, jedesmal eine Prüfung unter gleichen Bedingungen vorzunehmen. Nur wenn die Arbeitsbedingungen wenigstens in der Weise gleich sind, daß sie für alle Prüflinge gleichmäßig neu und unbekannt sind, kann ein Vergleichen der Arbeitsleistungen Wert haben.«

Nach dieser ausführlichen Instruktion wurden etwaige Nachfragen, die von dem Prüfling gestellt wurden, beantwortet, bis der Prüfungsleiter die Überzeugung gewonnen hatte, daß die Aufgabe in allen Teilen verstanden war. Um ganz sicher zu gehen, wurde dann die Aufgabe von einem zweiten Prüfungsleiter noch einmal abgefragt und geprüft, ob die einzelnen Hebelbewegungen auf die verschiedenen Reize in richtiger Zuordnung ausgeführt werden.

»Sie müssen jetzt beide Hände in den Schoß legen und sich nur um die Prüfungsaufgabe kümmern, Ihren Blick sollen Sie also auf die fortlaufend wechselnden Bilder richten und jedesmal das einzelne Bild laut benennen. Gleichzeitig sollen Sie auf die durch das kleine Fenster gehenden Buchstaben, auf die auf der ganzen Tafelfläche auftauchenden Lichtpunkte, auf die Bewegung des Zeigers und auf plötzlich auftretende Geräusche und Schreckreize achten. Jedesmal müssen Sie dann so schnell wie möglich die richtige, vorgeschriebene Hebelbewegung ausführen. Nach jeder Hebelbewegung müssen Sie die Hände in den Schoß zurücklegen. Werden Fragen an Sie gerichtet, so müssen Sie stets ohne den Kopf nach hinten oder zur Seite zu wenden, antworten, weil Sie sonst leicht einen Teil der Aufgabe übersehen.«

d) Verlauf der Prüfung.

Die Unterweisung in die Aufgabe, die Leitung des Versuches, die Handhabung der Apparatur und die genaue schriftliche Aufzeichnung aller für das Prüfungsergebnis als wichtig angenommenen Verhaltungsweisen des Prüflings, das Ablesen der Uhr, das Aufschreiben der Reaktionszeiten, das Bedienen der Schaltungen zur Auslösung von Stör- und Schreckreizen geschah gemeinsam durch drei Versuchsleiter (Privatdozent Dr. Wittmann, Oberarzt Dr. Ladwig und durch den Verfasser) bei Verteilung und Wechsel in den Aufgaben. Ein Versuchsleiter stand hinter dem zu prüfenden Bewerber und protokollierte das Verhalten der Versuchsperson bei der Ausführung der einzelnen Reaktionen, achtete besonders auf Fehler bei Bedienung der Hebel, Übersehen von Reizen, richtiges Benennen der Bilder, jedesmaliges wieder in den Schoßlegen der Hände usw. Der zweite Versuchsleiter saß an einem 5 m seitlich hinter dem zu prüfenden Bewerber stehenden Tisch (II), von wo aus er ebenfall die Prüfungsarbeit beobachten konnte, ohne den Prüfling zu stören, und schrieb die von der Uhr abzulesenden Reaktionszeiten auf. Außerdem bediente dieser Versuchsleiter die Schaltungen für die Störungsreize (roter und grüner Lichtpunkt gleichzeitig). Der dritte Versuchsleiter bediente die Schaltungen für die Auslösungen der Schreckreize [fallende Holzlatte (*o*), Schuß, fallende Lampe (*M*)], und beseitigte gelegentliche Störungen in der Apparatur. Technisches Hilfspersonal wurde bei den Versuchen nicht benutzt, um für die Richtigkeit jeder Aufzeichnung, besonders der Reaktionszeiten, volle Verantwortung übernehmen zu können.

Bei Beginn der Prüfung ist die sich drehende Scheibe so gestellt, daß gleich nach Einschaltung des Triebwerkes das Bild Nr. 1 »Fesselballon« in dem eckigen Fenster (*a*) erscheint. Der Prüfling benennt dann gemäß der Unterweisung das Bild laut, nachdem es hinter dem Fenster vollkommen sichtbar ist, so wie er es erkennt als »Fesselballon«, »Beobachtungsballon«, »Luftballon«, »Luftschiff«, »Ballon« oder dgl. Manche Versuchspersonen geben auch spontan in der Benennung weitere Einzelheiten des Bildes an, z. B. »Fesselballon mit Bedienungswagen und Bespannung beim Hochgehen« und ähnliches. Die Benennung ist also mehr allgemeiner oder mehr bestimmter Art.

Es zeigen sich in der Art der Benennung der verschiedenen Karten eine Reihe von Unterschieden, die für die differentielle bzw. individuelle Psychologie von größtem Interesse wären. Hier bei dieser Prüfung dürften sie für die Beurteilung der Eignung zum Straßenbahnführer von untergeordneter Bedeutung sein und sind daher auch nur gelegentlich protokolliert worden.

Während das Bild 1 noch in der unteren Hälfte sichtbar ist, erscheint im kleinen runden Fenster der Buchstabe R, der nach der Instruktion zu merken ist, um für den Fall, daß ein rot-blau-Reiz folgt, die zur Reaktion auf diesen Doppellichtpunktreiz geforderte Reaktionsbewegung mit der durch R bestimmten Taste *d* ausführen zu können. Während das Bild Nr. 1 verschwindet und das Bild Nr. 2 (Windmühle) in das Fenster eintritt, — die Bilder folgen in Abständen von 8—10 Sekunden — erscheint rechts unten auf der Glastafel ein blauer Lichtpunkt, für den also der gemerkte Buchstabe R keine Bedeutung hat. Auf diesen Reiz hat der Prüfling mit Niederdrücken des Tasthebels (*e*) in der Mitte der Tischplatte vorn zu antworten. Ist der richtige Hebel gedrückt worden, so ist die gleichzeitig mit dem Aufleuchten des blauen Lichtpunktes in Gang gesetzte Uhr stehen geblieben, und der Versuchsleiter, der an der Uhr sitzt, trägt die abgelesene Reaktionszeit in das Protokoll unter der Rubrik »blau« in der ersten Reihe ein. Der hinter dem Prüfling stehende Versuchsleiter vermerkt in seinem Protokoll in der gleichen Rubrik bei Bedienung der richtigen Taste ein r (richtig), bei Niederdrücken eines falschen Hebels ein F (falsche Taste), bei Niederdrücken eines falschen Hebels, dem sofort das Niederdrücken der richtigen Taste folgt, ein f (erst falsch, dann richtig), beim Versuch, erst nach einem anderen Hebel hinzugreifen i (intendiert), beim Übersehen eines Reizes Ü (Übersehen), beim Nichtbeantworten eines Reizes entweder ein V (Aufgabe vergessen oder nicht gegenwärtig) oder ein H (Hemmung), je nach der erkannten Ursache des Nichtreagierens.

Hatte der hinter dem Prüfling stehende Versuchsleiter den Eindruck, daß der Prüfling einen Reiz zwar beachtet hatte, aber nicht mit einer Reaktionshandlung auf den Reiz antwortete und erkannte er nicht den Grund des Nichtreagierens aus dem Ausdruck des Prüflings, so wurde die Apparatur, wenigstens in der ersten Hälfte der Prüfung, angehalten, und durch Befragen festgestellt, weshalb die Reaktion unterblieb. Handelte es sich in solchen Fällen um ein Vergessen oder um ein Nichtgegenwärtighaben der Aufgabe, so wurde im Protokoll ein V eingetragen. War aber dem Prüfling die Aufgabe gegenwärtig gewesen, und die Reaktion durch Hemmungen unterblieben, so wurde in das Protokoll ein H eingetragen. Eine derartige Befragung nach einzelnen Reizbeantwortungen muß natürlich die Ausnahme bleiben, da sonst die Prüfungsaufgabe in Einzelaufgaben zerfallen würde und nicht mehr die beabsichtigte zusammengesetzte einheitliche Arbeitsleistung erreicht werden könnte. — In den endgültigen Protokollen sind die Aufzeichnungen der Versuchsleiter zusammen eingetragen. In den einzelnen Rubriken befindet sich dann für jeden Reiz entweder eine Zahl, die Reaktionszeit, oder ein V, F oder H, oder eine Zahl mit angehängtem f oder i mit den oben beschriebenen Bedeutungen.

Als 2. Lichtreiz erscheint bei Durchgang des dritten Bildes (Flugzeug) ein roter Lichtpunkt rechts oben an der Glastafel. Auf diesen Reiz ist durch Niederdrücken des Tasthebels (*d*) auf der rechten vorderen Tischhälfte zu reagieren. Eintragungen in das Protokoll wie bei dem blauen Lichtreiz unter der Rubrik ‚rot‘.

Die einzelnen 16 verschiedenen Reize folgen, bedingt durch die automatische Einschaltung von seiten der Apparatur, in Abständen von 13—18 Sekunden. Da diese Reizfolge sich bei jeder Prüfung zehnmal wiederholt, könnte an die Möglichkeit gedacht werden, daß ein Prüfling die Reihenfolge nach wenigen Wiederholungen so behält, daß er imstande ist, sich auf kommende Reize durch vorherige Wahl des Tasthebels einzustellen. Dieses Behalten der Reihenfolge ist nun aber dadurch erschwert bzw. unmöglich gemacht, daß gleichzeitig die Bilderfolge von 28 verschiedenen Ansichtskarten beachtet werden muß. Außerdem weiß der Prüfling zunächst nicht, daß die Reize in einer bestimmten Reihenfolge kommen und denkt deshalb auch zunächst nicht an eine Einprägung der Reiz- oder der Bildfolge. Später wird die Einprägung der Reizfolge weiter durch Störungs- und Schreckreize, die an den verschiedensten Stellen eingeschaltet werden, sehr beeinträchtigt. Bisweilen wurde allerdings von einzelnen Prüflingen der eine oder andere Reiz mit einem Bilde in assoziative Verbindung gebracht und dadurch eine gewisse »Hilfe« geschaffen. Wurde dies vom Versuchsleiter gemerkt, so konnte diese Verbindung durch gelegentliche, jederzeit mögliche Ausschaltung des Reizes aus der Folge durch den Versuchsleiter wieder aufgehoben werden. Jedenfalls gelang es aber durch diese Hilfe nie, die Reihenfolge der Licht- und Schallreize oder auch nur einen Teil der Reihe zu behalten, weder in den Vorversuchen, an denen sich 50 Personen verschiedenster Berufe beteiligten, noch bei den Prüfungen selber, die mit 67 Straßenbahnführern bzw. Bewerbern angestellt wurden.

Als 3. Reiz erfolgt, während das 5. Bild (Kieler Schloß) im Fenster sichtbar ist, der Durchgang der beweglichen kurzen Linie durch die Verbindungslinie der beschriebenen festen Linien auf der Glastafel. Beim Durchgang ist der Tasthebel (*h*) in der Mitte des Tisches umzulegen. Die richtig erfolgte Reaktion wird im Protokoll unter der Rubrik L mit einem r eingetragen. Nichtrichtige Reaktionen werden in derselben Art wie bei den Lichtreaktionen eingetragen. Auf eine Aufzeichnung der Reaktionszeit mußte aus technischen Gründen verzichtet werden.

Die bewegliche Linie ist bereits beim Verschwinden des 1. Bildes, also etwa 40 Sekunden lang sichtbar, und lenkt deshalb immer wieder, besonders auch durch die Unregelmäßigkeit der Bewegung, die Aufmerksamkeit von der ständig zu beachtenden Bilderreihe ab. Umgekehrt konnte dieser Reiz leicht übersehen werden, da er nicht so auffallend in die Erscheinung trat und da die Bilderreihe stark ablenkt. Denn während der Linienbewegung treten vier neue Bilder hinter das Fenster und sind zu benennen. Außerdem sind während dieser Linienbewegung die beiden ersten Lichtreize erfolgt und mußten durch Niederdrücken der entsprechenden Taste beantwortet werden. Der Prüfling ist also durch die Anordnung gezwungen, seine Aufmerksamkeit zu verteilen, wenn er nicht den Augenblick des Durchgangs der Linie verpassen will. Es ist bei der vorliegenden Prüfungsanordnung nicht möglich, durch einen Kontakt den Zeitpunkt genau zu erfassen, indem der Prüfling von seinem Sitz aus den Durchgang der beweglichen Linie durch die Verlängerung der beiden feststehenden Linien beobachten kann. Je nach der Kopfstellung, die wieder abhängig ist von der Größe und der zufälligen Haltung des Oberkörpers und des Kopfes, ist der Durchgangspunkt für den Prüfling jedesmal ein anderer. Eine feststehende Kontaktauslösung würde also nicht dem Zeitpunkt entsprechen, in dem der Prüfling von seiner zufälligen Kopfstellung aus den Durchgangsanfang beobachten kann. Andererseits wäre die Aufstellung eines festen Punktes, von dem aus die Beobachtung gefordert wird, nicht erwünscht, da die Prüfungsanordnung den Prüfling zu einer dauernden Einstellung einer verteilten Aufmerksamkeit zwingen soll und die Aufstellung eines festen Punktes, also einer Art von Visiereinrichtung, den Prüfling vorübergehend bestimmen müßte, das Durchgehen der Linie fixierend abzuwarten, ohne während dieser Zeit in der Lage zu sein, auf andere Reize, die gleichzeitig auftauchen können, besonders aber auf die dauernd bewegten vorüberziehenden Bilder, zu achten. Es wurde deshalb auf die Zeitbestimmung dieser Reaktion verzichtet und nur die Richtigkeit bzw. die Verkehrtheit in oben beschriebener Weise in das Protokoll eingetragen.

Als 4. Reiz ertönt, während vorher gleichzeitig mit dem 6. Bild (Scheinwerfer) durch das kleine runde Fenster der Buchstabe B gegangen war, mit Durchgang des 7. Bildes (Brückeneingang) ein ratterndes Geräusch, ausgelöst durch Einschalten des Relais, dem der Wagnersche Hammer mit Akkumulator angeschlossen ist. Dieser Reiz ist durch Niedertreten des Fußhebels (*k*) mit dem rechten Fuß, nach vorheriger Umlegung des Sperrhebels (*l*) mit der rechten Hand, zu beantworten. Die Eintragung der Reaktionszeit und ev. Fehlreaktionen erfolgt im Protokoll in der 4. Rubrik ‚Ger.' in der oben bei den Reaktionszeiten beschriebenen Weise.

Als 5. Reiz erscheint, während vorher mit Durchgang des 9. Bildes (Leuchtturm) ein G durch das runde Fenster gegangen war, bei Durchgang des 10. Bildes (Soldat am Tisch) — dieses Bild wurde meist affektiv betont erfaßt — ungefähr in der Mitte der Glastafel ein grüner Lichtpunkt, auf den mit Niederdrücken des Hebels (*f*) links auf der Tischplatte zu antworten ist, nachdem vorher die zugehörige Sperrvorrichtung (*g*) mit dem linken Knie zur Seite geschoben wurde. Eintragung der Reaktionszeit usw. wie oben beschrieben in der 5. Rubrik unter ‚grün'.

Als 6. Reiz erscheint im Fenster rechts, während das 11. Bild (Geschwader der Hochseeflotte) in das Fenster getreten ist, oberhalb dieses Bildes ein grüner Lichtpunkt, der in gleicher Weise wie Reiz 5 zu beantworten ist. Eintragung der Reaktionszeit in der beschriebenen Weise in der 6. Rubrik unter ‚gr.i.B.'

Die bei diesem Lichtreiz im Fenster, also hinter dem durchsichtigen Teil der Glastafel, ausnahmsweise schon vor dem Aufleuchten sichtbare Lampe, läßt ihre Farbe erst beim Aufleuchten erkennen, da sie ganz mit weißem Papier umhüllt ist. Eine vorherige Einstellung auf die zugehörige *Reaktionstaste* ist so im allgemeinen unmöglich gemacht, zumal *diese Lampe nicht die einzige* derartig vorkommende Lampe ist. Eine solche *Einstellung* ist aber möglich, wenn dem Prüfling die Zuordnung zu einem *ihr* benachbarten Bilde im Verlauf der Prüfung möglich ist. Bei mehreren *Prüflingen* wurde diese Zuordnung auch nachweislich erzielt.

Als 7. Reiz erscheint, während im Fenster das 12. und das 13. Bild wechseln und der Buchstabe R durch das runde Fenster gegangen war, links oben auf der Glastafel ein roter Lichtpunkt, auf den durch Niederdrücken des Tasthebels (*d*) wie bei Reiz 2 zu antworten ist. Eintragung der Reaktionszeit in der 7. Rubrik unter ‚rot'.

Als 8. Reiz erscheint ungefähr in der Mitte der linken Seite der Glastafel ein blauer Lichtpunkt, während zugleich im Fenster das 14. und 15. Bild wechseln. Der Reiz ist durch Niederdrücken des Tasthebels (*e*) wie bei Reiz 1 zu beantworten. Eintragung der Reaktionszeit in der 8. Rubrik unter »blau«.

Als 9. Reiz bewegt sich in dem links neben dem Tisch auf einem Ständer stehenden Gehäuse der Zeiger zu der gleichen Zeit, wo das Bild 16 (Flußtal) im Fenster erscheint, während kurz vorher der Buchstabe R durch das runde Fenster gegangen ist. Als Reaktionsbewegung wird der rechts auf dem Tisch befindliche Hebel (*i*) zur Seite, nach dem Prüfling zu bewegt und dann in die Anfangsstellung zurückgelegt. Die Reaktionszeit wird in die 9. Rubrik unter »Zgr.« eingetragen.

Als 10. Reiz erscheinen nach Durchgang des 18. Bildes (Zeppelin) im linken oberen Feld der Glastafel die gleichzeitig aufleuchtenden Lichtpunkte rot und blau. Kurz vorher ist der Buchstabe G durch das runde kleine Fenster gegangen und hat den niederzudrückenden Reaktionshebel dadurch vorgeschrieben. Es ist also in diesem Falle auf den Lichtreiz rot-blau durch Niederdrücken des Tasthebels (*f*) wie bei Reiz 5 und 6 zu antworten. Die Reaktionszeit und Fehlreaktionen werden in angegebener Weise in die 10. Rubrik unter »b. r.« eingetragen.«

Bei den Prüfungen zeigte sich, daß diese Reaktion trotz der wiederholten sorgfältigen Instruktion und Einübung besondere Schwierigkeiten macht. Zur Aufklärung dieser Schwierigkeiten wurde jedesmal bei der erstmaligen falschen Reaktion die Apparatur angehalten und durch Befragen festzustellen versucht, ob die Fehlreaktion die Folge eines Nichtverstandenhabens oder eines Nichtbehaltens der Aufgabe war, ob der Buchstabe übersehen, oder ob der Buchstabe nach richtigem Beachten sofort wieder vergessen wurde. Nötigenfalls wurde die Instruktion dann noch einmal wiederholt oder doch wenigstens in der ersten Hälfte des Versuchs dem Prüfling zugerufen die Buchstaben zu beachten. Es gelang aber nicht, in allen Fällen über den Grund des Nicht- oder Falschreagierens von den Prüflingen volle Aufklärung zu erhalten. Manche Prüflinge antworteten auf die Frage, weshalb die Fehlreaktion erfolgt sei, entweder überhaupt nicht oder sie geben auf die bestimmte Frage, ob dieses oder jenes vorliege, kurz eine bejahende oder verneinende Antwort. Diese Antwort ist aber ziemlich wertlos, da sie den Eindruck hinterläßt, daß sie nur abgegeben wurde, um weitere lästige Befragungen zu verhindern. In manchen Fällen sind die Prüflinge vielleicht auch gar nicht in der Lage über ein wenn auch nur kurze Zeit zurückliegendes Ereignis Auskunft zu geben, weil sie entweder die Selbstbeobachtung nicht ausführen können oder weil sie nicht imstande sind über ihre Erlebnisse zu berichten. In der Mehrzahl der Fälle wußten aber die Prüflinge genaue Angaben über die Ursache des Nicht- oder Falschreagierens zu machen und ermöglichen so die richtige Eintragung in das Protokoll.

Als 11. Reiz erscheint im Fenster, und zwar innerhalb des Bildes 20 (Seitenansicht der Levensauer Hochbrücke) in dem Augenblick, wo sich das Bild ganz in dem Fenster befindet, eine weißumkleidete, aber rot aufleuchtende Lampe, auf die durch Niederdrücken des Tasthebels (*c*) wie bei Reiz 2 und 7 zu antworten ist. Eintragung der Reaktionszeit in der 11. Rubrik unter »r. i. B«.

Bei diesem Reiz liegen die gleichen Verhältnisse vor, wie sie oben beim 6. Reiz beschrieben wurden.

Als 12. Reiz erscheint, während im Fenster das Bild 21 verschwindet, gleichzeitig durch das runde Fenster der Buchstabe R geht, und das Bild 22 eben auftaucht, im linken oberen Feld der Glastafel mehr nach der Mitte zu ein grüner Lichtpunkt, auf dem durch Niederdrücken des Tasthebels (*f*) wie beim Reiz 5 nach vorheriger Auslösung der Sperre zu antworten ist. Eintragung der Reaktionszeit in die 12. Rubrik unter »grün«.

Als 13. Reiz ertönt, während im Fenster Bild 23 (Eisenkonstruierte Hochbrücke) sichtbar und der Buchstabe R durch das runde Fenster gegangen ist, das ratternde Geräusch wie bei Reiz 4. Eintragung der Reaktionszeit in der 13. Rubrik unter »Ger.«.

Als 14. Reiz bewegt sich, während das Bild 24 (Haus am Wasser) im Fenster erscheint, der Zeiger links im Gehäuse, wie bei Reiz 9. Eintragung der Reaktionszeit in der 14. Rubrik unter »Zgr.«.

Als 15. Reiz erscheint im linken unteren Feld der Glastafel, nachdem durch das runde kleine Fenster der Buchstabe G ging und gleichzeitig das Bild 26 beim Verschwinden ist, und das Bild 27 in das Fenster eintritt, ein roter Lichtpunkt. Die Reaktion erfolgt wie bei Reiz 2. Eintragung der Reaktionszeit in der 15. Rubrik unter »rot«.

Als 16. Reiz erscheint im rechten oberen Feld nach der Mitte zu, während durch das Fenster das Bild 28 (Strandpromenade mit Landungssteg) geht, ein roter und ein blauer Lichtpunkt gleichzeitig (wie bei Reiz 10), nachdem kurz vorher durch das kleine runde Fenster der Buchstabe R ging. Auf diesen Reiz ist also durch Niederdrücken des Tasthebels (*d*) wie bei 2 zu antworten. Im Protokoll ist die Reaktionszeit für diesen Reiz in der 16. Rubrik unter »b.r.« eingetragen.

Den bei diesem Reiz auftretenden Fehl- und Falschreaktionen liegen die gleichen Schwierigkeiten zugrunde, wie sie beim 10. Reiz ausführlich erörtert worden sind, und verlangen deshalb auch die gleichen dort aufgezählten Maßnahmen.

Auf den 16. Reiz folgt wieder der 1. Reiz, das Aufleuchten des blauen Lichtpunktes rechts unten auf der Glastafel gleichzeitig mit dem Durchgang des ersten Bildes ohne besondere Zwischenzeit. Weiter folgen in gleicher Anordnung wie das erstemal die übrigen 15 Reize. Diese Folge von 16 Reizen wird bei jeder Prüfung durch 10maligen Umlauf der Holzscheibe 10mal wiederholt, so daß also im ganzen neben der wechselnden Reihe von 28 Bildern 160 Reize gegeben werden, die in 150 Fällen eine Aufzeichnung der Reaktionen nach Zeit und Art ermöglichen.

Außer den 16 verschiedenen Reizen, die sich in regelmäßiger Folge automatisch 10mal bei jeder Prüfung wiederholen, wird von der 3. und 4. Reizreihe an in unregelmäßiger Folge zwischen die 16 Reize ein rot-grün aufleuchtendes Lichtpunktepaar wiederholt als sogenannter »Störungsreiz« eingeschaltet. Die Einschaltung erfolgt, wie oben beschrieben, durch den Versuchsleiter, der die Uhr bedient, weil es ihm am besten möglich ist, den für die Einschaltung eines derartigen Störungsreizes günstigsten Zeitpunkt innezuhalten. Auf diese rotgrünen Lichtreize ist nach der Instruktion nicht zu antworten. Der Prüfling muß bei diesen Reizen die Hände ruhig im Schoß liegen lassen. Die Reizgebung erfolgt so, daß das rot-grüne Lichtpunktepaar jedesmal an einer anderen Stelle der Glasplatte zum Aufleuchten gebracht wird, gelegentlich also auch an der Stelle, an der sonst der rot-blau-Reiz gleichzeitig aufleuchtet. In bezug auf die anderen Reize wurde der Störungsreiz gewöhnlich zwischen zwei Reizen gegeben, bald kurz vor oder kurz hinter einem Reiz. In einigen wenigen Fällen, und zwar nur dann, wenn die Prüflinge allgemein auf diese rot-grün-Reize nicht reagierten, wurde dieser rot-grün-Reiz auch bis zum Eintritt eines neuen Reizes oder auch darüber hinaus stehen gelassen. Auf diese Weise, und dann wenn der Störungsreiz gleich mit einem anderen Reiz zusammentraf, konnten gelegentlich bis zu vier Lichtpunkte als Reize gegeben sein, und der Prüfling hatte dann die schwierige Aufgabe das Reizpaar zu erkennen, auf das mit einer Hebelbewegung zu reagieren war. Eine weitere Erschwerung dieser Aufgabe konnte durch rhythmische Wiederholung des Störungsreizes wiederholt werden, weil so eine affektive Wirkung eintritt. Besonders wirksam als Störungsreiz war dieser Reiz auch dann, wenn unmittelbar ein Buchstabe in dem kleinen runden Fenster vorausgegangen war, der zu einer Reaktion in seinem Sinne gleichsam aufgefordert hatte. Die Eintragung in das Protokoll erfolgt bei richtigem Verhalten des Prüflings durch einen hinter die zuletzt eingetragene Reaktionszeit gesetzten Punkt ( ). Erfolgte fälschlicherweise ein Niederdrücken einer oder mehrerer Tasten oder sonst eine Bewegung, so wird dies durch ein + bezeichnet, dem erforderlichenfalls ein f oder i (in der oben beschriebenen Bedeutung) hinzugesetzt wird.

Bei diesem Reiz zeigten sich bei den verschiedenen Versuchspersonen weitgehende Unterschiede in den Leistungen. In der großen Mehrzahl der Fälle reagierten die Prüflinge auf diesen Reiz beim ersten Auftreten falsch, indem sie entgegen der Instruktion irgend einen Tasthebel niederdrückten oder doch wenigstens den Versuch dazu machten. Einige Versuchspersonen zeigten eine besonders lebhafte Tendenz zu reagieren im Sinne eines motorischen Typs. Dabei zeigte sich als besonders fehlerhafte Reaktion das Niederdrücken von zwei Tastern gleichzeitig. Andere Versuchspersonen zeigten beim Auftreten dieser Störungsreize Hemmungen und wurden in ihrer Bereitschaft für die Beantwortung der nachfolgenden Reize stark beeinträchtigt. Nach wiederholtem Auftreten dieser Störungsreize wurde dann aber von der größeren Mehrzahl der Prüflinge durchweg in richtiger Weise jede Reaktionshandlung unterlassen, während dies bei dem kleineren Teil der Geprüften erst nach sehr vielen Wiederholungen oder auch überhaupt nicht eintritt. Hatten die Versuchsleiter den Eindruck, daß das falsche Verhalten der Versuchspersonen bei diesem Reiz seine Ursache in einem Nichtverstandenhaben oder Nichtgegenwärtighaben der Aufgabe habe, so wurde die Instruktion über diesen Punkt in der ersten Hälfte der Prüfung noch einmal wiederholt. — Der Grund des Falsch- oder Fehlreagierens bei diesem Störungsreiz dürfte einmal in der Ähnlichkeit zwischen dem rotgrünen und rot-blauen Lichtpunktepaar zu suchen sein, ganz besonders in den Fällen, wo kurz vor dem Rot-Grün-Reiz ein Buchstabe durch das kleine Fenster gegangen war, der nach der Instruktion zu behalten war, um bei Auftreten eines rot-blau-Reizes den entsprechenden Tasthebel zu drücken. Andererseits erklärt sich aber eine Falschreaktion bei diesem Reiz daraus, daß bei allen übrigen Reizen in jedem Falle als Antwort auf einen Reiz eine Hebel- oder Tasterbewegung verlangt wird und nur bei diesem Reiz bzw. hier zum erstenmal ein Nichtreagieren gefordert wird.

In ähnlicher Weise, wie die im kleinen Fenster auftauchenden Buchstaben B, G, R den Prüfling bei Störungsreizen bestimmen können, in bestimmter Weise falsch zu reagieren, können sie es auch bei bestimmten anderen Reizen. In Frage kommen Reiz 1 (blauer Lichtpunkt), dem ein R, Reiz 4 (Geräusch), dem ein B, Reiz 9 (Zeiger), dem ein R, Reiz 12 (grün), dem ein R, Reiz 13 (Geräusch), dem ein R, Reiz 15 (rot), dem ein G vorausgeht. Die Tendenz, falsch zu reagieren, wird weiter dadurch unterstützt, daß in zwei Fällen ein dem Reiz entsprechender Buchstabe vorausgeht, nämlich dem Reiz 5 (grün) ein G und dem Reiz 7 (rot) ein R, ohne daß der Buchstabe in diesen Fällen nach der Instruktion eine Bedeutung für die Art der Reaktion hat. Es erschweren also die Buchstaben die Reaktionshandlung auf jeden Reiz, dem sie kurz vorangegangen sind. Durch die Instruktion, die Buchstaben im Gedächtnis zu behalten, lenken sie die Aufmerksamkeit ab, belasten das Gedächtnis und setzen gelegentlich die Bereitschaft für richtiges Reagieren auf die Reize herab bzw. setzen dieser Bereitschaft einen Widerstand entgegen.

Schließlich erfolgen von der 4. oder 5. Reihe der Reize an, also nachdem ein gewisses Eingearbeitetsein in die Prüfungsaufgabe angenommen werden kann, zwischen zwei beliebigen Reizen in größeren Zwischenräumen sogenannte Schreckreize, die durch einen Versuchsleiter ausgelöst werden. Entweder schlägt unmittelbar vor dem Prüfling mit lautem Krach plötzlich eine Holzlatte (*o*) auf den Tisch, oder hinter dem Prüfling fällt unerwartet ein Schuß, oder die über dem Tisch hängende Lampe (*M*) saust unmittelbar vor dem Prüfling plötzlich herunter und wird erst kurz über der Tischplatte aufgefangen. Gleichzeitig wird jedesmal die Uhr in Gang gesetzt. Bei jedem dieser Schreckreize hat der Prüfling nach der Instruktion gleichzeitig die beiden Hebel *m* und *n* schnellstens umzulegen und so die Uhr anzuhalten. In den Protokollen sind diese Schreckreize jedesmal durch ein Ausrufungszeichen (!) eingetragen. Die hierbei gewonnenen Reaktionszeiten bzw. Fehlreaktionen finden sich in den Protokollen in einer gesonderten Rubrik in der Reihenfolge der gegebenen Schreckreize hinter den Bezeichnungen *o* = Holzlatte, *Sch.* = Schuß, *M* = fallende Lampe.

Bei diesen Schreckreizen sind die Reaktionshebel, wie oben beschrieben, so in die Apparatur eingebaut, daß bei Ausschalten derselben, also bei richtiger Reaktion, die Apparatur so lange angehalten wird, bis die Hebel wieder zurückgelegt werden. Diese Einrichtung ist getroffen, um einerseits die aktuelle Arbeit des Prüflings für eine kurze Zeit vollständig zu unterbrechen, ihn also aus seiner Einstellung herauszunehmen und so eine Erneuerung des Interesses und eine Verminderung der Abspannung zu erwirken. Andererseits soll dem Versuchsleiter die Möglichkeit gegeben werden, den Prüfling über die Wirkung der Schreckreize kurz zu befragen. Die hierbei erhaltenen Antworten sind, von Ausnahmen abgesehen, sehr wenig ergiebig gewesen. In den seltensten Fällen geben die Prüflinge zu, daß sie etwas Schreckhaftes erlebt haben, durchweg behaupten sie, sich nicht im geringsten erschreckt zu haben, auch wenn die seitens der Versuchsleiter beobachteten lebhafteren Ausdrucksbewegungen diesen Behauptungen entgegenstehen. Die Prüflinge sind trotz aller Vorsicht in der Art der Befragung nicht dahin zu bringen, über ihr eigenes Erleben richtige Angaben zu machen. Wenn auch sicher nicht immer die Furcht vorliegt, sich durch die Angabe, in diesem Falle schreckhaft gewesen zu sein, die Anstellung zu gefährden, so ist doch wohl stets die Sucht vorhanden, für sich eine vollkommene Unempfindlichkeit gegen schreckhafte Eindrücke zu behaupten, um so mehr, da die Prüflinge wissen, daß ihre Eignung für einen Beruf festgestellt werden soll, in dem schreckhafte Menschen nicht gebraucht werden können. Ging aus der Beantwortung der Schreckreize und aus dem Verhalten der Prüflinge bei diesen Reizen ohne weiteres hervor, daß keinerlei schreckhafte Erregung erfolgt war, bzw. daß jedenfalls ein Erschrecken keinerlei Einfluß auf den Ablauf der Handlungsweise hatte, so wurde die Prüfung ohne jedes Befragen durch die Aufforderung, die beiden Hebel zurückzulegen, fortgesetzt.

Nach Schluß der Reizreihe werden den Prüflingen eine Reihe von Fragen und Aufforderungen vorgelegt. 1. Wie lange hat die Prüfung gedauert? Sie sollen die Zeit schätzen. 2. Wie viele verschiedene Bilder haben Sie gesehen? 3. Nennen Sie die Bilder, welche Sie behalten haben! 4. (Nach dieser Aufzählung) Glauben Sie, daß Sie alle Bilder genannt haben, die Ihnen gezeigt wurden, oder fehlen noch welche, und wie viele? 5. Es werden Ihnen jetzt die nicht angegebenen Bilder genannt; Sie müssen jedesmal sagen, ob Ihnen die einzelnen Bilder bekannt sind oder nicht. 6. Sobald Ihnen bei dieser Aufzählung irgendein noch nicht genanntes Bild plötzlich einfällt, so geben Sie dies ebenfalls an! 7. Nach welcher Richtung saß der Hund auf dem einen Bilde? — Bei der Befragung nach den behaltenen Bildern wurden jedesmal einige Suggestivfragen gestellt, in denen nach Bildern gefragt wurde, die nicht gezeigt waren. Außerdem wurde jedesmal festgestellt, ob und welche Bilder nicht erinnert werden konnten. In den Protokollen sind diese Antworten auf die verschiedenen Fragen und Aufforderungen in den folgenden 9 Rubriken eingetragen. 1. Geschätzte Zeit. 2. Geschätzte Bilderzahl. 3. Spontan aufgezählt. 4. Geschätzte

Zahl der fehlenden Bilder. 5. Bei Befragen erinnert. 6. Hierbei spontan genannt. 7. Suggestivfragen bejaht. 8. Nicht gesehen. 9. Hund nach links gesehen.

Die Ergebnisse aus diesem Teil der Prüfung über die Schätzung der Versuchszeit und der Bilderzahl, über die Gedächtnisleistung in bezug auf die gezeigten Bilder, über eine eventuell vorhandene Suggestivität und über eine vereinzelt nachweisbare Umkehr von Gedächtnisbildern können nicht als vollwertige Beiträge zur Psychologie der Aussage Verwendung finden. Dazu hätten einerseits die Befragungen ausführlicher, genauer und systematischer erfolgen müssen. Das war bei diesen Prüfungen aber schon deshalb nicht möglich, weil die Geduld der Prüflinge nicht zulange in Anspruch genommen werden durfte. Durch eine zeitlich zu ausgedehnte Prüfung wäre man leicht auf einen Widerstand der Prüflinge gestoßen und hätte so die ganze Prüfung in Frage gestellt. Von einer anfänglich beabsichtigten Durchuntersuchung aller bereits im Dienst befindlichen Führer und Führerinnen mußte ohnehin Abstand genommen werden, weil diese sich weigerten, nachdem 8 längere Zeit im Dienst tätige Führer und 5 erfahrene Führerinnen geprüft waren, zur Prüfung zu kommen. Offenbar fürchteten sie durch eine schlecht ausfallende Prüfung ihre Stellung zu gefährden. Andererseits hätte man auch das Untersuchungsmaterial für diesen Teil der Prüfung für alle Prüflinge weitgehend gleichwertig gestalten müssen. Dadurch, daß hier unter den gezeigten Bildern Ansichtspostkarten von Kiel und dessen näherer Umgebung waren, wurde den Ortsansässigen unter den Geprüften das Behalten dieses Teils der Bilder erleichtert. Trotzdem konnten die auf diese Fragen erzielten Antworten mit gewissen Einschränkungen für die Beurteilung der Prüflinge mitverwertet werden, und so lieferte die Bilderreihe, die in erster Linie dazu diente, den Prüfling zu einem ständigen Aufmerken auf verschiedene gleichzeitig auftretende und räumlich getrennte Reize zu zwingen, wertvolle Beiträge zur Differenzierung der Prüflinge.

Im Anschluß an die eigene Prüfung wurden die Prüflinge in Form einer ungezwungenen Unterhaltung unter anderem über ihren früheren Beruf, über ihren Gesundheitszustand, über den Grund ihres Berufswechsels, evtl. über Erfahrungen im Fahrdienst, über Beurteilung der Unterschiede der männlichen und weiblichen Leistungen bei der Straßenbahn, gelegentlich auch über eine Beurteilung dieser Prüfungsmethode befragt. Die Aussagen wurden mit den eigenen Worten der Prüflinge, wenn auch in abgekürzter Form, in das Protokoll eingetragen.

Die Prüfungen wurden stets bei Tageslicht und durchweg in den Vormittagsstunden ausgeführt. Um möglichst unter gleichen Helligkeitsverhältnissen zu prüfen und die Intensität der Lichtreize gleich zu gestalten, wurden bei sehr hellem Sonnenlicht in den Mittagsstunden die Vorhänge an den Fenstern des Prüfungszimmers so weit heruntergelassen, daß jedesmal nach Schätzung der Versuchsleiter die Prüfung ungefähr unter gleichen Helligkeitsverhältnissen ausgeführt werden konnte.

Die Ausführung der Prüfungen bei Tageslicht ist sowohl für den zu prüfenden Bewerber wie für den Versuchsleiter gegenüber einer Prüfung im Dunkelzimmer vorzuziehen. Auf Personen, die experimentellen Prüfungen durchaus ungewohnt gegenüberstehen, wirken Apparate, mögen sie auch noch so einfach sein, schon an und für sich hemmend und beeinflussen jedenfalls in ganz unerwünschter und unkontrollierbarer Weise die Versuchsergebnisse. Werden nun aber derartige Prüfungen im Dunkelzimmer abgehalten, so treten weitere Hemmungen hinzu, die Prüfungen erhalten in verstärktem Maße etwas Geheimnisvolles und führen in verschiedenster Weise Störungen herbei, deren Ausschaltung oder Bewertung auch dem geschicktesten Experimentator unmöglich sein dürfte.

Für den Versuchsleiter ist es außerdem nur bei vollem Tageslicht möglich, die überaus notwendige genaue Beobachtung der Prüflinge bei allen Handlungen durchzuführen; außerdem ist jedes Eingreifen bei notwendigen Erläuterungen und die Abstellung von Unstimmigkeiten in der Aufgabe und von Fehlern in der Apparatur bei Tageslicht bedeutend erleichtert.

e) Die Prüfungsergebnisse.

1. Die Protokolle.

Nachfolgend sind zunächst die Protokolle über die Prüfungen von acht längere Zeit im Dienst befindlichen Führern (Protokoll 1—8), von fünf Führerinnen (Protokoll 9—13), von 26 weiblichen (Protokoll 14—39) und 28 männlichen Lehrlingen für den Fahrdienst (Protokoll 40—67) wiedergegeben. In diesen Protokollen befinden sich zunächst Angaben über Alter und Heimat der Prüflinge und über den Tag der Prüfung. In 16 Stäben (entsprechend den 16 verschiedenen Reizen) sind dann in 10 Reihen die Reaktionshandlungen auf die verschiedenen Reize nach Zeit und Art eingetragen, so daß jedesmal die Querreihe von links nach rechts die Antworten auf die einzelnen Reize in der Reihenfolge des Auftretens enthält und jeder senkrechte Stab die Antworten auf den gleichen, bei jeder Prüfung 10 mal wiederkehrenden Reiz. Die Stäbe sind an der Spitze mit der Art der S. 60 ff. genauer beschriebenen Reize durch eine entsprechende Abkürzung bezeichnet:

1) blau = blauer Lichtpunkt rechts unten;
2) rot = roter Lichtpunkt rechts oben;
3) L. = Durchgang der beweglichen Linie durch das schmale Fenster;
4) Ger. = Ertönen des ratternden Geräusches;
5) grün = grüner Lichtpunkt in der Mitte;
6) gr. i. B. = grüner Lichtpunkt im rechten Fenster innerhalb der Bilderreihe;
7) rot = roter Lichtpunkt links oben;
8) blau = blauer Lichtpunkt links seitlich;
9) Zgr. = Bewegung des Zeigers in dem links neben dem Tisch stehenden Gehäuse;
10) b. r. = blauer und roter Lichtpunkt gleichzeitig nach vorhergegangenem Buchstaben G, der in diesem Falle die Reaktion bestimmt;
11) r. i. B. = roter Lichtpunkt innerhalb des Fensters in der Bilderreihe;
12) grün = grüner Lichtpunkt links oben;
13) Ger. = Geräusch wie bei 4);
14) Zgr. = Zeigerbewegung wie bei 9);
15) rot = roter Lichtpunkt links unten;
16) b. r. = blauer und roter Lichtpunkt gleichzeitig im rechten oberen Feld nach der Mitte zu, nach vorhergegangenem Buchstaben R, der die Reaktionstaste bestimmt, die bei diesem Reiz niederzudrücken ist.

Für den Prüfling ist, wie oben bereits wiederholt ausgeführt wurde, diese 10 malige regelmäßige Wiederkehr der gleichen Reizreihe wegen der wiederholt unregelmäßig dazwischen geschalteten Störungs- bzw. Schreckreize und der ständig zu beachtenden wechselnden Bilderreihe nicht erkennbar. Wenn auch von den Prüflingen erkannt wird, daß die gliechen Bilder und gleichartige Reize wiederholt gegeben werden, so handelt es sich für den Prüfling doch stets um eine ständig wechselnde Reizreihe bei der im allgemeinen ein zu erwartender neuer Reiz vorher in seiner Art nicht erkannt werden kann. Einigen wenigen Prüflingen gelang es allerdings, bestimmte einzelne Reize zu bestimmten Bildern in Beziehung zu bringen, und auf diese Weise sich bei der Wiederkehr der Bilder auf entsprechende Reize gleichsam einzustellen. Auf die Beurteilung der Prüfungsergebnisse haben diese einzelnen Vorkommnisse, die an entsprechender Stelle vermerkt sind, keinen besonderen Einfluß.

In den einzelnen Fächern der senkrechten Stäbe finden sich in den Protokollen Zahlen, welche die erzielten Reaktionszeiten in $^1/_{100}$ Sekunden angeben. War ein Reiz vom Prüfling übersehen worden, so findet sich an der betreffenden Stelle ein Ü (übersehen), war die Aufgabe vergessen worden oder im Augenblick der Reizgebung nicht gegenwärtig, so findet sich diese Art des Nichtreagierens durch ein V (vergessen) bezeichnet. Wurde eine falsche Reaktionstaste niedergedrückt, so ist dies durch ein F bezeichnet, hatte der Prüfling den Reiz zwar gesehen und war ihm dabei auch bekannt, wie er in diesem Falle zu reagieren hatte, und führte er trotzdem keine Reaktionshandlung aus, sondern zeigte sich gehemmt, so ist dies durch ein H (Hemmung) bezeichnet. Wurde bei einer Reaktionshandlung zunächst eine falsche Taste gedrückt, dann aber gleich hinterher die richtige Reaktion ausgeführt, so ist dies durch ein f, das hinter die Reaktionszeit gesetzt ist, bezeichnet. Wurde bei der Ausführung der vorgeschriebenen Reaktionen zunächst eine andere Bewegung angedeutet, so ist dies durch ein i (intendiert) hinter der erzielten Reaktionszeit vermerkt. War durch einen Fehler in der Apparatur oder durch Ausschaltung seitens des Prüfungsleiters ein Reiz nicht erfolgt, so ist dies an der betreffenden Stelle durch einen Querstrich (—) angedeutet. Bei dem Liniendurchgang ist bei richtigem Umlegen des betreffenden Hebels ein r eingetragen, weil aus technischen Gründen (s. oben S. 61) die Aufnahme der Reaktionszeit bei diesem Reiz nicht möglich war. Die in richtiger Weise durch Nichtreagieren beantworteten Störungsreize (gleichzeitiges Auftauchen eines roten und grünen Lichtpunktes an den verschiedensten Stellen nach Einschalten durch den Versuchsleiter) sind an den Stellen, wo sie gegeben wurden, durch einen Punkt (·) bezeichnet, während sich bei einer fehlerhaft erfolgten Reaktion durch Niederdrücken einer Taste oder von zwei Tasten an der entsprechenden Stelle ein Kreuz (+) eingetragen findet. Wurde vom Versuchsleiter ein Schreckreiz eingeschaltet, so erfolgte die Eintragung durch ein Ausrufungszeichen (!) an entsprechender Stelle hinter der Reaktionszeit, die auf den unmittelbar vorhergehenden Reiz erzielt wurde. Die bei der Beantwortung der Schreckreize erzielten Reaktionszeiten bzw. die Fehl- oder Falschreaktionen sind in einer besonderen Rubrik hinter entsprechenden Abkürzungen *Sch* = Schuß, *o* = niederfallende Holzlatte, *M* = niederfallende Lampe in der Reihenfolge, wie sie in der Reizreihe gegeben wurden, und mit denselben Bezeichnungen, wie bei den übrigen Reaktionen eingetragen.

Am Ende jeder Querreihe findet sich dann die Zahl der in dieser Reihe zeitlich aufgezeichneten Reaktionszeiten unter r. R. und weiter dahinter unter A. M. für jede Reihe das arithmetische Mittel aus den einzelnen Reaktionszeiten. Unter jedem senkrechten Stab finden sich dann in einer gesonderten Rubrik die arithmetischen Mittel und die mittleren Variationen jedesmal für die Reaktionszeiten der 1.—5. Reihe und der 6.—10. Reihe, soweit eine Ausrechnung möglich war. (A. M. 1—5, M. V. 1—5, A. M. 6—10, M. V. 6—10.) Für den dritten Reiz L = durchgehende Linie, sind in dieser Rubrik die richtig erfolgten Reaktionen durch einen Bruch angegeben. Am Ende der Querreihen dieser arithmetischen Mittel und mittleren Variationen der einzelnen Reize finden sich in einer fettumrandeten Rubrik zunächst Zahlen für die Anzahl der zeitlich erfaßten Reaktionen der 1. und 2. Hälfte der Prüfung und dahinter die arithmetischen Mittel und die mittleren Variationen, die aus dieser Anzahl von Reaktionszeiten dadurch gewonnen wurden, daß von den je 15 arithmetischen Mitteln und mittleren Variationen der Reihen 1 bis 5 und 6 bis 10 wiederum die arithmetischen Mittel und mittleren Variationen berechnet wurden. (Eine Begründung dieser Rechnungsweise erfolgt in einem späteren Abschnitt.)

Unter diesen Zahlenreihen finden sich in einer gesonderten Rubrik die Fehl- und Falschreaktionen für die 1.—5. und 6.—10. Reihe besonders zusammengezählt je nach der Art hinter den Abkürzungen Ü, F, V, f, i eingetragen. Daneben sind mit den bereits erwähnten Bezeichnungen die richtigen und falschen Reaktionen auf die Störungsreize ebenfalls für die 1.—5. und 6.—10. Reihe gesondert in einer weiteren Rubrik aufgezeichnet. Die Antworten, die bei der Befragung über die Bilderreihe erzielt wurden, finden sich in 9 Reihen in der oben (S. 66) erklärten Anordnung.

Unter »Angaben des Prüflings« finden sich dann die in der Beschreibung der Prüfung auf S. 67 erwähnten Aussagen des Prüflings über früheren Beruf, Berufswechsel, Erfahrungen aus dem Dienst, Ansichten über die Prüfung und dergl. in abgekürzter Form mit eigenen Worten des Prüflings. Dann folgt unter »Beurteilung der Prüfungsleistung« eine kurze Besprechung über das Verhalten des Prüflings in der Prüfung und der Versuch, die erzielte Prüfungsleistung zu bewerten nach Gesichtspunkten, die noch zu besprechen sind. Schließlich findet sich unter »Urteil der Straßenbahn« in jedem Protokoll die Beurteilung der praktischen Leistung im Dienst durch die Straßenbahndirektion bzw. durch die Fahrleitung, die jedesmal ohne Kenntnis des Ergebnisses der experimentellen Eignungsprüfung erfolgte. Diese Beurteilung konnte bei den bereits im Dienst befindlichen Führern und Führerinnen gleich nach der Prüfung erfolgen, bei den Lehrlingen nach mehrwöchigem bzw. mehrmonatigem Dienst nach erfolgter Ausbildung. Bei einem Teil der Lehrlinge, die gleich im Anfang und während der Ausbildung ausschieden bzw. ausscheiden mußten, ist der Grund des Ausscheidens und die Bewertung der bisherigen praktischen Leistung ebenfalls eingetragen.

Nr. 1. Führer G. 38 J. geb. Westfalen. 18. Juli 1918 geprüft.

	blau	rot	L.	Ger.	grün	gr.i.B.	rot	blau	Zgr.	b. r.	r.i.B.	grün	Ger.	Zgr.	rot	b. r.	r. R.	A. M.
1	Ü	165	r	258 f	322 f	V	Ü	300	Ü	F	300	253 f	355	198	181	129	10	246
2	—	124	Ü	267 i	257 f	409	337	271	211 f·	V	124	309 f	281	216·	—	119·	12	244
3	166	124·	r·	266 f	209 f	201	Ü	—	—	331	117	196	264 f·	158	—	—	10	203
4	291	209	r	219 i	198 f	181+	Ü	221	142+	V	117	F	298	179	—	209	11	206
5	Ü	109·	Ü	194	169	191·	204	191	147	F	121·	F	204	132	119	—	11	162
6	—	—	r	189	161	221 f	336	229	230!	—	—	109	—	—	—	—	7	211
7	—	147	r+	169	F	182 f	—	311	114	F	96	184	231	137	107+	149	11	166
8	—	—!	r	171	179+	191+	287	337	119+	F+	92	157 f	168	129	—	142	11	179
9	174	177	r	141+	176+	229 f	F	209	124	F+	109	173	109	—	116	F	11	158
10	Ü	104	r	136	143	—!	—	—	105+	F	99	198+	124	104	109	124	10	125
A.M. 1—5	229	146	3/5	241	231	221	271	246	167	—	156	253	280	177	150	153	54	212
M.V. 1—5	63	33		27	47	85	67	40	30	—	58	38	37	25	31	38		45
A.M. 6—10	—	143	5/5	161	165	206	312	272	138	—	99	164	158	123	111	138	48	168
M.V. 6—10	—	22		18	13	19	25	52	·36	—	5	25	42	13	6	10		21

Anm.: Reiz 1, 7 und 8 waren bei dieser Prüfung wegen eines technischen Fehlers zu schwach.

Fehler

	1—5	6—10
F	4	7
Ü	8	1
V	3	—
H	—	—
f	10	4
i	2	—

Schreck

Art	Zeit
Sch	228
M	204
Sch	110
o	96

Störung

	1—5	6—10
·	9	—
+	2	11

Zeit und Bilderfolge

1.	geschätzte Zeit.	:
2.	geschätzte Bilderzahl	:
3.	spontan aufgezählt	: 19
4.	geschätzte Zahl der Fehlenden	:
5.	bei Befragen erinnert	: 8
6.	hierbei spontan genannt . . .	:
7.	Suggestivfragen bejaht . . .	: —
8.	nicht gesehen	: —
9.	Hund nach links gesehen . .	: Hund sieht etwas nach vorn

Eigene Angaben: Seit 2 Jahren Führer. Die Aufgabe kann bei Wiederholung besser gemacht werden, erschrickt niemals, vergebens bemüht, die Reihenfolge der Bilder zu behalten.

Beurteilung der Leistung: G. folgt der Instruktion aufmerksam, ohne aber besonderes Interesse zu zeigen. Im Versuch sehr ruhig, auch nach erkannten Falschreaktionen keine Unruhe. Grüne Lichtreize sieht er als blau an und reagiert dementsprechend wiederholt fehlerhaft. Auf den Fehler aufmerksam gemacht, bemüht er sich offenbar, die grünen Reize als solche zu erkennen, drückt aber trotzdem durchweg vorher die dem blauen Reiz entsprechende Taste. Reiz 10 wird fast durchweg falsch beantwortet, 2 mal wird der Buchstabe vergessen, 5 mal eine falsche Taste gedrückt. Reiz 16 wird dagegen bis auf eine Falschreaktion richtig beantwortet. Schreckreize werden sofort richtig, die beiden letzten sehr schnell beantwortet. Störungsreize werden in der 2. Prüfungshälfte durchweg falsch beantwortet. Da dieser Prüfling aber Grün mit Blau verwechselte und den Störungsreizen oft Buchstaben unmittelbar vorangingen, können diese falschen Reaktionen nicht sicher als solche gewertet werden. Der Hund wurde halb nach links sitzend beschrieben, also im Gedächtnis umgedreht. — Die Beurteilung der Leistung ist in diesem Falle besonders schwierig. Die Verwechslung von Grün und Blau und die zu schwachen Reize 1, 7 und 8 erschweren die Entscheidung, ob ein fehlerhaftes, verzögertes oder unterlassenes Reagieren nur auf mangelhaftes Erkennen der Reize zurückzuführen ist. Nimmt man an, daß ein Teil der Fehler diesem ungenügenden Erkennen der Reize zuzuschreiben ist, so ergibt sich das Gesamturteil: kaum genügend.

Urteil der Straßenbahn: Fährt gut bis sehr gut.

Nr. 2. Führer Kl. 28 J. geb. Schlesw.-Holst. 18. Juli 1918 geprüft.

		blau	rot	L.	Ger.	grün	gr.i.B.	rot	blau	Zgr.	b. r.	r.i.B.	grün	Ger.	Zgr.	rot	b. r.	r. R.	A. M.
1		Ü	119	Ü	—	F	232	Ü	Ü	237	F	—	F	229	104	254 f	109	7	183
2		168	119	r	—	223	F	—	321	111	308 f	—	—	154	99	—	—	8	188
3		Ü	106	r	136	F	244	Ü	Ü	111	F	107	263 f	130	124	154	217	10	159
4		—	151	r ·	119	F +	F	—	219	242	F	126	278 f	121	131 !	117	104	10	161
5		144 +	109 ·	r ·	129	181 f	186	176	237 ·	124	201	104	267 f	137	124	119	114	15	157
6		—	— !	r	171 ·	179 f	149	—	277	117 ·	—	116	297 f ·	134	114	91	105	11	160
7		Ü	— !	Ü	—	—	191	298	270	124	F	121	156 f	138	121	94	118	10	163
8		222	107	r	199	—	152	Ü	Ü	97	F	124	214 f	131	109	91 ·	F	10	145
9		167	82 !	r	—	—	Ü	Ü	233	102	F	131	153 ·	159	116	111	175	10	143
10		Ü	111	r	164	281 f	Ü	Ü	276	109	F ·	113	Ü	242 ·	119 ·	148	156	10	172
A.M.	1—5	156	121	4/5	128	202	221	—	259	165	255	112	269	154	116	161	136	50	175
M.V.	1—5	12	12		6	21	23	—	41	60	49	9	6	30	12	47	25		25
A.M.	6—10	195	100	4/5	178	230	164	—	264	110	—	121	205	161	116	107	139	51	162
M.V.	6—10	28	12		14	51	18	—	16	9	—	5	38	20	3	18	27		20

Anm.: Bei 9. und 10. Reihe zu hell, dadurch Reize 1, 6 und 7 zu schwach.

Fehler

	1—5	6—10
F	8	5
Ü	7	10
V	—	—
H	—	—
f	5	5
i	—	—

Schreck

Art	Zeit
Sch	104
Sch	169
L	152
Sch	77

Störung

	1—5	6—10
·	4	7
+	2	—

Zeit und Bilderfolge

1.	geschätzte Zeit.	:
2.	geschätzte Bilderzahl	:
3.	spontan aufgezählt	: Bilder gut behalten
4.	geschätzte Zahl der Fehlenden	:
5.	bei Befragen erinnert	:
6.	hierbei spontan genannt . . .	:
7.	Suggestivfragen bejaht. . . .	:
8.	nicht gesehen	:
9.	Hund nach links gesehen. . .	:

Eigene Angaben: 4 Jahre Führer, militäruntauglich nach einem Beinunfall, sonst gesund. Versuch strengt nicht besonders an, Aufgabe kann bei Wiederholung besser gelöst werden. Niemals kopflos oder schreckhaft. Beobachtete bei Lehrlingsausbildung, daß einige das Fahren und die Hantierungen sehr leicht begreifen, während dies anderen sehr schwer fällt. Daraus aber kein Urteil für die Zukunft zulässig, denn mit der Zeit kann das anders werden. Bei der Prüfung strengt Nähe der Reize beim längeren Hinsehen an (K. ist weitsichtig). Auf der Straße ist alles viel bequemer zu übersehen. Prüfung schwieriger als der Dienst auf dem Wagen. Führer werden aufgeregt und nervös, weniger durch den langen und anstrengenden Dienst, als durch die Notwendigkeit, auch bei schwierigen Verkehrsverhältnissen die Fahrzeit inne zu halten, auch hinter dem Führer stehende Vorgesetzte machen nervös.

Beurteilung der Leistung: Bei der Instruktion sehr interessiert. Im Versuch ruhig. Grün wird bei den Reizen 5 und 12 zunächst als Blau angesehen und dementsprechend reagiert. K. ist weitsichtig und erkennt deshalb die Reize und die Bilder nur ungenau. Das dauernde Einstellen auf die Nähe strengt ihn an und stört ihn. Es ist deshalb nicht möglich, genau zu entscheiden, wie weit fehlerhafte Reaktionen der Mangelhaftigkeit der Augen zuzurechnen sind. Reiz 10 wird durchweg verfehlt. Reiz 16 mit einer Ausnahme richtig beantwortet. Störungs- und Schreckreize ebenfalls richtig beantwortet. Reaktionszeiten innerhalb der einzelnen Reizarten ziemlich gleichmäßig. Bilder gut behalten. Unter Berücksichtigung des Sehfehlers und der technischen Fehler Gesamturteil: genügend.

Urteil der Straßenbahn: Fährt genügend, aber etwas wild.

Nr. 3. Führer J. 38 J. geb. Dänemark. 18. Juli 1918 geprüft.

		blau	rot	L.	Ger	grün	gr.i.B.	rot	blau	Zgr.	b. r.	r.i.B.	grün	Ger.	Zgr.	rot	b. r.	r. R.	A. M.
	1	271	162	r	—	211	227	307	322	141	F	149	182	281	117	137	174	13	206
	2	Ü	117	Ü	—	237	287	275	322f	132	F	176	185	233	137	137	257	12	208
	3	Ü	136	Ü	138	191	201	169+	287f	122+	F	127·	179	F	191	149	322	12	184
	4	Ü	151	r	121·	151	133·	-	350	157!	—	138	161	192	132	164	184	12	176
	5	Ü	121	r	151	108	131+	338	208	116	F·	149	141	136	152	98	F	12	154
	6	242	104	r	—	159	157!	—	350	137	F	138	167	157	124	104	224	12	172
	7	—	112	r	141	174+	149+	324	204·	142	264+	244	194	122	104	134	227f	14	181
	8	176	104!	r	127	167	143	233	184	198	F	131	179	135	114	129	152	14	155
	9	198	93	r	133	119·	121	153	144	134+	157!	—	147	141	132	89	328	14	150
	10	146	98	Ü+	131	117	122·	189	127	126	156	109·	139	131	121	184	F	14	135
A.M.	1—5	—	137	2/5	163	180	196	272	298	134	—	148	170	211	146	137	234	60	187
M.V.	1—5	—	15		28	40	52	44	40	12	—	12	14	47	21	16	55		30
A.M.	6—10	191	102	4/5	133	147	138	225	202	147	192	155	165	137	119	128	233	68	161
M.V.	6—10	30	5		4	23	14	54	60	20	48	44	18	9	8	25	48		27

Anm.: Reiz 1, 7 und 8 zu schwach.

Fehler

	1—5	6—10
F	6	3
Ü	6	1
V	—	—
H	—	—
f	—	1
i	—	—

Schreck

Art	Zeit
Sch	65
o	88
M	98
Sch	95

Störung

	1—5	6—10
·	5	4
+	3	5

Zeit und Bilderfolge

1.	geschätzte Zeit	: 25 Minuten
2.	geschätzte Bilderzahl	: 17
3.	spontan aufgezählt	: 20
4.	geschätzte Zahl der Fehlenden	: glaubt keine
5.	bei Befragen erinnert	: 7
6.	hierbei spontan genannt . . .	: keine
7.	Suggestivfragen bejaht . . .	: keine
8.	nicht gesehen	: keine
9.	Hund nach links gesehen . .	: nein

Eigene Angaben: Gelernter Schlosser, seit $3\frac{1}{2}$ Jahren Führer. Im allgemeinen gesund, vor Jahren und vor Monaten je ein Anfall von Bewußtlosigkeit, war einige Minuten wie gelähmt. Kein Alkohol, kein Tabak. Kann ohne es zu wollen sehr erregt werden. Aufgabe erschien im Anfang so schwierig, daß er nicht an Lösung glaubte. Nachher ging es aber ganz gut. Erschrickt nie. Die Aufgabe kann nach wiederholter Übung sicher besser gemacht werden. Die Reihenfolge der Bilder zu behalten, gelang nicht. Bei der praktischen Ausbildung kommt es viel auf die Geschicklichkeit des Lehrers an. Die Lehrlinge sind im Anfang sehr verschieden, Schlüsse auf das zukünftige Können sind im Anfang nicht zulässig. Einen Unfall kann auch der beste Führer haben. Für Frauen eignet sich der Beruf als Führer nicht, weil sie eine ungeeignete Konstitution haben, sie sind zu schmächtig, haben auch nicht das nötige Interesse und wenig Einsicht. Jedes mechanische Verständnis geht ihnen ab, sie sind gleichgültig und es gelingt ihnen nicht, dem Publikum gegenüber, die Autorität zu wahren.

Beurteilung der Leistung: Für Beschreibung und Instruktion besonderes Interesse, im Versuch sehr ruhig, nimmt Prüfung offenbar sehr ernst. Die Störungsreize werden ungefähr zur Hälfte richtig, zur Hälfte falsch beantwortet, wenn ein Buchstabe vorherging. Auf Schreckreize wird richtig und auffallend schnell und sicher reagiert, ohne jede schreckhafte Ausdrucksbewegung. In der zweiten Prüfungshälfte wird einmal die durchgehende Linie übersehen und dreimal beim rot-blau-Reiz falsch reagiert. Die Falschreaktionen werden aber gleich als solche erkannt und die Ursache angegeben. Berücksichtigt man die zu wenig intensiven Reize, durch die einige außergewöhnlich lange Zeiten erklärt werden können, so sind die Reize durchweg gleichmäßig beantwortet worden. Bilder gut behalten. Gesamturteil: Genügend.

Urteil der Straßenbahn: Fährt gut.

Nr. 4. Führer H. 53 J. geb. Westpreußen. 19. Juli 1918 geprüft.

	blau	rot	L.	Ger.	grün	gr.i.B.	rot	blau	Zgr.	b. r.	r.i.B.	grün	Ger.	Zgr.	rot	b. r.	r. R.	A. M
1	Ü	251	Ü	Ü	—	Ü	Ü	Ü	Ü	F	F	231	Ü	Ü	156	187	4	206
2	307	161	Ü	—	252f	151	290	297 f	Ü	Ü	154	187	247	Ü	—	F	9	227
3	Ü	142	r	204	268	F	Ü	211	Ü	F	128	197	221	158	112+	112	10	175
4	174	196	r	Ü	166+	156	300	211	181	F!	—	—	300	194	124	129	11	194
5	221	—!	r	242	198	300	272	181	145+	F	143!	—	166	161	108	228	12	197
6	154	109+	Ü+	181	192+	181	169	168	149	F	141	300	167	149	126	F	13	168
7	—	111	r!	—	197	300	177	161	154	F	122	300	201+	221	117	167	12	176
8	+300	121	r	—	171	178 f	133	249!	111	F	123	—	189	134	132	F	11	175
9	156	119	r	—	300	300	231	164	127+	F	124	229	149	139	116	F	12	179
10	147·	131	r	199	179	174 f	161	152	131	F	—	188	167	124	119+	F	13	173
A.M. 1–5	234	188	3/5	223	221	202	287	208	163	—	142	205	234	171	125	164	46	198
M.V. 1–5	49	36		19	39	65	10	13	18	—	9	17	40	15	16	44		28
A.M. 6–10	189	118	4/5	190	208	227	174	179	134	—	128	254	175	153	122	—	60	172
M.V. 6–10	55	7		9	37	59	24	28	14	—	7	46	16	27	6	—		26

Fehler

	1–5	6–10
F	7	9
Ü	17	1
V	—	—
H	—	—
f	2	3
i	—	—

Schreck

Art	Zeit
Sch	V
o	180
Sch	166
M	215 f
Sch	145

Störung

	1–5	6–10
.	—	1
+	3	7

Zeit und Bilderfolge

1.	geschätzte Zeit.	: —
2.	geschätzte Bilderzahl	: 20
3.	spontan aufgezählt	: 6
4.	geschätzte Zahl der Fehlenden	: —
5.	bei Befragen erinnert	: 20
6.	hierbei spontan genannt . . .	: keine
7.	Suggestivfragen bejaht. . . .	: nein
8.	nicht gesehen	: 1
9.	Hund nach links gesehen . .	: ja

Eigene Angaben: Gelernter Nieter, Maschinist im Dock, Kleinkaufmann, seit 18 Monaten Führer, gesund. Versuch strengt nicht besonders an, man muß aber mehr aufpassen, als bei der Fahrt, wenn man die Sache erst im Kopf hat, denkt man nicht mehr dran. Man kann die Prüfung sicher nach einigen Wiederholungen besser machen, jeder kann sich dareinarbeiten. Beim Lernen des Fahrens machen zuerst alle Lehrlinge falsche Schaltungen, einige begreifen schwer, können aber später ganz gut werden. Die Prüfungsleistung hier hat mit der Leistung in der Praxis nichts zu tun, es kann gerade umgekehrt sein. — Unglücksfälle sind kein Maß für die Güte der Führer, wenn auch viele Unfälle auf unvernünftiges Fahren zurückzuführen sind. In Kriegszeiten mehr Unfälle, weil Wagen nicht so gut in Ordnung, weil Verkehr größer, weil Straßenordnung mangelhafter und weil das Publikum unvernünftiger ist. Weibliche Führer haben durchweg mehr Unfälle, weil sie erstens sich mit dem Publikum unterhalten bzw. sich in die Unterhaltungen der Fahrgäste hineinmischen, zweitens mit den männlichen Fahrgästen poussieren, drittens körperlich schwächer sind, viertens bei plötzlichen Ereignissen, Unglücksfällen kopflos werden, aufschreien event. sogar vom Wagen springen, ohne sich weiter um den Wagen zu bekümmern, fünftens geringes Pflichtgefühl haben, sechstens Mangel an Kameradschaft zeigen, besonders durch unpünktliche Ablösung, siebentens kein Verständnis für Strafgelder zeigen, achtens nicht das geringste Interesse und Verständnis für technische Einrichtungen haben (an der Schaltkurbel wird gedreht, als sei es eine Kaffeemühle, sehen nie nach, welche Einrichtungen am Führerstand mit den Schaltern und Kurbeln verbunden sind und sind deshalb auch bei der geringsten Störung hilflos), neuntens keine Autorität beim Publikum haben.

Beurteilung der Leistung: Zeigt lebhaftes Interesse und gibt etwas wohlwollend zu verstehen, daß er alles sehr gut begreift und den Zweck der Einrichtung erkennt. Ist im Anfang der Prüfung äußerst schwerfällig und übersieht eine ganze Reihe von Reizen, arbeitet sich dann aber allmählich ein, so daß in der zweiten Hälfte nur noch einmal die Linie übersehen wird. Die Arbeit bleibt aber bis zum Schluß recht unsicher. Auf Störungsreize wird durchweg falsch reagiert. Reiz 10 und 16 ebenfalls durchweg falsch, obgleich die Instruktion über diesen rot-blau Reiz sowohl im ersten wie im zweiten Teil der Prüfung noch einmal wiederholt wurden. Von den Schreckreizen wird der erste Schuß nicht beantwortet, weil H. nicht weiß, wie er reagieren soll (sieht sich mit den Worten um: »man hat auch so vieles zu behalten«), beim zweiten Schuß noch hin- und hergreifen, beim dritten Schuß richtiges und schnelles Reagieren, beim Lampenfall wird erst ein falscher Hebel gegriffen (»man kann es viel schneller machen, ich wußte nur nicht gleich, was ich tun sollte«). Von den Bildern konnten nur sechs spontan genannt werden. »Man kann sie ja nicht alle so sagen, man weiß ja nicht, was alles drauf ist.« Auf Befragen werden alle Bilder bis auf eins erinnert. Hund wurde nach links sitzend beschrieben, also im Gedächtnis umgedreht. (»Kann es beschwören, daß Hund nach links sitzt.«) Nach Vorzeigen der betreffenden Abbildung, glaubt H., daß dies nicht die in der Prüfung gezeigte Karte sei. Gesamturteil: mangelhaft.

Urteil der Straßenbahn: Fährt genügend.

Nr. 5. Führer R. 36 J. geb. Schleswig-Holstein. 22. Juli 1918 geprüft.

	blau	rot	L.	Ger.	grün	gr.i.B.	rot	blau	Zgr	b. r.	r.i.B.	grün	Ger.	Zgr.	rot	b. r.	r. R.	A. M.
1	F	150	Ü	350	252	V	253	310	Ü	304	261	204	286	197	136	242	12	245
2	396	121	Ü	149	125	241	198	F	F	281	153	193	314	164	132	290 i	13	214
3	248	118	Ü	225	273f	176	141	267	178	F	135	305 !	—	Ü	F	115	11	198
4	225 ·	286 ·	r	180	222	181 +	279	F	161 +	F	205	220	166 +	137	208 ·	132	13	200
5	263 ·	125 +	Ü	164	235	201 +	Ü	330	143 ·	F ·	142	F	195	150	—	275	11	202
6	235 ·	129 :	Ü	155	282	223	Ü	220	162	177	115	F	151	152	—	195	12	183
7	260	108 :	Ü !	—	F	230	135	217 ·	140	V	121	F	149	147	158 :	152	11	163
8	210	129 ·	r	147	250 ·	210	169	205 ·	147 ·	F	172	F	171 :	156	184 ·	156	13	177
9	— !	125	r	156 ·	r +	205	187	196	173 :	184	122 ·	F	174	130	116 ·	124	12	158
10	187	115 :	r	162	237	158 ·	150	275	138 +	F ·	121	Ü	350	127	152 +	—	13	194
A.M. 1—5	283	160	1/5	220	221	200	218	302	161	293	179	231	240	162	159	211	60	216
M.V. 1—5	57	50		54	39	21	48	24	12	12	43	37	60	19	33	70		39
A.M. 6—10	223	121	3/5	155	256	205	160	223	152	181	130	—	199	142	153	157	61	176
M.V. 6—10	25	8		4	17	19	18	21	12	4	17	—	60	11	19	19		18

Fehler

	1—5	6—10
F	9	7
Ü	7	3
V	1	1
H	—	—
f	1	—
i	—	—

Schreck

Art	Zeit
o	ca.100
Sch	134
M	185
Sch	· 120

Störung

	1—5	6—10
·	10	26
+	4	3

Zeit und Bilderfolge

1.	geschätzte Zeit.	: 30 Minuten
2.	geschätzte Bilderzahl	: 10
3.	spontan aufgezählt	: 14
4.	geschätzte Zahl der Fehlenden	: 2—3
5.	bei Befragen erinnert	: 13
6.	hierbei spontan genannt . . .	: —
7.	Suggestivfragen bejaht. . . .	: nein
8.	nicht gesehen	: —
9.	Hund nach links gesehen. . .	: nein

Eigene Angaben: Seit 8 Jahren Führer, kein Soldat, a. v., weil Wasserbruch, Leiden macht keine Beschwerden. Prüfungsverfahren fordert ähnliches Verhalten wie Dienst als Wagenführer, besonders ähnlich sind die Schreckreize. Ein guter Führer löst auch die Prüfungsaufgabe gut. Die Prüfung strengt nicht besonders an, jedenfalls ermüdet man nicht. — Lehrlinge kann man am ersten Tage beurteilen, irrt sich allerdings dabei mitunter. — Frauen zeigen keine Überlegung und kein Nachdenken, sie besitzen weniger Geistesgegenwart und sind ratlos bzw. vergessen alles beim Schreck. Während Führer und Schaffner Hand in Hand arbeiten, herrscht zwischen Führerin und Schaffnerin keinerlei Kollegialität.

Beurteilung der Leistung: Zeigt großes Interesse für diese Prüfungsart. Ist bei der Prüfung selber etwas erregt und zittert beim Greifen nach den Hebeln. Kann grün und blau nicht sicher unterscheiden. In der ersten Hälfte zahlreiche Fehler und Übersehen von Reizen. In der zweiten Hälfte bedeutend bessere Leistungen. Die Linie zweimal übersehen nach wiederholten Störungsreizen. Lange Zeiten für Grün (Reiz 5 und 6), viermal falsch und dann lange Reaktionszeit für grün in der Peripherie (Reiz 12). Grün hier offenbar als blau angesehen. Reiz 10 zweimal falsch nach Störungsreiz, einmal Buchstabe vergessen. Im übrigen ziemlich gleichmäßige Reaktionszeiten. Störungsreize, abgesehen von einzelnen Ausnahmen, richtig beantwortet. Schreckreize schnell und richtig. Bilder gut behalten. Unter Annahme, daß Fehler bei Reiz 12 und lange Zeiten bei grün auf mangelhafte Farbentüchtigkeit zurückzuführen ist. Gesamturteil: Genügend.

Urteil der Straßenbahn: Fährt gut.

Nr. 6. Führer K. 52 J. geb. Schleswig-Holstein. 22. Juli 1918 geprüft.

		blau	rot	L.	Ger.	grün	gr.i.B.	rot	blau	Zgr.	b. r.	r. i. B.	grün	Ger.	Zgr.	rot	b. r.	r. R.	A. M.
	1	Ü	185	r	300	169	F	Ü	228	Ü	F	143	Ü	Ü	Ü	160	300	7	212
	2	175	112	r	F	201	177	Ü	180	162	273	112	156	203	132	146	F	12	172
	3	Ü	108	Ü	218	181	225 f	291	183	137	300	125	F	173 !	140	158	F	12	186
	4	Ü ·	127 :	Ü	203 f	172 ·	218	284	165 ·	130	—	112	156 !	—	203	172	F ·	11	177
	5	—	300	r	190 ·	148 +	F	Ü	215	123	F	124	160 :	Ü	121	126	F	9	167
	6	—	129	r	153	249 +	F	Ü	211	138	F	110	160 !	154	135	140	256	11	167
	7	300	100	r	153	138	H	Ü	175	123	F	126 ·	Ü	153 ·	143	128	256	11	163
	8	216 :	145	r	153	181	212	Ü	152 :	132	F	100 ·	180 +	186	147	135 ·	F	12	162
	9	261	120	r	153 !	140	161	267	160	122 ·	F	130	189 +	155	132 ·	F	184	13	167
	10	·173 ·	123 :	r :	147	171 :	217	273	155	125	F	191 ·	170	133	123	113	F	13	163
A.M.	1–5	—	166	3/5	228	174	207	288	194	138	287	123	157	188	149	152	—	51	195
M.V.	1–5	—	60		36	13	20	4	22	12	14	9	2	15	27	13	—		16
A.M.	6–10	238	123	5/5	152	176	197	270	171	128	—	130	174	156	136	129	232	60	172
M.V.	6–10	43	11		2	31	24	3	18	6	—	23	10	12	7	9	32		16

Fehler

	1–5	6–10
F	8	8
Ü	12	5
V	—	—
H	—	1
f	2	—
i	—	—

Schreck

Art	Zeit
o	153
Sch	101
Sch	ca. 100
M	133

Störung

	1–5	6–10
·	9	19
+	1	3

Zeit und Bilderfolge

1.	geschätzte Zeit	: 1 Stunde
2.	geschätzte Bilderzahl	: 10
3.	spontan aufgezählt	: 22
4.	geschätzte Zahl der Fehlenden	: —
5.	bei Befragen erinnert	: 5
6.	hierbei spontan genannt . . .	: —
7.	Suggestivfragen bejaht. . . .	: nein
8.	nicht gesehen	: —
9.	Hund nach links gesehen. . .	: ja

Eigene Angaben: Früher Bierfahrer, als solcher gezwungen, täglich ziemlich viel zu trinken. Narbe an der linken Stirnseite infolge Unfall. (Vom Wagen gefallen beim Durchgehen der Pferde.) Gelegentlich Rheumatismus. 1914/15 Schaffner, seit 1915 bis jetzt Führer. Die Arbeit in der Prüfung strengt mehr an als der Dienst auf der Bahn. Man muß seine Gedanken mehr als beim Fahrdienst zusammennehmen, weil die Dinge auf der Straße nicht in so kleinem Format gegeben sind. Glaubte zuerst, daß man bei der Prüfung gar nicht besonders aufzupassen brauchte. Im Verlauf der Prüfung dann aber eingesehen, daß es doch notwendig ist. Es kommt hier darauf an, alles richtig zu verstehen. Die Fingerfertigkeit kommt dann schon von selber. — Die einzelnen Fahrer sind sehr verschieden, einige sind besonnener als die anderen, einige müssen erst alles überlegen und immer wieder bei der Fahrt nachdenken. Andere Fahrer machen ihren Dienst gleichsam automatisch und doch sehr gut. Sie fahren richtig, ohne daß sie es wissen, wie sie fahren. Das Erschrecken hier in der Prüfung ist ganz anders als auf dem Wagen, wenn einem z. B. ein Kind vor den Wagen läuft. Die Prüfung dürfte also kein Maß für die Führereignung sein, weil sich einer hier sehr ängstlich fühlen und dabei draußen sehr gut sein kann. Man kann vielleicht annehmen, daß einer, der hier Gutes leistet, auch draußen gut ist. Aber ein bestimmtes Urteil kann man sich nicht darüber erlauben. — Bei der Fahrt muß man stets sehr aufmerksam sein und aus der Erfahrung heraus richtig abzuschätzen wissen, wie weit man noch fahren kann, wenn etwas quer über die Fahrbahn geht. Kinder sind aber ganz unberechenbar und befinden sich unverhofft plötzlich vor dem Wagen. Beim guten Führer sitzt dann der Griff auch gleich fest in der Hand. Einen Unfall kann man nur dann richtig beurteilen, wenn man ihn selber gesehen hat. Gelegentlich kann es vorkommen, daß der Sandstreuer nicht funktioniert. z. B., wenn der Sand naß war. Die Fahrer haben aber die Pflicht, den Sandstreuer jedesmal bei Übernahme des Wagens zu prüfen. Aus Leichtsinn wird das aber vielfach unterlassen. — Frauen als Führerinnen sind besonders im Anfang sehr gleichgültig, sie fahren zu schnell drauf los, sie denken nicht nach, einige sind auch sehr ängstlich und werden verwirrt bzw. zittern, wenn sich etwas Außergewöhnliches ereignet. Man muß aber zugeben, daß es auch Führerinnen gibt, die sehr besonnen sind und gut mit dem Fahren Bescheid wissen. Schlechte Kameradschaft kommt bei den Frauen häufig vor, findet sich aber auch bei den Männern.

Beurteilung der Leistung: Bei der Instruktion viel Interesse für die Prüfung. Bei der Einübung macht die Reaktion auf den rot-blau-Reiz mit vorhergehendem Buchstaben größere Schwierigkeiten. In der ersten Hälfte der Prüfung werden, abgesehen von der Anfangsreihe, 7 Reize übersehen und auf 7 Reize falsch reagiert. In der zweiten Hälfte wird auf Reiz 10 durchweg falsch reagiert. Es gelingt K. nicht, den vorhergegangenen Buchstaben sofort bei Auftreten der beiden Lichtpunkte aus der Erinnerung heraus in Bereitschaft zu haben. Die zwischen Buchstaben und Reiz liegenden Bilder nehmen hier die Aufmerksamkeit offenbar so stark in Anspruch, daß der Buchstabe G nicht sofort für die Reaktionshandlung benutzt wird, obgleich K. jedesmal nach der falschen Reaktion anzugeben weiß, daß der Buchstabe G vorhergegangen ist. Bei Reiz 16, wo sich zwischen Buchstaben und Lichtreiz keine Bilder einschieben, gelingt die sofortige richtige Reaktion in 3 Fällen. Reiz 7, der hier infolge eines technischen Fehlers etwas zu schwach aufleuchtete, wird dreimal übersehen, einmal auch der peripher liegende Grünreiz 12 und der Rotreiz 15, die letzteren nach richtig beantwortetem Störungsreiz. Bei Reiz 6, grün im Bild, wird einmal falsch reagiert und einmal zeigt K. eine Hemmung. Die Schreckreize werden durchweg schnell und richtig beantwortet, in der zweiten Hälfte von 22 Störungsreizen 3 falsch beantwortet. Bei den Normalreizen finden sich bei Reiz 1, vielleicht weil zu schwach, außergewöhnlich lange Zeiten. Die übrigen Reize werden zum Teil sehr gleichmäßig mit mittlerer Schnelligkeit beantwortet. Die Bilder sind gut behalten worden. Der Hund wird bestimmt als nach links gerichtet angegeben. Gesamturteil: Kaum genügend.

Urteil der Straßenbahn: Fährt gut und vorsichtig.

Nr. 7. Führer T. 52 J. geb. Schleswig-Holstein. 31. Juli 1918 geprüft.

	blau	rot	L.	Ger.	grün	gr.i.B.	rot	blau	Zgr.	b. r.	r.i.B.	grün	Ger.	Zgr.	rot	b. r.	r. R.	A. M.
1	291	131	Ü	Ü	300	300	232 f	300 f	—	V	104	F	F	300	131	F	9	232
2	Ü	134	Ü	F	F	Ü	221	274	154	F	205	229	282	—	138	F	8	204
3	Ü	104	Ü	271 f	172	Ü	Ü	282	H	H	98	300	279	60	138	300	10	210
4	217	171	Ü	F	212	300	Ü!	F	—	Ü	149	186	209	265	127	350	10	219
5	300	109	r	190+	Ü	204	Ü!	—	142	F	152	238	226	—	148	Ü	9	190
6	—!	—	Ü	F	H	H	Ü	296	192	106	114	300	261	149+	117	350	9	209
7	195+	104+	r	279	204	229	300	Ü	144	F!	104	177	191	129	89	148	13	176
8	184	99	Ü	214	224	239	Ü	215	116	F	98	214	204	129	101	300	13	180
9	254+	104+	Ü	212	182	214	279	164	126	F	—	—	249	96!	188	201	12	190
10	194	87	Ü	166	182	222 f	268	221+	121	F	Ü	181	151+	121	164	F	12	173

A.M.	1—5	269	130	1/5	230	228	268	227	285	148	—	142	238	249	242	136	325	46	237
M.V.	1—5	35	19		41	48	43	6	10	6	—	32	31	32	54	6	25		29
A.M.	6—10	207	99	1/5	218	198	226	282	224	140	—	105	218	211	125	132	250	59	183
M.V.	6—10	28	6		31	16	8	12	36	23	—	5	41	35	13	35	75		24

Fehler

	1—5	6—10
F	10	6
Ü	15	8
V	1	—
H	2	2
f	2	1
i	—	—

Schreck

Art	Zeit
Sch	459
o	440
Sch	175
M	218
Sch	138

Störung

	1—5	6—10
.	—	—
+	1	7

Zeit und Bilderfolge

1.	geschätzte Zeit	: 1½ Stunden
2.	geschätzte Bilderzahl	: 14
3.	spontan aufgezählt	: 11
4.	geschätzte Zahl der Fehlenden	: —
5.	bei Befragen erinnert	: 16
6.	hierbei spontan genannt	: —
7.	Suggestivfragen bejaht	: nein
8.	nicht gesehen	: —
9.	Hund nach links gesehen	: nein

Eigene Angaben: *Gelernter Bäcker, seit 10 Jahren Führer.* Die Prüfung strengt nicht besonders an. Es ist alles richtig so, wie *bei der Fahrt* auf dem Wagen. Die Schreckreize sind besonders zweckentsprechend, haben *ihn nicht erschreckt.* (?) Wer hier in der Prüfung schlecht ist, ist es auch als Führer. Für ihn Prüfung keine Schwierigkeiten. Einige Fehler, nur weil nicht gleich an das Richtige gedacht. — Bei der Lehrlingsausbildung beobachtet, daß mitunter schon bei der ersten Fahrerprobe der gute Fahrer erkannt wird. Die ersten Fehler macht der Lernende aus Angst, sobald er erst einen Zusammenstoß gehabt hat, wird er vorsichtiger und zugleich sicherer. Er muß erst das Gefühl haben, daß er den Wagen in der Gewalt hat. In den letzten Dienststunden ist man sehr abgespannt. Unfälle sind nicht zu vermeiden. Die Zahl der Unfälle ist durchaus kein Maßstab für die Güte des Fahrers. Frauen haben mehr Unfälle, weil sie nicht genügend aufpassen, und weil sie vor allen Dingen zu schwatzhaft sind. Sie fahren wild drauf los und sind so rücksichtslos, daß sie eine Person, die wiederholtes Klingeln nicht beachtet, einfach anfahren, ohne in ihrem Ärger zu bedenken, daß es taube Menschen gibt. (Zwei Beispiele.)

Beurteilung der Leistung: Bei der Instruktion schwerfällig und langsam. Scheint bei der Prüfung etwas verwirrt. Die wechselnde Aufeinanderfolge der Reize und Bilder stört ihn offenbar. In der ersten Hälfte zahlreiche Falschreaktionen und übersehene Reize, vielfach abnorm lange Zeiten. Bei den ersten Schreckreizen ebenfalls lange Reaktionszeiten. Ist kurze Zeit wie gelähmt. (Siehe obige Angabe, daß bei Schreckreizen niemals erschreckt sei.) In der zweiten Hälfte 8 mal Reize vollkommen übersehen, darunter 4 mal die durchgehende Linie, 2 mal bei Normalreizen Hemmungen. Weiß nicht, was er tun soll. 9 mal außergewöhnlich lange Zeiten von ungefähr 3 Sekunden. Störungsreize in der zweiten Hälfte stets falsch beantwortet. Die durchschnittliche Reaktionszeit etwas verlängert. Die Bilder gut behalten. Gesamturteil: **mangelhaft.**

Urteil der Straßenbahn: Fährt gut, ist aber etwas lotterig.

Nr. 8. Führer M. 62 J. 13. Aug. 1918 geprüft.

		blau	rot	L.	Ger.	grün	gr.i.B.	rot	blau	Zgr.	b. r.	r.i.B.	grün	Ger.	Zgr.	rot	b. r.	r. R.	A. M.
	1	Ü	140	Ü	Ü	312	—	208	240	Ü	F	Ü	235	Ü	Ü	110	123	7	195
	2	207	140	r	F	221	Ü	230	251	Ü	299	Ü	F	300	Ü	152	212	9	222
	3	346	181	r	286	265	F	298	246	161	253	Ü	331	300	Ü	205	174	12	254
	4	286	180 !	r	—	341	347	193	362 +	Ü	257 +	—	Ü	280	248	F	245	10	274
	5	270	306	r	220 ·	F	302	168 +	219	Ü +	F	191	336 +	206 !	—	500 +	350	7	270
	6	330	248	r	205	292 +	260	193 +	260	299	225 +	235	304 +	208	169 +	220	F	14	246
	7	356	340	r !	+ 208 +	F	210	263	315 +	230 +	F	215	F +	245 ·	153 !	272	Ü	11	207
	8	282	190 ·	r	215	210	240	191	365	180 ·	F	265	283	217	157	279	296	14	241
	9	272	257	r	230	F	296	308	362	152	164	254	Ü	233 ·	161 ·	283 ·	252	13	248
	10	285	Ü	r !	201	296	250	185	366	157 ·	F	205	285	222	143	285	Ü	12	240
A.M.	1—5	222	189	4/5	253	285	325	219	264	—	270	—	301	272	—	242	297	48	249
M.V.	1—5	63	46		33	42	23	36	40	—	20	—	44	33	—	129	59		49
A.M.	6—10	305	259	5/5	212	266	251	228	334	204	195	235	291	225	157	268	274	64	247
M.V.	6—10	30	41		9	37	21	50	37	47	30	20	9	11	7	19	22		26

Fehler

	1—5	6—10
F	7	7
Ü	16	4
V	1	—
H	—	—
f	—	—
i	—	—

Schreck

Art	Zeit
Sch	382
o	V
Sch	118
o	115
M	245

Störung

	1—5	6—10
·	2	8
+	7	11

Zeit und Bilderfolge

1.	geschätzte Zeit.	: 25 Minuten
2.	geschätzte Bilderzahl	: 8
3.	spontan aufgezählt	: 5
4.	geschätzte Zahl der Fehlenden.	: —
5.	bei Befragen erinnert	: 12
6.	hierbei spontan genannt . . .	: —
7.	Suggestivfragen bejaht. . . .	: ja { 1) Automobil 2) Eisenbahn
8.	nicht gesehen	: 10
9.	Hund nach links gesehen. . .	: ja

Eigene Angaben: Zur Straßenbahn als Kriegshilfsdienstpflichtiger gekommen. Beim Lernen keine Schwierigkeiten gehabt. Hat auf allen Linien gefahren und seit 2 Jahren nur einmal auf stehende Wagen aufgefahren. Das lag aber am Versagen der Bremse. Die Prüfung ist noch besser auszuführen, wenn man erst eingeübt ist. Beim ersten Schreckreiz in dem Glauben gewesen, daß etwas heruntergefallen sei durch Fehler an dem Apparat, und daß dies keine Bedeutung habe. Nie erschreckt.

Beurteilung der Leistung: Älterer, gut gekleideter Herr mit vornehmen Bewegungen, der durchaus nicht den Eindruck eines Straßenbahnführers macht. Hört bei der Instruktion sehr verbindlich zu, scheint aber doch nicht alles zu verstehen, ist jedenfalls nicht so intelligent wie er aussieht. Hände und Füße zittern leicht bei jeder beabsichtigten oder ausgeführten Bewegung. Infolge mangelhaften Sehvermögens werden die Bilder nur schlecht erkannt und eine Benennung macht deshalb Schwierigkeiten, ebenso das Behalten. Bei den Schreckreizen niemals irgendwelche auf Schreckhaftigkeit hindeutende Ausdrucksbewegungen. In der zweiten Hälfte werden 2 Schreckreize sogar auffallend kurz beantwortet. Auf Störungsreize im zweiten Teil der Prüfung 11 mal falsch reagiert, außer den an und für sich langen Reaktionszeiten eine größere Anzahl abnorm verlängerter Zeiten. Von den Bildern nur 5 behalten, auf Befragen weitere 9 erinnert. Einige Suggestivfragen bejaht, doch ist es möglich, daß es sich hier nicht um Suggestivität handelt, sondern um eine Folge des schlechten Erkennens der Bilder. Hund wird in der Erinnerung nach links gesehen. Gesamturteil: ungenügend.

Urteil der Straßenbahn: Nicht genügt, freiwillig ausgeschieden.

Anmerkung: Ein derartiger Mann würde in normalen Zeiten sich weder zum Führerdienst melden noch von der Straßenbahn für diesen Dienst eingestellt werden.

Nr. 9. Führerin D. 41 J. geb. Hamburg. 19. Juli 1918 geprüft.

	blau	rot	L.	Ger.	grün	gr.i.B.	rot	blau	Zgr.	b. r.	r.i.B.	grün	Ger.	Zgr.	rot	b. r.	r. R.	A. M.
1	Ü	—	r	V	F	F	—	236	156	—	—	Ü	198	119	111	142	6	160
2	Ü	113	r	236	F	V	Ü	Ü	Ü	280 f	—	256	161	117	—	F	6	194
3	Ü	108	r	201	234	211	249	Ü	151	F	74	219 f	188+	124	84	234	12	173
4	Ü	134	r	231	252	Ü	—	Ü	—	F	272	221	169	141	92·	96	9	179
5	Ü	110!	r	194	192	257	Ü	Ü	136·	F	108	159	194	137	134	V	10	162
6	Ü	123!	r	176	264	231	Ü	Ü	114	F	F	222	—	117	162	F	8	176
7	Ü	—	r	189	299	186	—	—	116	F	252!	—	—	122	106·	127	8	175
8	Ü	91	r	145	157	Ü	—	—	—	281 f+	211	196	246	151	112+	F	9	177
9	271	117!	r	185	156	181	132	257	147	291 f	136	300	256	119	121	147	15	188
10	195	118	Ü	171	204	281	237	Ü	—	282	124	218	189	131	121	F	12	189

A.M. 1—5	—	116	5/5	216	226	234	—	—	148	—	151	214	182	128	105	157	43	171
M.V. 1—5	—	9		18	23	23	—	—	7	—	80	27	14	9	17	51		40
A.M. 6—10	233	112	4/5	173	216	220	185	—	126	285	181	234	230	128	124	137	52	170
M.V. 6—10	38	11		12	52	36	53	—	14	4	51	33	28	10	15	10		26

Anm.: Reiz 1, 7 und 8 zu schwach.

Fehler

	1—5	6—10
F	7	6
Ü	14	8
V	3	—
H	—	—
f	2	3
i	—	—

Schreck

Art	Zeit
Sch	310
o	V
M	191
Sch	199

Störung

	1—5	6—10
	4	1
+	1	2

Zeit und Bilderfolge

1.	geschätzte Zeit	: 1 Stunde
2.	geschätzte Bilderzahl	: 8
3.	spontan aufgezählt	: 12
4.	geschätzte Zahl der Fehlenden	: —
5.	bei Befragen erinnert	: 15
6.	hierbei spontan genannt . . .	: —
7.	Suggestivfragen bejaht . . .	: —
8.	nicht gesehen	: —
9.	Hund nach links gesehen . .	: nein

Eigene Angaben: $2^1/_2$ Jahre Führerin, nie ernstlich krank. In der Prüfung ist es genau so wie beim Fahren. Daß rot-blau-Reize falsch gemacht, stets gleich gemerkt und versucht, zu verbessern. Bei einiger Übung wird man es schon lernen. Beim 1. Schuß zusammengeschrocken, weil an ein persönliches trauriges Erlebnis erinnert worden. Glaubt, daß es eine Gabe sei, gut fahren zu können. Schon bei der Ausbildung von Lehrlingen zeigen sich große Unterschiede, während einige gleich zugreifen, wenn etwas nicht recht in Ordnung ist, wissen andere sich nicht zu helfen. Eine anfängliche Beurteilung trifft zwar vielfach das Richtige, kann aber auch zu lebhaften Irrtümern führen, weil manche langsam lernen, nachher aber sehr Gutes leisten.

Beurteilung der Leistung: Schmächtige, schlecht genährte Frau mit gekrümmtem Rücken, folgt offenbar sehr interessiert der Instruktion und zeigt im Versuch gleichmäßige Ruhe. Die Reize 1, 7 und 8 werden, weil zu wenig intensiv, übersehen. Bei Reiz 10 hat die rote Lampe offenbar besonders starken Einfluß und bewirkt zunächst Niederdrücken der Taste, die dem roten Reiz entspricht. Das falsche Reagieren wird aber durchweg bemerkt und oft, allerdings zu spät, verbessert. (Frau D. findet dieses ständige Falschreagieren komisch und lacht darüber.) Das nachherige Bemerken des bei Reiz 10 zuerst nicht beachteten Buchstaben G beschäftigte den Prüfling dann so eingehend, daß Reiz 16 mit der dem G entsprechenden Taste beantwortet wurde. Störungsreize, die hier in der zweiten Hälfte versehentlich nur dreimal gegeben wurden, sind zweimal falsch beantwortet worden. Schreckreize richtig beantwortet in ungefähr 2 Sekunden. 12 Bilder spontan genannt, die übrigen behalten. Unter Berücksichtigung der zu schwachen Reize Gesamturteil: kaum genügend.

Urteil der Straßenbahn: Fährt gut.

Nr. 10. Führerin W. 20. Juli 1918 geprüft.

	blau	rot	L.	Ger.	grün	gr.i.B.	rot	blau	Zgr.	b. r.	r.i.B.	grün	Ger.	Zgr.	rot	b. r.	r. R.	A.M.
1	F	147	Ü	Ü	283	195	210	299	F	F	110	165	278	168 f	138	100	11	191
2	281	110	r	187	123	V	180	302	163 f	F	97	F	156	137	112	F	11	168
3	283 f	99	r	167	182 f	F	214	267	158	V	120	125	122	144	113	127	13	163
4	F	104	r	123+	284	152·	150	207·	132	283!	—	132	190·	152+	238	112	13	171
5	170	110:	r	120	120!	—	265	144	151	277·	131	141+	116·	157	117·	281	14	164
6	186:	107	r	130:	246	191 f+	179	300	177	288	117	145·	124+	141	117+	F	14	175
7	156·	111	r!	—	184	196	146	216	148	271	120	132	190	132	113	F	13	162
8	146:	119	r	98	181·	191	257	156:	151	273	102·	—	—	196	198	F	12	172
9	163!	122	r	164	275 f	Ü	220	149:	193	281	105·	142+	147·	163	104	F	13	171
10	275:	102	r	117	233+	161 f	207	254	142	295	109:	142	112	152	102+	F	14	172

		blau	rot	L.	Ger.	grün	gr.i.B.	rot	blau	Zgr.	b. r.	r.i.B.	grün	Ger.	Zgr.	rot	b. r.	r. R.	A.M.
A.M.	1–5	245	114	4/5	149	198	174	204	244	151	280	115	141	172	152	144	155	62	176
M.V.	1–5	50	13		28	68	22	31	55	10	3	11	12	49	9	38	63		31
A.M.	6–10	185	112	5/5	127	224	185	202	213	162	282	111	140	142	157	127	—	66	169
M.V.	6–10	36	7		20	33	12	31	51	18	8	6	4	24	18	29	—		21

Fehler

	1–5	6–10
F	8	5
Ü	2	1
V	2	—
H	—	—
f	4	4
i	—	—

Schreck

Art	Zeit
Sch	410
o	145
M	135
Sch	94

Störung

	1–5	6–10
+	8	20
	3	6

Zeit und Bilderfolge

1.	geschätzte Zeit	: 1/2 Stunde
2.	geschätzte Bilderzahl	: 6
3.	spontan aufgezählt	: 14
4.	geschätzte Zahl der Fehlenden	: —
5.	bei Befragen erinnert	: 13
6.	hierbei spontan genannt . . .	: —
7.	Suggestivfragen bejaht. . . .	: nein
8.	nicht gesehen	: —
9.	Hund nach links gesehen . .	: nein

Eigene Angaben: Seit 2 1/2 Jahren im Fahrdienst. Auf dem einen Auge keine volle Sehschärfe. Bei der Prüfung einige Karten nicht genau erkannt. Das Hinsehen mit dem Bemühen die einzelnen Bilder genau zu erkennen, strengte etwas an, der Versuch aber im übrigen nicht. Die Tätigkeit bei der Prüfung löst gleiche Gefühle aus, als wenn man als Führerin auf dem Wagen während der Fahrt beschäftigt ist. Beim Lampenfall sehr erschrocken. Im Fahrdienst nie einen Unfall gehabt. — Die Männer haben im allgemeinen stärkere Nerven, es kommt aber auch das Umgekehrte vor, besonders bei den Männern, die jetzt in der Kriegszeit bei der Bahn beschäftigt sind. Von 20 Frauen, die von ihr zur Führerin ausgebildet wurden, waren drei im Anfang sehr schlecht. Aber nachdem sie die Griffe usw. begriffen hatten, wurden diese drei gute Führerinnen. Schlechte Lehrlinge, die auch schlecht blieben, hat sie nicht gehabt. Die Fehler der Frau als Führerin, die sie in ihrer mehrjährigen Tätigkeit erkannt hat, sind folgende: 1. Die Frauen unterhalten sich, können nicht ruhig bleiben, wenn *hinter* ihnen gesprochen wird, mischen sich in Unterhaltungen, die sie gar nichts angehen und sind durchweg erregter. 2. Die Frauen sind geschlechtlich interessierter und versuchen, wenn auch vielfach ohne besondere Absichten, Bekanntschaften mit männlichen Fahrgästen anzuknüpfen. 3. Die Frauen sind körperlich schwächer. 4. Die Frauen haben nicht die Geistesgegenwart der Männer. 5. Den Frauen geht Pflichtgefühl ab. 6. Die Frauen haben große Schwierigkeiten mit den Fahrgästen, weil diese den Anordnungen einer Frau nicht so gehorchen, als wenn ein Mann Anordnungen trifft. 7. Die Frauen zeigen eine sehr gering entwickelte Kameradschaft und haben sehr häufig Streitigkeiten miteinander. 8. Die Frauen sind überaus empfindlich gegen Strafgelder und widersetzen sich auch dann der Zahlung, wenn sie eigenes Verschulden einsehen. 9. Die Frauen haben in der Mehrzahl nicht das geringste technische Verständnis und Interesse. 10. Eine Schaffnerin gibt von ihren Trinkgeldern einer Führerin nie ab, wie es bei Schaffner und Führer üblich ist. Fährt eine Schaffnerin aber mit einem Führer zusammen, so gibt sie dem Führer von den Trinkgeldern ab. 11. Eine Schaffnerin betrügt außerordentlich viel.

Beurteilung der Leistungen: W. macht einen sehr zuverlässigen, sicheren Eindruck einer gesetzten Person. Über den Fahrbetrieb usw. kann sie sehr genaue Auskünfte geben. Für die Prüfung zeigt sie besonderes Interesse und schnelles Verstehen der Instruktion. Sie ist etwas aufgeregt und zeigt beim Hingreifen nach den Hebeln ein leichtes Zittern der Hand. In der ersten Hälfte wird achtmal falsch reagiert. In der zweiten Hälfte fünf Falschreaktionen ausschließlich bei Reiz 16, während die gleiche Reizart bei Reiz 10 durchweg richtig, aber mit langer Reaktionszeit beantwortet wird. Bei Reiz 16 wird abwechselnd auf grün oder blau reagiert, obgleich in der ersten Hälfte der Prüfung bereits dreimal in richtiger Weise auf diesen Reiz geantwortet war. Eine Erklärung für dieses merkwürdige Falschreagieren könnte vielleicht darin gegeben werden, daß W. keine volle Sehschärfe hatte und deshalb den vorhergehenden Buchstaben falsch gelesen hatte. Dreimal wird bei grünem Lichtreiz erst auf blau reagiert, einmal die grüne Lampe im Bild (Reiz 6) übersehen. Die Unterscheidung von grün und blau macht offenbar Schwierigkeiten, vielleicht ebenfalls von der mangelhaften Sehschärfe abhängig. Von 26 Störungsreizen werden sechs falsch beantwortet. Schreckreize werden richtig und kurz beantwortet. Die Reaktionszeiten auf Normalreize sind ziemlich gleichmäßig und von mittlerer Länge. Die Zahl der Bilder ist auffallend unterschätzt. Die Bilder sind aber gut behalten worden. Unter Berücksichtigung der mangelhaften Sehschärfe Gesamturteil: genügend.

Urteil der Straßenbahn: Fährt sehr gut.

Nr. 11. Führerin Kl. 14. Aug. 1918 geprüft.

	blau	rot	L.	Ger.	grün	gr.i.B.	rot	blau	Zgr.	b. r.	r.i.B.	grün	Ger.	Zgr.	rot	b. r.	r. R.	A. M.
1	—	110	r	Ü	—	F	157	Ü	Ü	Ü	243	242	F	Ü	222	F	5	196
2	252	105	r	Ü	—	Ü	170	120	135	160	Ü	300f	232	123	92	F	11	176
3	175	100	r!	—	—	—	—	145	120	V	115	178	263	121	112	106	10	145
4	150	96	r	—!	191	—	127	125	110	168+	Ü	201	—	110	117	F	10	139
5	160	115	r	—	203	211·	126	170·	131·	175	115	209·	145·	123	106·	183	14	155
6	143	106·	r	133	188	175	117	145	111	126	92	217	131	106	97	131	15	134
7	164	96	r	145	175·	181·	125·	127	105·	132	94	201	149·	106:	117	170	15	139
8	137·	115	r!	171	198·	162	121·	162·	115·	175	101	173	110	123·	112	168	15	143
9	133	113	r	124	166·	190	131:	137	113·	145	96·	215	115	105·	183	153	15	141
10	135	110	r	145	168·	160	117	141	110	172·	112	172	146	110	110	136	15	136
A.M. 1—5	184	105	5/5	—	197	—	145	140	126	168	159	226	213	119	130	145	49	162
M.V. 1—5	34	6		—	6	—	19	18	11	5	59	33	46	5	37	39		23
A.M. 6—10	142	108	5/5	144	179	174	122	142	111	150	99	196	130	110	124	152	75	139
M.V. 6—10	9	6		12	12	10	5	9	3	19	6	18	14	5	24	14		11

Fehler

	1—5	6—10
F	5	—
Ü	9	—
V	1	—
H	—	—
f	1	—
i	—	—

Schreck

Art	Zeit
Sch	50
o	105
M	110

Störung

	1—5	6—10
·	9	22
+	1	—

Zeit und Bilderfolge

1.	geschätzte Zeit	: 1 Stunde
2.	geschätzte Bilderzahl	: 12
3.	spontan aufgezählt	: 14
4.	geschätzte Zahl der Fehlenden	: 1—2
5.	bei Befragen erinnert . . .	: 12
6.	hierbei spontan genannt . . .	: 1
7.	Suggestivfragen bejaht . . .	: nein
8.	nicht gesehen	: —
9.	Hund nach links gesehen . . .	: nein

Eigene Angaben: *Jetzt in der Hauptsache* damit beschäftigt, Führerinnen auszubilden. Glaubt, daß eine gesunde, *kräftige Frau*, die Lust zu dem Beruf hat und guten Willen beim Unterricht zeigt, im Führerberuf *auch Gutes leisten* wird. Es melden sich jetzt aber viele Frauen lediglich wegen des hohen *Verdienstes ohne zu* überlegen, was von ihnen verlangt wird. Bei den ersten Fahrversuchen sieht man dann auch schon, was mit den einzelnen Lehrlingen los ist. Man kann sich dabei aber sehr täuschen und finden, daß anfänglich sehr willige und geschickt scheinende Lehrlinge nachher versagen und andererseits anfänglich ungeschickte und schwerfällige sehr gut im Fahrdienst werden. Unter den Führerinnen gibt es jetzt sicher viele, die ebensogut und besser fahren als die z. Zt. eingestellten Führer. Dabei muß man allerdings berücksichtigen, daß die in Friedenszeiten angestellten Führer durchweg eingezogen sind und jetzt zum größeren Teil durch minderwertige Männer ersetzt sind. — Diese Prüfung verlangt zwar auch ein vielseitiges Aufpassen und ein schnelles Handeln, ob nun aber die Führertätigkeit auf der Straßenbahn etwas Gleiches oder Ähnliches ist, dürfte schwierig zu entscheiden sein.

Beurteilung der Leistung: Kl. macht einen frischen, gesunden, aufgeweckten Eindruck. Die Beschreibung des Verfahrens und die Instruktion wird aufmerksam mit großem Interesse verfolgt. Man gewinnt aber die Auffassung, daß Kl. hier weniger für die Art und den Zweck dieser Methode Interesse zeigt, sondern, daß sie lediglich bemüht ist, die Aufgabe gut zu lernen, um sie nachher gut ausführen zu können. Irgendwelche Betrachtungen und Beurteilung der Leistungen werden von ihr offenbar nicht angestellt. Außer der oben erwähnten allgemeinen Beurteilung der Prüfung weicht sie Einzelfragen über die Prüfung höflich aus. — Nachdem es ihr nach den ersten Reizen nicht gelungen ist, voll in die Aufgabe hineinzukommen und deshalb einige Reize übersehen werden, macht sie bald nur noch vereinzelt Fehler, und die zweite Hälfte der Prüfung ist fehlerfrei und mit richtigen schnell beantworteten Schreckreizen ausgeführt worden. Auf Störungsreize wurde niemals falsch reagiert. Die Normalreize sind auffallend gleichmäßig und kurz. Die Bilder werden gut behalten. Trotzdem bei dieser Prüfung der Direktor der Straßenbahn zugegen ist und unmittelbar hinter Kl. während der ganzen Prüfung steht, ist diese in keiner Weise unruhig, sondern zeigt gleichmäßig ein ruhiges und sicheres Arbeiten. Gesamturteil: Sehr gut.

Urteil der Straßenbahn: Sehr gut.

Nr. 12. Führerin Frl. R. 21 J. geb. Schlesw.-Holst. 4. Sept. 1918 geprüft.

	blau	rot	L.	Ger.	grün	gr.i.B.	rot	blau	Zgr.	b. r.	r.i.B.	grün	Ger.	Zgr.	rot	b. r.	r. R.	A. M.
1	102	92	r	121	132	F	137	128	258	F	142	147	—	122	87	78	12	129
2	111	83	r	—	275 f	279	145	134	161	F	V	127	180	118	210f	108	12	161
3	111	101	r	174	190	118	125	150	115	270f	95	152 f	177	122	95	80	15	132
4	110	85	r	148	171f+	Ü	160	97	118	F	98!	135	116	140	101+	F	12	123
5	111	87	r	—	131 i	165	121·	113	84	145f	91	134	170	110	87	118	14	119
6	103·	89	r	111	128	141	117+	125	106	164·	93	137	118	117	84·i	84	14	123
7	108·i	88	r!	125	123	124!·	133	113	108·	186	135	147	119·	152	98	87	15	123
8	111·i	95	r	145	143	120	237 f	109	150	146·	79	111	99	120:	92	V i	14	126
9	120	91	r	101	108	149f	105·	137	107	120	83	113	100	98	89·	101	15	108
10	151	102	r	100	150	266	165	164	127	265	92	265	73	151	85:	178	15	156

A.M.	1–5	109	90	5/5	148	180	187	138	124	147	208	107	139	161	122	116	96	65	138
M.V.	1–5	3	6		18	42	61	12	18	50	63	18	8	22	7	38	17		26
A.M.	6–10	119	93	5/5	116	130	160	151	130	120	176	96	155	102	128	90	113	74	125
M.V.	6–10	12	4		15	13	42	40	17	15	39	15	44	13	19	4	33		22

Fehler

	1–5	6–10
F	5	—
Ü	1	—
V	1	1
H	—	—
f	6	2
i	1	4

Schreck

Art	Zeit
Sch	87
o	125
M	72

Störung

	1–5	6–10
·	2	14
+	4	1

Zeit und Bilderfolge

1.	geschätzte Zeit	: 1 Stunde
2.	geschätzte Bilderzahl	: 22–24
3.	spontan aufgezählt	: 18
4.	geschätzte Zahl der Fehlenden	: 10
5.	bei Befragen erinnert	: 6
6.	hierbei spontan genannt . . .	: 3
7.	Suggestivfragen bejaht . . .	: nein
8.	nicht gesehen	: —
9.	Hund nach links gesehen . .	: nein

Eigene Angaben: Früher im Hausstand, seit $^3/_4$ Jahren bei der Straßenbahn, um mehr Geld zu verdienen. Sehr leicht gelernt, zweimal ein Kind überfahren. Das erstemal fiel ein Kind beim Durchfahren einer Straßenüberführung unmittelbar vor den fahrenden Wagen. Das Kind war über die Brüstung der oberen Straße geklettert und heruntergefallen, während der Straßenbahnwagen gerade das Ende der Durchfahrt erreicht hatte. Sofortige Bremsung zu spät. Das zweitemal lief ein Kind seitlich, plötzlich vor den fahrenden Wagen, auch in diesem Falle sofort gebremst, ohne das Überfahren verhüten zu können. Fühlt sich in beiden Fällen vollkommen unschuldig und hat deshalb auch jedesmal nach mehrstündiger Pause den Dienst fortgesetzt.

Beurteilung der Leistung: Bei der Instruktion auffallend aufmerksam, begreift sehr schnell, macht bei der Prüfung, obgleich ein Oberkontrolleur zugegen ist, einen sehr ruhigen und sicheren Eindruck. Besonders auffallend ist die überaus schnelle Reaktionsweise und das gleich von Anfang an erfolgte richtige Reagieren auf fast alle Reize. In der 2. Hälfte nur einmal den Buchstaben bei Reiz 16 vergessen, einen Störungsreiz falsch und zweimal bei Normalreizen erst eine andere Taste gedrückt. Sowohl in der Schnelligkeit, wie in der Richtigkeit ungefähr die beste Prüfungsleistung. 18 Bilder spontan behalten. Gesamturteil: gut.

Urteil der Straßenbahn: Fährt sehr gut.

Nr. 13. Führerin K. 48 J. 1. Oktober 1918 geprüft.

	blau	rot	L.	Ger.	grün	gr.i.B.	rot	blau	Zgr.	b. r.	r. i.B.	grün	Ger.	Zgr.	rot	b. r.	r. R.	A. M.
1	300	162	Ü	—	F	290	158	180	190	300	252	252	—	195	212	V	11	226
2	320	208	r	—	286	315i	218	201	196	282r	158	247	—	—	149	182	12	227
3	248	103	r	320	215	236	156	240	217	235i	157	227i	217	—	122	178	14	193
4	240	145	r	237·	217	208	192	197	188	225i	125	237	203	116	130	V	13	212
5	213:	110	r	190	185	220·	213	153	—	230	128	193	183	107	114	V	13	172
6	200	120	r	178·	193	230	145	152+	170	237i	130	170i	169	115	117+	V	14	173
7	165	118	r+	208	221	237	146	157·i	F	233	130	243	160!	Ü	113	250	13	184
8	145	150	r	171+	232	262	140	153·	Ü	F	135	—!	167	117+	135·	250	12	171
9	160:	115	r+	330	227	239·	154·	172	145·	235i	102	236	156	137·	135·i	200	15	183
10	238	136	r	143	235i	246	135	175	142	F	117	237+	235	121	133·	149	14	174
A.M. 1—5	264	146	4/5	249	226	254	187	194	198	254	164	231	201	139	145	180	64	202
M.V. 1—5	37	32		47	30	39	24	22	10	31	35	17	12	37	28	2		27
A.M. 6—10	182	128	5/5	206	222	243	144	162	152	235	123	222	178	123	127	212	68	177
M.V. 6—10	30	12		50	12	8	5	9	12	1	11	25	23	8	9	38		17

Fehler

	1—5	6—10
F	1	3
Ü	1	2
V	3	1
H	—	—
f	—	—
i	4	6

Schreck

Art	Zeit
—	—
o	135
Sch	100

Störung

	1—5	6—10
·	3	15
+	—	8

Zeit und Bilderfolge

1.	geschätzte Zeit	: kleine 1/2 Stunde
2.	geschätzte Bilderzahl	: 7
3.	spontan aufgezählt	: 16
4.	geschätzte Zahl der Fehlenden	: —
5.	bei Befragen erinnert	: die fehlenden
6.	hierbei spontan genannt . . .	: —
7.	Suggestivfragen bejaht. . . .	: —
8.	nicht gesehen	: —
9.	Hund nach links gesehen	: ja

Eigene Angaben: *Schon längere Zeit Führerin, mußte* vor 3 Monaten wegen Nervosität ausscheiden, war seitdem nur als *Bremserin* auf dem Anhängwagen tätig. (Diese Angaben erfolgen erst nach der Prüfung. Nach der Prüfung wird außerdem von dem Fahrdienstleiter mitgeteilt, daß diese Prüfung zu dem Zweck angeordnet sei, um zu erfahren, ob Frau K. wieder als Führerin eingestellt werden könne.)

Beurteilung der Leistung: Die Instruktion wird sehr aufmerksam verfolgt. Bei der Prüfung sehr ruhig, aber doch etwas aufgeregt. K. nimmt die Prüfung sehr ernst und ist sichtlich bemüht, eine gute Leistung zu erzielen. Schon im ersten Teil der Prüfung erfolgen, bis auf wenige Ausnahmen, durchweg richtige Reaktionen, aber mit langen Reaktionszeiten. Viermal werden Intensionsbewegungen gemacht und sechs Störungsreize werden richtig beantwortet. In der zweiten Hälfte eine Falschreaktion nach richtig beantwortetem Störungsreiz bei der Zeigerbewegung, zwei Falschreaktionen bei Reiz 10, jedesmal auf blau reagiert, davon einmal ebenfalls nach richtig beantwortetem Störungsreiz. Einmal wurde bei Reiz 16 nach falsch beantwortetem Störungsreiz der Buchstabe vergessen. Zwei Reize sind übersehen worden, einmal nach richtig beantwortetem Schreckreiz und einmal nach falsch beantwortetem Störungsreiz. Von 22 Störungsreizen wurden acht falsch beantwortet. Auf Schreckreize wurde richtig und auffallend kurz reagiert. Reaktionszeiten sind ziemlich gleichmäßig, aber etwas lang. Sechsmal erfolgen Intensionsbewegungen, davon zwei nach Störungsreizen. Zweimal wird eine besonders verlängerte Zeit nach falsch beantwortetem Störungsreiz beobachtet. Bilderzahl wird auffallend unterschätzt. Die Bilder sind aber gut behalten worden. Der Hund wird mit großer Bestimmtheit als nach links gerichtet sitzend beschrieben. Auch nach Vorzeigung des Bildes wird behauptet, daß der vorher wiederholt gesehene Hund nach links saß und daß deshalb das jetzt vorgezeigte Bild ein anderes sein müsse. Gesamturteil: genügend.

Urteil der Straßenbahn: Fährt genügend.

Nr. 14. Lehrling Frl. K. 31 J. geb. Westpreußen. 19. Juli 1918 geprüft.

	blau	rot	L.	Ger.	grün	gr.i.B.	rot	blau	Zgr.	b. r.	r. i.B.	grün	Ger.	Zgr.	rot	b. r.	r. R.	A. M.
1	196	82	r	282	279	V	Ü	Ü	152	F	172	232 f	154	134	98	128	11	179
2	272	115	r	272 f	279 f +	F +	Ü	Ü	127	F	76	250	187	137 +	97 +	F	10	171
3	134	132	r	131	204	186	300 +	267 +	111	F	77	186	187	102	84 +	86	14	156
4	296	96	r!	—	—	192	143	216	111	F	79	194	114	109	— .	71	11	156
5	148	111	r	91	169	141	300 +	Ü	131 +	250 f	72	142	171	101	82 +	74	14	142
6	204	87!	r!	106	104	142	Ü	250 +	104	F	101	142	145 +	116	116	81	13	131
7	124	74	r	165	142	124	217	214 +	121 +	F	133 +	149	127 +	116	84	88	14	133
8	145	82	r	167	117	158	114	Ü	116 +	F	79	189 ·	164	119 +	96	—	12	129
9	—	96	r	137	109	236 ·	215	128	101	244	71	256	287 ·	104 :	139	126	14	161
10	126	82	r	152	156	118 ·	134 ·	226	106	221	87	121 +	190 ·	106	109	95	15	135
A.M. 1—5	209	107	5/5	194	233	173	248	242	126	—	95	201	163	117	90	90	60	169
M.V. 1—5	60	15		83	46	21	70	26	12	—	31	32	23	15	7	19		31
A.M. 6—10	150	84	5/5	145	126	154	170	204	109	232	94	171	183	112	109	98	68	143
M.V. 6—10	27	6		19	19	33	46	39	7	12	18	41	36	6	15	15		28

Bemerkungen: Reiz 7 und 8 sehr schwach.

Fehler

	1—5	6—10
F	6	3
Ü	5	2
V	1	—
H	—	—
f	3	—
l	—	—

Schreck

Art	Zeit
Sch	300
Sch	99
o	104
M	114

Störung

	1—5	6—10
·	1	7
+	11	9

Zeit und Bilderfolge

1.	geschätzte Zeit	: 30 Minuten
2.	geschätzte Bilderzahl	: 10
3.	spontan aufgezählt	. 13
4.	geschätzte Zahl der Fehlenden	: —
5.	bei Befragen erinnert	: 14
6.	hierbei spontan genannt . . .	: —
7.	Suggestivfragen bejaht	: Will eine Eisenbahn am Eingang der Rendsburger Brücke gesehen haben.
8.	nicht gesehen	: —
9.	Hund nach links gesehen . . .	: —

Eigene Angaben: Bisher als Dreherin an der Revolverbank in einer Munitionsfabrik beschäftigt. Nie krank gewesen, jetzt seit 8 Tagen in der Ausbildung zur Führerin. — Die Aufgabe kann bei häufiger Wiederholung sicher besser gemacht werden, aber schnellere Bewegungen sind nicht möglich. Die Leistung beim Fahren ist je nach Begreifen, Auffassen und Geistesgegenwart verschieden. Frauen und Männer können die gleiche Geistesgegenwart haben. Die Prüfung ermüdet nicht. Beim ersten Schuß nicht recht aufgepaßt.

Beurteilung der Leistungen: Ernste gesetzte Person. Lebhaftes Interesse bei der Instruktion und bei der Einübung. Ist in der Prüfung sehr ruhig und lacht auffallenderweise nicht, wenn sie etwas verkehrt macht, wie es sonst bei den weiblichen Prüflingen gewöhnlich beobachtet wurde. Schon in der ersten Hälfte außer dem rot-blau Reiz (10), der durchweg falsch beantwortet wird, zahlreiche auffallend kurze Zeiten bei den roten Lichtpunktreizen 2, 11 und 15. In der zweiten Hälfte werden die rot-blau Reize bei Reiz 10 dreimal falsch beantwortet, zweimal nach falsch beantwortetem Störungsreiz, Reiz 7 und Reiz 8 werden je einmal übersehen und haben auffallend lange Zeiten. Beide Reize waren bei dieser Prüfung infolge eines technischen Fehlers sehr schwach. Sieht man von diesen außergewöhnlichen Zeitverlängerungen ab, so finden sich bei diesem Prüfling die kürzesten Reaktionszeiten, die beobachtet wurden. Von 16 Störungsreizen werden neun falsch beantwortet. Diese falschen Reaktionen und ebenso die Falschreaktionen bei Reiz 10 erklären sich vielleicht dadurch, daß dieser Prüfling sehr angespannt aufmerkte und entgegen der Instruktion immer wieder die rechte Hand auf den Tisch legte, um so schnell wie möglich eine Taste niederdrücken zu können. Die Schreckreize sind richtig und auffallend schnell beantwortet. Bilder werden gut behalten. Auf eine Suggestivfrage, ob eine Eisenbahn auf einem der Bilder gesehen sei, wird dies mit großer Bestimmtheit behauptet. Gesamturteil: genügend.

Urteil der Straßenbahn: Fährt sehr gut.

Nr. 15. Lehrl. Frl. U. 21 J. geb. Brandenburg. 20. Juli 1918 geprüft.

		blau	rot	L.	Ger.	grün	gr.i.B.	rot	blau	Zgr.	b. r.	r. i.B.	grün	Ger.	Zgr.	rot	b. r.	r. R.	A. M.
1		Ü	157	Ü	385	274	V	Ü	Ü	196	V	149	265	226	156	149	138	10	210
2		266	140	Ü	300	263	Ü	203	284	165	Ü	193	263	172	147	168	Ü	12	214
3		275	123	r	166	240	220	300	Ü	163	F	135	228	166	138	128	F	12	191
4		Ü+	238	Ü	141	284	237!	F+	Ü	155+	275	213	300	150:	136	180	210	12	201
5		300	150:	Ü	156	262	264	—	Ü	130	270f	135·	235	250	120	158·	—	12	203
6		—	—	r	130	263	212·	280	278	132	270	140	Ü!	130	135	125	250	12	194
7		Ü	143:	Ü	143	205	199	301	Ü	123	325	135	210	135	135!	125	200	13	183
8		247	—	Ü	158	213	210·	Ü	Ü·	140	285	168	230	160	124:	180	220	12	195
9		Ü·	265	r	193:	270	180	283	Ü	144	273·	142	208	145	141:	136	223	13	200
10		Ü·	283	r	137·	227	196	310:	Ü	140	F	121+	Ü	140	122·	196	161	11	185
A.M.	1—5	280	162	1/5	230	265	240	252	—	162	273	165	258	193	139	157	174	58	216
M.V.	1—5	13	31		90	12	16	49	—	15	3	30	21	36	10	14	36		25
A.M.	6—10	—	230	3/5	152	236	199	294	—	136	287	141	216	142	131	152	211	61	203
M.V.	6—10	—	58		19	25	9	12	—	7	17	11	9	8	7	28	24		16

Anm.: Reiz 7 und 8 zu schwach.

Fehler

	1—5	6—10
F	3	1
Ü	1	12
V	2	0
H	1	—
f	1	—
i	—	—

Schreck

Art	Zeit
Sch	H
o	164
Sch	170

Störung

	1—5	6—10
·	6	20
+	3	1

Zeit und Bilderfolge

1.	geschätzte Zeit.	: 30—45 Minuten
2.	geschätzte Bilderzahl	: 12
3.	spontan aufgezählt	: 14
4.	geschätzte Zahl der Fehlenden.	: 2, drei fehlen
5.	bei Befragen erinnert	: 13 [nicht
6.	hierbei spontan genannt . . .	: —
7.	Suggestivfragen bejaht. . . .	: —
8.	nicht gesehen	: —
9.	Hund nach links gesehen. . .	: —

Eigene Angaben: Früher Buchhalterin in *Berlin*, nach *Kiel* gegen den Willen der Eltern wegen eines Liebesverhältnisses. Zur Straßenbahn, *um irgendwie Geld zu* verdienen. Schon seit einigen Tagen praktisch ausgebildet. Das Lernen macht Schwierigkeiten, fühlt sich unfähig für diesen Beruf, glaubt es aber noch lernen zu können. — Der Versuch habe nicht angestrengt, nach Einübung dürfte es leichter gehen, jedenfalls ist die Prüfungsaufgabe hier schwieriger als der Dienst bei der Straßenbahn. Auch die geistige Arbeit ist dort eine andere als hier. Man muß zwar auf der Straßenbahn besonders gefaßt sein, wenn etwas passiert und dauernd aufmerken. Aber hier muß man sich noch mehr zusammenreißen. — Zwischen männlichen und weiblichen Führern bestehen Unterschiede. Im allgemeinen zeigen die Frauen erstens weniger Geistesgegenwart, zweitens größere körperliche Schwäche, drittens ein schwächeres Nervensystem und machen deshalb, besonders wenn vieles gleichzeitig auf sie einwirkt, alles durcheinander, viertens eine größere Neigung, sich zu unterhalten, die Gespräche der Fahrgäste zu beachten und können es nicht unterdrücken, sich an diesen zu beteiligen, fünftens eine größere Neigung sich leichter wegen geringster Kleinigkeiten zu erzürnen, während die Männer sich leichter vertragen können.

Beurteilung der Leistung: Auffallend schmächtige, schlecht genährte, kränklich aussehende Person. Für die Prüfung lebhaftes Interesse und schnelles Verstehen der Instruktion. Anfänglich werden trotz Aufforderung die einzelnen Karten nicht genannt. U. ist schüchtern und etwas befangen. Beim ersten Schreckreiz lebhaft erschrocken. Ist vollkommen gehemmt und gibt an auf Befragen, weshalb nicht reagiert, daß sie geglaubt habe, der Schreckreiz gehöre nicht dazu. In der 2. Hälfte nur eine Falschreaktion bei Reiz 10, das wiederholte Übersehen der Reize zurückzuführen auf zu geringe Intensität dieser Reize. Störungsreize nur einmal falsch beantwortet. Mittlere Reaktionszeit auffallend lang, aber bei den einzelnen Reizen ziemlich gleichmäßig, Bilder gut behalten. Gesamturteil: kaum genügend.

Urteil der Straßenbahn: Wegen allgemeiner Schwäche und weil kränklich freiwillig ausgeschieden.

Nr. 16. Lehrling Frau P. 36 J. geb. Mecklenburg. 1. Aug. 1918 geprüft.

	blau	rot	L.	Ger.	grün	gr.i.B.	rot	blau	Zgr.	b. r.	r.i.B.	grün	Ger.	Zgr.	rot	b. r.	r. R.	A. M.
1	Ü	110	Ü	Ü	242	V	F	F	Ü	F	250	231	281	F	130	170	7	202
2	Ü	101	Ü	172	F	F	204	Ü	F	F	99	225	193	F	212	80	8	173
3	247	Ü	r	140	212	186	155	Ü	F	F	93	152	169	197	110	F	10	167
4	Ü +	190 +	Ü +	220	F	190	275 +	Ü	137	F! f	202	212	F	134	—	F	8	195
5	Ü	135	F +	212	F	V	274	F	140	H	90! +	197	—	128	113	95	9	154
6	105	113 ++	r	215	238	220 +	300	169 ++	F	252	165	166 +	F!	—	F	233 +	11	198
7	180	132 +	r	172 +	152 +	F +	279 +	Ü +	F	Ü	132	139	175 +	F	132 ·	F	9	166
8	180	117	r!	—	184 ·	177	260	Ü ·	196	F	138	161 +	F	F +	230	233	10	188
9	Ü +	220	r!	250	144 ·	184 ·	Ü	Ü	263	F +	140	160 +	202	F	120	F	9	187
10	198 +	145	r	F	252 +	162 +	Ü	198 +	Ü	F ·	136 +	223 +	189 f	F	114 +	F	9	179

		blau	rot	L.	Ger.	grün	gr.i.B.	rot	blau	Zgr.	b. r.	r.i.B.	grün	Ger.	Zgr.	rot	b. r.	r. R.	A. M.
A.M.	1–5	—	134	1/5	186	227	188	227	—	189	—	167	203	214	153	141	115	42	180
M.V.	1–5	—	29		30	15	2	48	—	2	—	60	23	44	29	35	37		27
A.M.	6–10	166	145	5/5	212	194	186	280	184	231	—	142	170	189	—	149	233	47	175
M.V.	6–10	30	30		27	41	17	14	15	35	—	9	21	9	—	41	0		22

Fehler

	1–5	6–10
F	19	17
Ü	13	8
V	2	—
H	—	—
f	—	2
i	—	—

Schreck

Art	Zeit
Sch	F
o	113
Sch	105
M	262
Sch	130

Störung

	1–5	6–10
·	—	6
+	7	25

Zeit und Bilderfolge

1.	geschätzte Zeit.	: —
2.	geschätzte Bilderzahl	: 28–30
3.	spontan aufgezählt	: 18
4.	geschätzte Zahl der Fehlenden.	: —
5.	bei Befragen erinnert	: 9
6.	hierbei spontan genannt . . .	: —
7.	Suggestivfragen bejaht. . . .	: —
8.	nicht gesehen	: —
9.	Hund nach links gesehen. . .	: nein

Eigene Angaben: Seit zwei Jahren Schaffnerin, will jetzt Führerin werden, weil nach schwerer Unterleibserkrankung dauernd starke Schmerzen, die besonders bei dem vielen Hin- und Herlaufen als Schaffnerin auftreten. Hofft ruhiges Stehen als Führerin besser vertragen zu können. — Eine Prüfung, wie diese hier in so verwickelter Form, kann kein Mensch das erstemal richtig ausführen. Dazu gehören außerdem starke Nerven, die eigenen Nerven sind aber nur sehr schwach. Trotzdem glaubt sie, mit gutem Willen, eine leidliche Führerin zu werden. Die Dunkelheit am Abend und nebeliges Wetter strenge sie beim Beobachten sehr an und würde sicher beim Fahren Schwierigkeiten machen. — Männliche Führer unterscheiden sich von weiblichen dadurch, daß Männer viel sicherer fahren, eine festere Hand haben, auf alles viel gefaßter sind, mehr Überlegung haben und auch kameradschaftlicher sind. Das unaufgeforderte Erweisen gegenseitiger Gefälligkeiten und ein Hand in Hand arbeiten ist bei Frauen fast nie der Fall.

Beurteilung der Leistung: Leidend, schwächlich, etwas verstört aussehend. Bei der Instruktion ist es schwierig, die Aufmerksamkeit der P. dauernd zu gewinnen. Die Einzelheiten der Prüfung müssen wiederholt vorgetragen werden. In der Prüfung aufgeregt und verwirrt. Auf die Störungsreize wird trotz mehrfach wiederholter, sehr eingehender Instruktion in der Mehrzahl der Fälle falsch reagiert, gewöhnlich sogar durch Niederdrücken von zwei Tasten. Ebenso wird auf den rot-blau Reiz in der Mehrzahl der Fälle falsch, und ebenfalls durch Niederdrücken von zwei Tasten reagiert. Die Schreckreize werden richtig z. T. sehr kurz beantwortet. In der ersten Hälfte werden außerdem 13 Reize übersehen und im Ganzen 20 Reize falsch beantwortet. In der zweiten Hälfte werden acht übersehen und 17 falsch beantwortet. Die richtig ausgeführten Reaktionen haben mittellange und ziemlich gleichmäßige Zeiten. Die Bilder sind gut behalten worden. Gesamturteil: ungenügend.

Urteil der Straßenbahn: Bei der Prüfung nur mit Einschrankung genügend. Aus dem Fahrdienst gezogen, weil zu aufgeregt und zu nervös.

Anmerkung: Wäre bei einer ärztlichen Untersuchung als ungeeignet für den Führerdienst erkannt worden, wegen Unterleibsleiden und starker Nervenschwäche.

Nr. 17. Lehrling Frau V. 34 J. geb. Oberschlesien. 1. Aug. 1918 geprüft.

	blau	rot	L.	Ger.	grün	gr.i.B.	rot	blau	Zgr.	b. r.	r. i.B.	grün	Ger.	Zgr.	rot	b. r.	r. R.	A. M.
1	151	191	r	V	251	V	189	342 f	142	F	181	211	F	154	124	F	10	194
2	Ü	131	r	V	176·	F	301	217 +	297	F	160	178	F	119 +	—	F	8	197
3	264	134	r	229	177	V	Ü	Ü	124	F	141	237	164	107 +	—	F	9	175
4	224	116	r !	—	—	240	271	280	136	300	139	Ü	186	114	158	F	11	197
5	178	114	r !	—	263	148	Ü	268	137	166	129	192	182 f	120	114	196	13	170
6	Ü	114	r !	189	168	159	Ü	244	121	300	124 +	300	171	121	155	F	12	172
7	266	118	r !	171	234	168	282	266	139	165	116	204	157	129	106	102	15	178
8	Ü	106	r	185 +	168	191	266	244	121	F	174	165	161	118 +	144	96	13	164
9	226	113	r	111	168 +	137 !	—	—	128	204	91 +	239·	173	146	109 +	F	12	154
10	— !	96	r	176	117	127	141	194	114·	F	81	167	121	147	99	190	13	137
A.M. 1—5	204	137	5/5	—	217	194	254	278	167	233	150	205	177	133	132	—	51	193
M.V. 1—5	40	21		—	40	46	43	34	52	67	16	20	9	13	17	—		28
A.M. 6—10	246	109	5/5	166	171	156	230	237	125	223	117	215	157	152	123	129	65	170
M.V. 6—10	20	7		22	25	20	59	22	7	51	25	44	14	20	22	40		27

Fehler

	1—5	6—10
F	10	4
Ü	5	3
V	4	—
H	—	—
f	2	—
i	—	—

Schreck

Art	Zeit
Sch	120
o	200
Sch	220
M	161
Sch	85
o	200

Störung

	1—5	6—10
·	1	2
+	3	6

Zeit und Bilderfolge

1.	geschätzte Zeit	: ½ Stunde
2.	geschätzte Bilderzahl	: 10
3.	spontan aufgezählt	: 12
4.	geschätzte Zahl der Fehlenden	: keine
5.	bei Befragen erinnert	: 15
6.	hierbei spontan genannt . . .	: keine
7.	Suggestivfragen bejaht. . . .	: nein
8.	nicht gesehen	: —
9.	Hund nach links gesehen. . .	: ja

Eigene Angaben: *Im Kriege ein Jahr lang* in einer elektrischen Zentrale die Schaltbretter bedient, in der ihr Mann Heizer war. Der Versuch strengt nicht an und kann nach Wiederholung sicher besser gemacht werden. Will Geschick zu allem haben. Allgemeinurteil über die Tätigkeiten einer Frau möchte sie nicht abgeben, ist aber davon überzeugt, daß sie persönlich nicht nur ebenso gute, sondern sogar bessere Leistungen als Führerin haben wird, als die Mehrzahl der Männer. Sie werde dies beweisen, sie habe den festen Willen dazu.

Beurteilung der Leistung: Beim Eintritt in das Prüfungszimmer erschreckt und verängstigt, glaubt, daß sie elektrisiert werden solle und will deshalb gleich wieder fortgehen. Zeigt sich nachher bei der Erklärung und Einübung zunächst noch mißtrauisch, gewinnt dann aber Vertrauen und geht nunmehr mit großem Interesse und Ernst an die Aufgabe. Bei der Prüfung kann man aber beobachten, daß sie immer noch nervös und aufgeregt ist. In der ersten Hälfte eine größere Zahl von Fehlreaktionen, in der zweiten Hälfte bedeutend besser. Bei Schreckreizen jedesmal ein nervöses Zusammenzucken aber stets eine richtige und in den meisten Fällen auch eine auffallend schnelle Reaktion. Die Störungsreize werden in der Mehrzahl der Fälle falsch beantwortet. Der blaue Lichtreiz (1 und 8) wird offenbar schlecht erkannt. Zweimal wird Reiz 1 übersehen, bei den übrigen richtigen Reaktionen auf Reiz 1 und 8 finden sich lange Zeiten. Ebenso hat der in der Peripherie liegende grün-Reiz (12) lange Zeiten. Bei dem rot-blau-Reiz 10 und 16 wird je zweimal falsch reagiert. Einmal wird der ungünstiger liegende rot-Reiz (8) übersehen und zweimal finden sich hier auffallend lange Zeiten. Die übrigen Reaktionszeiten sind gleichmäßig mittellang bis kurz. Von den Bildern können zwölf spontan genannt werden, die übrigen sind behalten worden. Der Hund wird in der Erinnerung mit Bestimmtheit als nach links sitzend angegeben. Gesamturteil: kaum genügend.

Urteil der Straßenbahn: Fährt gut, nach gut abgelegter Prüfung. Ist sehr wißbegierig und hat ein aufgeregtes Wesen.

Nr. 18. Lehrling Frl. T. 24 J. geb. Schleswig-Holstein. 13. Aug. 1918 geprüft.

	blau	rot	L.	Ger.	grün	gr.i.B.	rot	blau	Zgr.	b. r.	r. i.B.	grün	Ger.	Zgr.	rot	b. r.	r. R.	A. M.
1	—	127	r	Ü	F	158	Ü	240	F	F	130	240 i	160	141	108	91	9	155
2	—	90	Ü	230	—	139	132	138	263	300 f	110	191	150	148	92	86	13	159
3	172	83	r	200	190	177	172	124	167	F	104	205	186	161 !	—	—	12	167
4	143	114 ·	r	220	213	130	152	149 ·	129 ·	F	110 ·	201	180 !	147	135 +	F	13	155
5	—	102 ·	Ü !	—	176	135 ·	145	152 ·	123 ·	157	131	191 i ·	170	121	92 ·	113	13	133
6	169	122 ·	Ü	205	102 ·	148	152	117 ·	152 ·	176	112	136	130	113 ·	124 ·	F	14	140
7	135	122 :	Ü	117 :	184	143	128	154	123 ·	203	107	172	160	127	97 ·	175	15	142
8	133	90 ·	r !	—	220	138	143	252	140	F	110 · i	249	130	107 ·	98 ·	F	12	151
9	170	92 ·	Ü	140 ·	157	136	137	124 +	130	F	95	155	117	128 ·	141 ·	F	13	132
10	168 ·	102	r	132	155	136	143	135	282	F	95	150	119	118 ·	250	268	14	161
A.M. 1—5	158	103	3/5	217	193	148	150	161	171	229	117	206	169	144	107	97	61	158
M.V. 1—5	15	13		11	13	16	12	32	47	72	11	14	11	10	15	11		20
A.M. 6—10	155	106	1/5	149	164	140	141	156	166	189	104	172	131	119	142	222	68	150
M.V. 6—10	17	13		29	31	4	6	38	47	14	7	30	11	7	43	47		23

Fehler

	1—5	6—10
F	6	6
Ü	4	3
V	1	—
H	—	—
f	1	—
i	2	—

Schreck

Art	Zeit
Sch	V
o	90
Sch	86
M	100

Störung

	1—5	6—10
·	10	21
+	1	2

Zeit und Bilderfolge

1.	geschätzte Zeit.	: 3/4 Stunde
2.	geschätzte Bilderzahl	: 9—10
3.	spontan aufgezählt	: 20
4.	geschätzte Zahl der Fehlenden	: keine
5.	bei Befragen erinnert	: 7
6.	hierbei spontan genannt . . .	: keine
7.	Suggestivfragen bejaht. . . .	: nein
8.	nicht gesehen	: —
9.	Hund nach links gesehen . .	: nein

Eigene Angaben: Buchhalterin, seit sechs Jahren in Kiel. Zur Straßenbahn, weil einmal eine leidenschaftliche Freude am Fahren, hat andererseits den Wunsch, unabhängig und selbständig zu sein. Die Nacht vor Erregung darüber, daß heute zu einer besonderen Prüfung nicht geschlafen. Heute morgen ohne Kaffee zu trinken aus dem Hause gegangen. — Im Anfang der Prüfung erscheint die Aufgabe recht schwierig zu sein, gegen den Schluß zeigt es sich aber, daß die Aufgabe gar nicht so schwierig war. Große Mühe gegeben, um sich vor dem Fahrmeister (der bei der Prüfung zugegen war) nicht zu blamieren. Fährt seit 14 Tagen unter Aufsicht, dabei einmal, als ein kleiner Junge vor den Wagen lief, sehr heftig erschrocken, trotzdem der Wagen schnell mit Hilfe der elektrischen Bremse zum Stehen gebracht wurde.

Beurteilung der Leistung: Etwas unordentlich angezogen, macht einen lebhaften, intelligenten Eindruck; bei der Unterhaltung zeigt sich eine nicht erwartete Naivität der Anschauungen. Glaubt mit dem Gehalt sich und ihre Schwester in eigener Wohnung ernähren zu können. Obgleich seit sechs Jahren in Kiel, ist ihr das unmittelbar an der Stadt gelegene Düsternbrooker-Gehölz unbekannt, ebenso eine allgemein bekannte Abfahrtsbrücke der Fördedampfer. Für eine Fahrlehrerin (Frau K. Nr. 11) zeigt sie eine komisch wirkende Bewunderung und Verehrung. — Instruktion macht keine Schwierigkeiten. Im Anfang der Prüfung sehr aufgeregt und unruhig. Beim ersten Schreckreiz (Schuß) heftig erschrocken, so daß die Hebelbewegung nicht ausgeführt wird. Ebenso schreckt T. beim ersten Geräuschreiz auf und ist unsicher. Im übrigen werden die Schreckreize auffallend kurz und richtig beantwortet. Störungsreize ebenfalls bis auf einzelne Ausnahmen richtig. In der ersten Hälfte wird abgesehen von der ersten Reihe zweimal die durchgehende Linie übersehen und dreimal beim rot-blau-Reiz falsch reagiert. In der zweiten Hälfte wird dreimal die Linie, jedesmal nach richtig beantwortetem Störungsreiz, übersehen. Bei Reiz 10 (rot-blau) wird dreimal falsch, auf rot, bei Reiz 16 (rot-blau) dreimal falsch, auf grün, reagiert. Sechs außergewöhnlich lange Reaktionszeiten, im übrigen ziemlich gleichmäßige und schnelle Zeiten. Bilder gut behalten. Gesamturteil: genügend.

Urteil der Straßenbahn: Prüfung war genügend, nachher im Fahrdienst bummelig, lotterig und gleichgültig.

Nr. 19. Lehrling Frl. W. 29 J. geb. Mecklenburg. 14. Aug. 1918 geprüft.

	blau	rot	L.	Ger.	grün	gr.i.B.	rot	blau	Zgr.	b. r.	r.i.B.	grün	Ger.	Zgr.	rot	b. r.	r. R.	A. M.
1	260	194	Ü	232	263	F	187 f	140	274	F	120	F	185	148	122	152	12	188
2	238 i	99	Ü	231	255	F	142	156	109	F	112	245 f	187	142	18	F	12	169
3	136	111	Ü	194	213	212	155	211 i	143	V	100	248	200	138	98	F	13	165
4	156	102	r	208	222	248	114	144	134	V	104	176	176	112	106	F	13	155
5	200 i	100 ·	r	156 !	—	243	143	135	104	252	121 ·	182 ·	192 ·	112	104	F	13	157
6	142	106	r!	183	F	167	137	162	123	300	110	185	158	112	102	F	13	153
7	144	102	r!	—	152	138	112	124	122	247	132	167	182	117	104	F	13	142
8	138	104	r	232	151	134	115	132	112	254	156 ·	243 ·	174 ·	136	98	F	14	153
9	146 ·	106	r	136	143	190	121	126	112	250	101	240	168 ·	114	110	V	14	148
10	132	118	r	146	—	168	—	143	125	Ü	108	166	162 !	—	104	F	10	137

A.M. 1—5	198	121	2/5	204	238	234	148	157	153	—	111	213	188	130	110	—	63	174
M.V. 1—5	42	28		23	21	15	18	21	49	—	8	34	6	15	8	—		19
A.M. 6—10	140	107	5/5	139	149	159	121	137	119	263	121	200	169	120	105	—	64	146
M.V. 6—10	4	4		37	4	19	8	12	5	19	18	33	7	8	5	—		13

Fehler

	1—5	6—10
F	8	5
Ü	3	—
V	2	1
H	—	—
f	2	—
i	3	—

Schreck

Art	Zeit
Sch	300
M	210
o	200
Sch	130

Störung

	1—5	6—10
·	3	5
+	—	—

Zeit und Bilderfolge

1.	geschätzte Zeit	: 1 Stunde
2.	geschätzte Bilderzahl	: 12
3.	spontan aufgezählt	: 12
4.	geschätzte Zahl der Fehlenden	: keine
5	bei Befragen erinnert	: unsicher
6.	hierbei spontan genannt . . .	: keine
7.	Suggestivfragen bejaht. . . .	: nein
8.	nicht gesehen	: —
9.	Hund nach links gesehen . . .	: nein

Eigene Angaben: $5\frac{1}{2}$ Jahr im Haushalt in gleicher Stellung bei gutem Gehalt und guter Behandlung. Ist von einer Freundin beredet worden, zur Straßenbahn zu gehen. Dort ist man frei, nicht gebunden, man kann sich allerlei kaufen und ist sein eigener Herr. Über das Gehalt nicht unterrichtet. Eine Probefahrt bei der Straßenbahn hat Spaß gemacht.

Beurteilung der Leistung: Schwächlich, kränklich aussehende Person. Achtet bei der Instruktion lediglich auf das, was sie behalten soll ohne jedes weitere Interesse. Auffallend sind bei diesem Prüfling Zeitvorstellungen. W. glaubt, daß zu einer Reaktion ungefähr fünf Minuten erforderlich sind, und gibt dann auf den Einwand, daß diese Zeit wohl etwas lang sei, ebensoschnell wie unüberlegt eine Minute an. Die Beziehungen von Sekunde zur Minute sind ihr völlig unbekannt und ist erstaunt, wie lang eine ihr demonstrierte Sekunde ist. In der Aufgabe macht sie zwar in der ersten Hälfte eine Reihe von Fehlern, reagiert dann aber in der zweiten Hälfte mit Ausnahme von Reiz 16 und einer Verwechslung von grün und blau durchweg richtig. Bei Reiz 16 wurde in drei Fällen auf grün in einem Fall auf blau reagiert und in einem Fall angegeben, daß der Buchstabe vergessen sei. Reiz 10 wird dagegen viermal richtig beantwortet und einmal übersehen. Daß in diesem Falle die schwierigen Verhältnisse bei Reiz 10 zu einer richtigen Reaktion führten, während Reiz 16 dauernd falsch beantwortet wird, kann vielleicht so erklärt werden, daß W. irrtümlich annimmt, auf den rot-blau-Reiz sei allgemein mit Niederdrücken der zum grünen Lichtreiz zugeordneten Taste zu antworten. Bei den Schreckreizen erschrickt W. jedesmal, reagiert aber trotzdem richtig und beim letzten Schreckreiz auch schnell. Die Störungsreize werden durchweg richtig beantwortet. Dreimal zeigen sich außergewöhnliche Zeitverlängerungen. Die übrigen Reize werden gleichmäßig und kurz beantwortet, nur Reiz 10 zeigt längere Zeiten. Zwölf Bilder können spontan genannt werden. Bei der Befragung der übrigen Bilder ist W. unsicher. Bei dieser Prüfung ist der Direktor der Straßenbahn zugegen. W. scheint durch seine Gegenwart während der Prüfung wenig gestört zu sein. Bei der nachfolgenden Befragung ist W. schüchtern, verlegen und unbestimmt. Gesamturteil: genügend.

Urteil der Straßenbahn: Anfänglich genügend, mußte dann wegen körperlicher Schwäche ausscheiden.

Anm.: W. wäre bei einer ärztlichen Untersuchung für ungeeignet erklärt worden.

Nr. 20. Lehrling Frau A. 41 J. geb. Sachsen.

	blau	rot	L.	Ger.	grün	gr.i.B.	rot	blau	Zgr.	b. r.	r. i. B.	grün	Ger.	Zgr.	rot	b. R.	r. R.	A. M.
1	279	F	Ü	Ü	256	Ü	F	193	Ü	H	H	300	Ü	Ü	F	F	4	232
2	202	240	r	Ü	161	251	F	F	—	147	300	162	Ü	186	177 f	V	9	203
3	F	F	Ü	146	96	246	183	F	300	F	H	157	300	125	201 f	F	8	219
4	F	133	r	165	123	H	188	206 f	108	106	Ü	158	144	—	174	V i	10	151
5	120	F !	r	Ü	80 +	H	99	141 +	131	247 +	H	198 +	Ü	Ü	148	83	8	157
6	165	230 f	r !	Ü +	239 f ·	Ü	148	197 ·	157	171 ·	Ü	188	141 +	—	182 f	107	11	175
7	220 +	137 ·	Ü !	—	146	195 +	132 +	161	Ü	F	210	167	154 +	Ü +	139 ·	105	11	160
8	148	101 +	r	156	238 ·	F ·	152		Ü	F	178	169 +	—	—	—	—	7	163
9	140 +	155	Ü !	—	188 +	167	128	123	148 +	F	80	215 +	190	Ü	96 +	214	11	168
10	131	110	r	127	F	237	138	128	79	F	115	220 f	129	—	161	137	12	143

A.M.	1–5	200	187	3/5	156	143	249	157	180	180	167	—	195	222	156	175	—	41	183
M.V.	1–5	30	54		10	52	3	38	26	80	54	—	43	78	31	14	— ·		34
A.M.	6–10	161	147	3/5	142	203	200	140	159	128	—	146	192	154	—	145	141	52	158
M.V.	6–10	25	37		15	36	25	8	27	33	—	48	21	19	—	27	25		27

Fehler

	1–5	6–10
F	12	6
Ü	12	9
V	2	—
H	4	—
f	4	4
i	1	—

Schreck

Art	Zeit
Sch	164
o	300
Sch	184
M	450

Störung

	1–5	6–10
·	—	8
+	3	14

Zeit und Bilderfolge

1.	geschätzte Zeit	: 1/2 Stunde
2.	geschätzte Bilderzahl	: 6
3.	spontan aufgezählt	: 11
4.	geschätzte Zahl der Fehlenden	: keine
5.	bei Befragen erinnert	: 3
6.	hierbei spontan genannt . . .	: 2
7.	Suggestivfragen bejaht. . . .	: keine
8.	nicht gesehen	: 9
9.	Hund nach links gesehen. . .	: nein

Eigene Angaben: Früher 14 Jahre in Altenburg als Löterin von Metallbeschlägen mit 2,— M Tagesverdienst in der Fabrik. Männer bekommen stets mehr, auch wenn sie genau die gleiche Arbeit machen. Frauen können ebensogute Arbeit liefern, als wie Männer. Schwierigkeiten in der Prüfungsaufgabe, besonders die Art, wie hier die rot- und blau-Lampe zu bedienen ist, sind mit der Zeit zu überwinden. Straßenbahnführerdienste können von Frauen ebensogut geleistet werden, wie von Männern. Jedenfalls sei sie fest gewillt, es ebensogut zu machen.

Beurteilung der Leistung: Blasse, schlecht genährte, schmächtige, schwächliche Frau. Bei der Instruktion etwas indifferent und stumpf. Bei der Unterhaltung kann man je nach der Art des Fragens, die verschiedensten Antworten erzielen. — In der ersten Hälfte der Prüfung werden 13 Falschreaktionen, 6 Hemmungen und 16 übersehene Reize beobachtet. In der zweiten Hälfte ist in 9 Fällen der Reiz übersehen, davon dreimal nach Störungsreizen und einmal nach Schreckreiz. Viermal wird auf Reiz 10 falsch reagiert, davon zweimal durch Niederdrücken auf zwei Tasten. Einmal wird auf Reiz 5 (grün) und einmal auf Reiz 6 (grüne Lampe im Bild) falsch reagiert. Viermal erfolgen Fehlreaktionen, indem erst eine falsche, gleich hinterher aber die richtige Taste gedrückt wurde, in allen vier Fällen keine Verlängerung der Reaktionszeit. Störungsreize werden von 22 mal, 14 mal falsch beantwortet. Bei den Schreckreizen jedesmal lebhaftes Zusammenzucken, in zwei Fällen außergewöhnlich lange Zeiten. Bei der Befragung über die Anzahl der gesehenen Bilder, werden auffallenderweise sechs angegeben, nachher aber elf spontan genannt. Beim Fragen nach den übrigen Bildern werden einige nicht erinnert und auch nach Vorzeigen der Bilderreihe vier Bilder als bisher nicht gesehen bezeichnet. Gesamturteil: mangelhaft.

Urteil der Straßenbahn: War nicht fähig, die Bremse zu bedienen, mußte entlassen werden. Außerdem zu frech und schmutzig.

Anmerkung: Wäre bei einer ärztlichen Untersuchung auf Tauglichkeit für den Führerdienst wegen Körperschwäche als ungeeignet bezeichnet worden.

Nr. 21. Lehrling Frau W. 24 J. geb. Schlesw.-Holst. 15. Aug. 1918 geprüft.

	blau	rot	L.	Ger.	grün	gr.i.B.	rot	blau	Zgr.	b. r.	r.i.B.	grün	Ger.	Zgr.	rot	b. r.	r. R.	A. M.
1	290	141	r	F	198	F	220	230	Ü	281	192	208	F	104	130	F	10	199
2	164	125	r	Ü	278	252	182	190	133	183	132	190	200	123	122	179	14	175
3	140	159	r	211	184	187	158	153	132	F	132	180	153 !	—	132	162+.	13	160
4	156	102	r	182	—	150	172	155+	275	F	123	181+	255 ·	165	150	165 !	13	172
5	181	110+	r!	213	182 ·	176+	262	150 ·	179 ·	260	125	156	300 i	133	103 ·	253	15	185
6	165	127	r	—	165	166	200 ·	161 ·	160	236	127	176 ·	Ü :	300	123	168	13	175
7	158·	120	Ü	209	145 ·	160	180	150	106	241	129 ·	180 ·	198	132	120	182	15	162
8	166·	135	Ü !	—	223 ·	150	140	145	114	145	129	144	176	128	114 ·	F	13	148
9	145	124	r	143	156 ·	188	136	154	132	132	121 ·	145	123	133	125 ·	300	15	150
10	140	135	r	139	150	142	155	150	132 .	300	132	170	120	122 ·	120 ·	220	15	155
A.M. 1—5	186	127	5/5	202	211	191	199	176	180	241	141	183	227	131	127	190	65	181
M.V. 1—5	41	18		13	34	30	34	28	48	39	21	13	51	18	12	32		29
A.M. 6—10	155	128	3/5	164	168	161	162	152	129	211	128	163	154	163	120	218	71	158
M.V. 6—10	10	5		30	22	13	22	4	15	58	3	15	33	55	3	43		22

Fehler

	1—5	6—10
F	6	1
Ü	2	3
V	—	—
H	—	—
f	—	—
i	1	—

Schreck

Art	Zeit
Sch	470
Sch	190
o	89
M	150

Störung

	1—5	6—10
·	5	22
+	4	—

Zeit und Bilderfolge

1.	geschätzte Zeit	: 3/4 Stunde
2.	geschätzte Bilderzahl	: 40
3.	spontan aufgezählt	: 17
4.	geschätzte Zahl der Fehlenden	: 6—7
5.	bei Befragen erinnert	: 10
6.	hierbei spontan genannt . . .	: —
7.	Suggestivfragen bejaht. . . .	: nein
8.	nicht gesehen	: —
9.	Hund nach links gesehen. . .	: nein

Eigene Angaben: Zuerst Magd beim Bauern, dann in einer elektrischen Wäscherei gearbeitet und hierbei Maschinen ein- und ausgeschaltet, im Kriege $1^1/_2$ Jahre Bremserin bei der Staatsbahn. Hauptsächlich Güterzüge auf der Strecke Hagenow-Köln gefahren, Dienst sehr anstrengend und sehr verantwortlich. Mußte genau auf Signale achten. Zuletzt als Dreherin bei einer Werft mit 4,20 M Tagesverdienst. Hat sich in die verschiedenen Berufe jedesmal sehr schnell eingearbeitet, auch die Bedienung der Drehbank sehr schnell gelernt. Ist aus eigener Erfahrung der Ansicht, daß eine Frau dasselbe leisten kann, wie ein Mann, daß sogar das Erlernen einer bestimmten Tätigkeit einer Frau viel schneller gelingt. Wird deshalb ihrem Manne (z. Zt. Soldat und lungenkrank im Lazarett, Dreher) nicht mehr glauben, daß er irgendetwas Besonderes kann, denn sie habe in kurzer Zeit das Drehen gelernt und sehr saubere Arbeit liefern können. Zur Straßenbahn aus Lust und aus der Notwendigkeit, Geld zu verdienen, um so mehr, da ihr Mann nach seiner Rückkehr, doch nicht arbeitsfähig sein dürfte.

Beurteilung der Leistung: W. macht einen sehr frischen, gesunden Eindruck, sie ist sehr aufgeweckt, folgt mit lebhaftem Interesse und kann ihre früheren Berufstätigkeiten, besonders auch ihre Eindrücke bei der Beachtung der Signale auf der Fahrt als Bremserin sehr gut schildern. Die Instruktion versteht sie sehr schnell und zeigt sich gleich von Beginn der Prüfung an gewandt und sicher in den Bewegungen. Schon in der ersten Hälfte der Prüfung erfolgen nur vereinzelte falsche Reaktionen. In der zweiten Hälfte wird zweimal die durchgehende Linie übersehen, davon einmal nach Störungsreiz. Einmal wird bei Reiz 13 nach verlängertem Störungsreiz keine Reaktion ausgeführt. Bei Reiz 16 eine Falschreaktion nach richtig beantwortetem Störungsreiz, diese Falschreaktion wird aber sofort von W. als solche erkannt. Fünf außergewöhnlich lange Zeiten, die übrigen Reaktionszeiten sind ziemlich gleichmäßig und mittellang. Störungsreize sämtlich richtig beantwortet. Schreckreize kurz und richtig. Bilder gut behalten. Gesamturteil: gut.

Urteil der Straßenbahn: Anfänglich gut, nicht bis zur Prüfung ausgebildet, da sie wegen eines früheren Diebstahls entlassen werden mußte.

Nr. 22. Lehrling Frau F. 45 J. 17. Aug. 1918 geprüft.

	blau	rot	L.	Ger.	grün	gr.i.B.	rot	blau	Zgr.	b. r.	r.i.B.	grün	Ger.	Zgr.	rot	b. r.	r. R.	A. M
1	141	132	F	220	227	F	F·	194	F	F	275	218	237	166	217	281	11	209
2	192	116	F	214	172	F	Ü	179	254f	F	114	226	274	158	108	280	12	190
3	208	109	r	188	149	131	177	168	156	F	180	212	260!	—	116	F	12	171
4	178!	186	r	235	172	177	204	146	136·	F	104	206!	Ü	125	105	F	12	164
5	262	134·	Ü	174·	168+	280	Ü	191	136·	F	104	205	188·	134	121:	F	12	175
6	252	120	r	164	231	169·	Ü	133	166·	251	112	214·	201	140	236+	239	14	189
7	174	113	r!'	160	191	202	264	143	134	254	108	192	247	131	97	280 f	15	180
8	191	124	r	157	177	138	126·	121+	135	267	89	155·	139	121	97	210	15	142
9	183	117·	r	150	192	172	230+	F	129	F	108	217	139	132	190	234	13	169
10	195	127·	r	141	185	160	—	152	191	260	99	267	121	138	F+	129	13	167
A.M. 1—5	196	135	2/5	206	178	196	190	176	171	—	155	213	240	146	133	280	59	187
M.V. 1—5	29	20		21	20	56	14	15	42	—	58	7	25	16	33	1		26
A.M. 6—10	199	120	5/5	155	195	168	209	137	151	258	103	209	169	132	155	218	70	172
M.V. 6—10	21	4		7	14	16	53	10	22	66	7	28	44	5	61	39		22

Fehler

	1—5	6—10
F	15	3
Ü	4	1
V	—	—
H	—	—
f	1	1
i	—	—

Schreck

Art	Zeit
Sch	F
Sch	171
o	121
M	139

Störung

	1—5	6—10
	6	8
+	1	4

Zeit und Bilderfolge

1.	geschätzte Zeit	: 1/2 Stunde
2.	geschätzte Bilderzahl	: 16—18
3.	spontan aufgezählt	: 22
4.	geschätzte Zahl der Fehlenden	: —
5.	bei Befragen erinnert	: 5
6.	hierbei spontan genannt . . .	: —
7.	Suggestivfragen bejaht. . . .	: nein
8.	nicht gesehen	: —
9.	Hund nach links gesehen . .	: nein

Eigene Angaben: 3 1/2 Jahre auf der Werft in der Werkstatt für Feinmechanik mit dem Zusammensetzen und Prüfen von Mikrophonen beschäftigt. 9,— M täglicher Verdienst. Sitzende Beschäftigung aufgegeben, wegen Gallensteinbeschwerden. Will Arbeit im Stehen und in freier Luft haben. Im allgemeinen in trauriger Stimmung, weil im Kriege allerlei durchmachen muß.

Beurteilung der Leistung: Korpulente, gedrungen gebaute Person, ist aufgeregt, hat Blutandrang nach dem Kopf. (Gibt an, daß sie sich *sehr zusammengenommen* habe bei der Prüfung, weil sie trotz der Versicherung, daß das Prüfungsergebnis keinen Einfluß auf die Anstellung habe, geglaubt habe, bei schlecht ausfallender Prüfung nicht eingestellt zu werden.) Bei der Instruktion sehr aufmerksam, da F. aber sehr aufgeregt ist, müssen einzelne Teile wiederholt vorgetragen und eingeübt werden. In der ersten Hälfte 14 Falschreaktionen, der rot-blau-Reiz wird bei Reiz 10 durchweg bei Reiz 16 dreimal falsch beantwortet. In der zweiten Hälfte bedeutend verbessert. Beim rot-blau-Reiz nur eine Falschreaktion. Außerdem einmal falsch reagiert bei Reiz 8 (blau) nach einem falsch beantwortetem Störungsreiz und einmal bei Reiz 15 (rot) wo auf den vorhergehenden Buchstaben G reagiert wurde. Von zwölf Störungsreizen werden vier falsch beantwortet. Schreckreize werden richtig mit mittlerer Reaktionszeit beantwortet. Vier außergewöhnlich lange Zeiten. Die übrigen Reaktionszeiten ziemlich gleichmäßig mit mittellangen Zeiten. Bilder gut behalten, 22 können spontan genannt werden. Gesamturteil: genügend.

Urteil der Straßenbahn: In der Prüfung gut, fährt gut.

Nr. 23. Lehrling Frl. F. 21 J. geb. Schleswig-Holstein. 17. Aug. 1918 geprüft.

	blau	rot	L.	Ger.	grün	gr.i.B.	rot	blau	Zgr.	b. r.	r. i.B.	grün	Ger.	Zgr.	rot	b. r.	r. R.	A. M.
1	Ü	.74	Ü	Ü	F	F	252	149	F	140	108	230	233	174	123	90	10	157
2	125	108	r	162	122	210	154	135	152	F	115	179	250	134	124	117	14	149
3	181	81	r	183	208	190	101	175	141	164	104	180	130	135!	—	179	14	154
4	158+	112·	Ü	149!	224:	242	135	137·	205	156	155·	217	146	129	108	218	15	167
5	157·	135·	r	164	168	178	158	156	152	148	157	186	143	143	110	195	15	157
6	148·	136·	Ü!	161	175	181·	176·	148	137	149	128	165	129	133	106·	145	15	141
7	164·	148	r	152	179	192·	218	180	137	F	128	202	147	162	153·	188	14	175
8	147	128·	Ü	149	161	164!	178	157	140·	F	152	193·	240·	166	123·	203	14	164
9	240	117	r	132	161	150	131	150	134	243:	120	204	138	137·	105	238i	15	166
10	119·	Ü+·	r	134	202	155	140	133·	156	133	129	196	138	125	120	184	14	147

A.M.	1—5	155	102	3/5	165	181	205	160	150	163	152	128	198	180	143	116	160	68	157
M.V.	1—5	15	20		70	36	84	37	12	22	8	23	20	49	12	7	45		27
A.M.	6—10	164	132	3/5	146	176	168	169	154	141	175	131	192	158	145	121	192	72	158
M.V.	6—10	31	10		10	12	14	26	12	6	45	8	11	14	16	13	23		17

Fehler

	1—5	6—10
F	4	2
Ü	4	3
V	1	—
H	—	—
f	—	—
i	2	1

Schreck

Art	Zeit
Sch	V
Sch	183
o	184
M	160

Störung

	1—5	6—10
·	11	20
+	1	—

Zeit und Bilderfolge

1.	geschätzte Zeit	: 30 Minuten
2.	geschätzte Bilderzahl	: 7—8
3.	spontan aufgezählt	: 18
4.	geschätzte Zahl der Fehlenden	: —
5.	bei Befragen erinnert	: 9
6.	hierbei spontan genannt . . .	: —
7.	Suggestivfragen bejaht	: nein
8.	nicht gesehen	: —
9.	Hund nach links gesehen . .	: nein

Eigene Angaben: Zunächst im Haushalt, dann in einer Wäscherei mit Maschinenbetrieb tätig, zur Straßenbahn, weil Lust zu dieser Tätigkeit und weil dort sicherer Verdienst, weiß aber nicht, wieviel bezahlt wird.

Beurteilung der Leistung: Aufgeweckte, frisch aussehende Person. Instruktion wird schnell und leicht verstanden. Abgesehen von der ersten Reihe schon in der ersten Hälfte nur eine Falschreaktion und ein Reiz übersehen. Sonst alle Reize richtig und ziemlich gleichmäßig mit mittlerer Schnelligkeit beantwortet. In der zweiten Hälfte dreimal ein Reiz nach richtig beantwortetem Störungsreiz übersehen. Einmal ein roter Lichtreiz und zweimal die durchgehende Linie. Zwei Falschreaktionen bei Reiz 10, davon eine nach längerem Störungsreiz. Alle Störungsreize richtig beantwortet. Schreckreize ebenfalls richtig mit mittlerer Zeit. Die Normalreize gleichmäßig mit mittlerer Reaktionszeit. Bilder auf sieben bis acht geschätzt, aber 18 spontan genannt. Die übrigen auf Befragen. Gesamturteil: gut.

Urteil der Straßenbahn: Fuhr im Anfang gut, nach fünf Tagen freiwillig ausgeschieden.

Nr. 24. Lehrl. Frau St. 30 J. geb. Schlesw.-Holst. 20. Aug. 1918 geprüft.

	blau	rot	L.	Ger.	grün	gr.i.B.	rot	blau	Zgr.	b. r.	r.i.B.	grün	Ger.	Zgr.	rot	b. r.	r. R.	A. M.
1	288	130	Ü	Ü	260 f	271	162	Ü	F	V	145	F	262	280	150	V	8	227
2	300	211	Ü	300	256 i	250	199	Ü	F	199	178	V	203	280	133	H	11	228
3	225	120	Ü	200	—	227	156	280	300	155	156	F	186	260	131	F	12	204
4	184	140	Ü	196	F	F	192	267 f	198	269	231	236	167	181	117	201	13	190
5	140 !	132 ·	Ü	141 +	Ü ·	Ü	236	257 ·	167	138 ·	138	232 ·	163	163	F	F	11	173
6	196 +	135	Ü !	—	F :	253	213	265	270	147	147 +	233	200	150 +	125	143	13	190
7	300	184 ·	Ü !	—	238	236	190	190	155	150 ·	149	300	149 ·	160	152 +	V	13	196
8	F	178	r +	175	F	300	175 ·	220	150 +	F	164	210	143	132	170	107	12	177
9	241 ·	193 +	Ü	175	176	245	161 ·	187 +	146 +	F	160	213 + ·	175	175	127	121	14	178
10	207	173 :	Ü	161 +	Ü ·	F	217	255 ·	210	254	127	300	167 :	208	139 ·	Ü	12	201

A.M.	1—5	227	147	0/5	209	258	249	189	268	222	190	170	234	196	233	133	—	56	208
M.V.	1—5	53	26		45	2	15	24	8	70	44	26	2	29	49	9	—		27
A.M.	6—10	236	173	1/5	170	207	259	191	223	186	183	159	251	167	165	143	124	64	189
M.V.	6—10	35	15		6	31	21	18	29	43	46	12	39	17	21	15	13		24

Fehler

	1—5	6—10
F	9	6
Ü	10	6
V	3	1
H	1	—
f	2	—
i	1	—

Schreck

Art	Zeit
Sch	180
o	161
Sch	150

Störung

	1—5	6—10
·	5	20
+	1	11

Zeit und Bilderfolge

1.	geschätzte Zeit.	: 20 Minuten
2.	geschätzte Bilderzahl	: 10
3.	spontan aufgezählt	: 13
4.	geschätzte Zahl der Fehlenden	: —
5.	bei Befragen erinnert	: 12
6.	hierbei spontan genannt . . .	: —
7.	Suggestivfragen bejaht. . . .	: nein
8.	nicht gesehen	: 2
9.	Hund nach links gesehen. . .	: nein

Eigene Angaben: Früher Haushalt, 1914/18 in der Werft-Speiseanstalt als Hausmädchen, leichte angenehme und sehr gut bezahlte Arbeit, 35.— Mark die Woche, außerdem freies Essen, das so reichlich war, daß der Vater und das Kind mit davon ernährt wurden. Außerdem 20.— Mark wöchentlich Kriegsunterstützung. Wegen Fälschung einer Arbeitsmarke entlassen. Jetzt zur Straßenbahn, weil angeblich Interesse und Lust zu diesem Beruf. Ein Onkel fährt schon seit längerer Zeit. Der Mann ist im Felde, der Vater versorgt die Kinder. Will trotz ihres schwächlichen Aussehens immer gesund gewesen sein. Der Beruf der Schaffnerin ist nicht so angenehm, weil viel Ärger mit dem Publikum, besonders mit den Männern, am Führerstand hat man nichts mit ihnen zu tun.

Beurteilung der Leistung: Auffalllend blasse, kränklich aussehende, schwächliche Person, geistig träge. Instruktion muß in einzelnen Teilen mehrfach wiederholt werden bis Verständnis und Einübung gelingt. In der ersten Reihe 7 Falschreaktionen, 9 mal Reize übersehen und neben einigen außergewöhnlich langen Zeiten unregelmäßig lange Reaktionszeiten. Verwechselt grün und blau. In der zweiten Hälfte 6 Falschreaktionen, 3 mal blau und grün verwechselt, und 2 mal bei Reiz 10 nach falsch beantwortetem Störungsreiz falsch reagiert. Bei Reiz 16 einmal der vorhergehende Buchstabe vergessen. Von 31 Störungsreizen werden 11 falsch beantwortet. Schreckreize werden durchweg mit mittlerer Reaktionszeit richtig beantwortet. Außer einigen außergewöhnlich langen Reaktionszeiten werden die Reize, in der Mehrzahl mit langen Reaktionszeiten und ziemlich unregelmäßig beantwortet. 10 Bilder können spontan angegeben werden, die übrigen sind bis auf zwei behalten worden. Gesamturteil: mangelhaft.

Urteil der Straßenbahn: Bemühte sich, aufmerksam zu sein, mußte aber wegen Krankheit ausscheiden.

Anmerkung: Wäre auf Grund einer ärztlichen Untersuchung wegen ihres schwächlichen Zustandes als ungeeignet für diesen Beruf bezeichnet worden.

Nr. 25. Lehrl. Frau B. 25 J. geb. Prov. Sachsen. 20. Aug. 1918 geprüft.

	blau	rot	L.	Ger.	grün	gr.i.B.	rot	blau	Zgr.	b. r.	r. i.B.	grün	Ger.	Zgr.	rot	b. r.	r. R.	A. M.
1	214	65	r	171	225	Ü	217 f	99	Ü	F	108	207	197	127	F	202	10	184
2	Ü	100	r	153	185	Ü	123	116	135	196	105	202	212	105	107	132	13	144
3	127	105	r	183	216	157	142	127	169	186	108	158	108	112	102	168	15	145
4	125 !	—	—	115	155	152	157 !	126	120	F	121 +	187 ·	217	132 +	108 ·	198	13	147
5	170 ·	117	r	105	185	179	138	110 :	135	F	121	199	109	101	F	—	12	139
6	137	117	r·	99	182	167	143	152 :	150	250	—	174	110	113	213 ·	242	14	160
7	141	98 ·	r	96	165	137	142	120 !	—	163	130	150 ·	160	108	117	184	14	130
8	131	136	r	95	144	130 ·	132 ·	130	119	247	110	180	103	114	230	173	15	137
9	132 ·	107	r	94 ·	145 ·	185	145	115	143 ·	F	148	176 !	—	115	171 ·	181	13	143
10	127	112	r	94	177	211 ·	124	127	136 ·	F	113	176	113	141	122 ·	160 ·	14	138

A.M. 1—5	159	97	4/5	146	193	163	155	116	140	191	133	151	169	115	106	175	64	147
M.V. 1—5	33	16		28	22	11	28	9	15	5	20	40	48	11	2	25		21
A.M. 6—10	134	114	5/5	96	163	164	137	129	110	220	125	171	122	118	171	190	70	144
M.V. 6—10	4	8		2	14	26	7	10	27	29	14	9	20	10	41	23		16

Fehler

	1—5	6—10
F	5	2
Ü	4	—
V	—	—
H	—	—
f	1	—
i	—	—

Schreck

Art	Zeit
Sch	500
Sch	280
o	293
M	167

Störung

	1—5	6—10
·	6	15
+	2	—

Zeit und Bilderfolge

1.	geschätzte Zeit	: 1 Stunde
2.	geschätzte Bilderzahl	: 10
3.	spontan aufgezählt	: 17
4.	geschätzte Zahl der Fehlenden	: —
5.	bei Befragen erinnert	: 10
6.	hierbei spontan genannt	: —
7.	Suggestivfragen bejaht	: nein
8.	nicht gesehen	: —
9.	Hund nach links gesehen	: nein

Eigene Angaben: *Früher Dienstmädchen in guter* Stellung. Bei Kriegsbeginn in die Munitionsfabrik wegen des hohen Verdienstes, dann Schaffnerin bei der Straßenbahn in Hamburg, hierbei auch als Führerin *ausgebildet. Abgegangen* wegen eines Unterleibleidens. — Der Beruf als Schaffnerin ist anstrengender, aber der Verdienst wegen der Trinkgelder, besser. Für den Führerberuf eignen sich die Männer besser, weil sie mehr Geistesgegenwart haben. Es gibt aber auch Männer, die in dieser Beziehung versagen. Frauen sind im allgemeinen sehr unkameradschaftlich, was sich besonders durch eine unpünktliche Ablösung zeigt.

Beurteilung der Leistung: Die Instruktion wurde leicht und gut verstanden. Bei der Prüfung sehr ruhig und gleichmäßig. (Im übrigen macht die B. einen etwas leichtsinnigen Eindruck.) In der ersten Hälfte 5 Falschreaktionen beim rot-blau-Reiz, die aber jedesmal gleich als fehlerhaft vom Prüfling erkannt wurden, sonst ziemlich gleichmäßige kurze und richtige Reaktionen. In der zweiten Hälfte alle Reaktionen kurz, richtig und sehr gleichmäßig, nur zweimal gegen Ende der Prüfung bei Reiz 10 falsche Reaktionen nach richtig beantwortetem längeren Störungsreiz. Alle Störungsreize werden richtig beantwortet, ebenso werden die Schreckreize richtig und schnell beantwortet, nur bei dem ersten Schreckreiz in der zweiten Hälfte eine längere Zeit durch ungeschicktes Zugreifen. Die Bilder sind gut behalten worden. Gesamturteil: gut.

Urteil der Straßenbahn: Fährt gut, wegen einer Bummelei entlassen.

Nr. 26. Lehrl. Frau B. 26 J. geb. Schlesw.-Holst. 20. Aug. 1918 geprüft.

	blau	rot	L.	Ger.	grün	gr.i.B.	rot	blau	Zgr.	b. r.	r.i.B.	grün	Ger.	Zgr.	rot	b. r.	r. R.	A.M.
1	175	F	Ü	249	F	V	Ü	250	169	F	Ü	F	186	145	F	F	6	196
2	F	167	r	F	F	F	217	155	149	—	239	194	Ü	140	131	F	8	174
3	220	133	r	163	151	231	133	250 f	130	F	240	F	154	121	150	133	13	170
4	209	134	r	154	244	249	133	162	—	183!	—	Ü	169	102	99	H	11	167
5	61	101	r +	300	210+	242	177	182 ·	115	F	142	F	135	109	130	300	13	170
6	156+	235	Ü	133 ·	220	165	—	166	125!	—	185	231	170 ·	170 ·	205	203	13	171
7	145	145	r!	—	237	141 ·	155	152	108	263	121 ·	221 f	139	138	115	F	14	164
8	254	110	r	115	203 ·	142	131	125 ·	130 ·	F	102	217	93	107	103	F	13	141
9	157	110 ·	r:	Ü	238	191	120!	Ü	81 ·	F	105	162	153:	197	110 ·	F	11	148
10	109 ·	100:	Ü	146	187	130 ·	135	110	118 ·	211	107	152 ·	157	115	108	300	15	146

A.M. 1—5	166	134	4/5 -	217	202	241	165	200	141	—	207	—	161	123	128	217	51	179
M.V. 1—5	53	17		15	34	6	32	40	18	—	43	—	17	15	14	84		28
A.M. 6—10	164	140	3/5	131	217	154	135	138	112	237	124	197	142	145	128	251	65	161
M.V. 6—10	36	40		11	20	19	10	21	14	26	24	32	21	28	31	49		25

Fehler

	1—5	6—10
F	15	5
Ü	5	4
V	2	—
H	1	—
f	1	1
l	—	—

Schreck

Art	Zeit
Sch	V
o	131
Sch	200
M	187

Störung

	1—5	6—10
·	1	25
+	2	1

Zeit und Bilderfolge

1.	geschätzte Zeit.	: ½ Stunde
2.	geschätzte Bilderzahl	: 8
3.	spontan aufgezählt	: 10
4.	geschätzte Zahl der Fehlenden.	: höchstens 2—3
5.	bei Befragen erinnert	: 17
6.	hierbei spontan genannt . . .	: —
7.	Suggestivfragen bejaht. . . .	: nein
8.	nicht gesehen	: —
9.	Hund nach links gesehen. . .	: nein

Eigene Angaben: Früher nur Hausarbeit. Sucht jetzt einen Beruf und Verdienst, da sich gestern von ihrem Manne getrennt hat. Arbeit auf der Werft deshalb nicht genommen, weil die Männer dort soviel über die Frauen reden und weil man dort Hosen tragen muß. Zur Straßenbahn hat sie Lust.

Beurteilung der Leistung: Schwächliche Person, macht einen befangenen, ängstlichen und dummen Eindruck. Fragt, ob sie hier elektrisiert werden solle, sie habe die Wirkung des Elektrisierens mal im Kino gesehen und stellt sich danach vor, daß ein Elektrisieren sehr schmerzhaft und unangenehm sein muß. Die Instruktion und Einübung macht Schwierigkeiten, ebenso zeigen sich beim Befragen des Prüflings Schwierigkeiten. Nach mehrfacher Wiederholung gelingt ein Verständnis für die Instruktion und nach mehrfacher Einübung wird auch die Reaktion auf den rot-blau-Reiz mit vorhergehendem Buchstaben richtig verstanden. In der ersten Prüfungshälfte 15 Falschreaktionen, 5 Reize übersehen und 1mal eine Hemmung, durchweg ziemlich lange Reaktionszeiten. In der zweiten Hälfte bedeutend besser. 4 Reize werden übersehen, davon 2 nach mehrfachem Störungsreiz, 5mal wird falsch reagiert, 2mal bei Reiz 10 und 3mal bei Reiz 16. Drei dieser Falschreaktionen erfolgen nach vorhergehenden längeren Störungsreizen, die richtig beantwortet waren. Schreckreize werden richtig, aber in der Mehrzahl der Fälle mit längeren Reaktionszeiten beantwortet. Bei 26 Störungsreizen nur eine Falschreaktion. Bis auf 4 außergewöhnlich lange Zeiten sind die Reaktionszeiten von mittlerer Länge und ziemlich gleichmäßig. Die Bilderzahl wird auf 6 geschätzt und nur 10 können spontan genannt werden. Die übrigen Bilder sind aber bei Befragen als behalten angegeben worden. Gesamturteil: kaum genügend.

Urteil der Straßenbahn: Fährt zu unsicher, ist zu schwach, zu dumm und zu aufgeregt. Ausgeschieden.

Anmerkung: Wäre bei einer ärztlichen Untersuchung wegen allgemeiner Körperschwäche für ungeeignet erklärt worden.

Nr. 27. Lehrling Frau H. 45. J. geb. Oldenburg. 26. Aug. 1918 geprüft.

	blau	rot	L.	Ger.	grün	gr.i.B.	rot	blau	Zgr.	b.r.	r.i.B.	grün	Ger.	Zgr.	rot	b.r.	r.R.	A.M.
1	Ü	104	Ü	Ü	358f	V	143	143	Ü	H	295	211	140	215	111	H	9	191
2	220	84	r	151	135	174	119	128	Ü	F	114i	118	151	141	120	113	13	136
3	F	104	r	157	117	H	142	153	114	F	112	145	156	151	101	208	12	138
4	136+	122	r!	181	195	174	121	122+	400	F	132+	Ü	153	132	107·	141	13	163
5	132:	137⋮	r	157	164	178	132	147:	400	F	131	167·	160	137!	129·	117	14	164
6	147	101·	r	145·	256f	148	149	160·	175·	149	115	165	150·	112	125·	157	15	150
7	172	104	r	151	186	146	131	236	120·	F	156	160	147	142	102·	164	14	151
8	235	111	r!	162	146	162	151!	225	145	213	118	182:	160	144	117	177	15	163
9	143·	167	r	145	174·	260	146	181	161:	278	130	193	158⋮	360	153	182	15	209
10	148	117	r	181	167	176	128	161	144	185·	137	156	153·	126	133·	F	14	151
A.M. 1—5	169	110	4/5	162	194	175	131	139	301	—	157	160	152	155	114	184	61	165
M.V. 1—5	40	13		10	66	2	9	11	132	—	55	29	5	24	9	51		29
A.M. 6—10	169	118	5/5	157	186	178	141	152	149	206	206	171	154	177	126	170	73	159
M.V. 6—10	28	18		12	28	32	9	30	15	39	39	13	4	73	14	9		19

Fehler

	1–5	6–10
F	5	2
Ü	6	—
V	1	—
H	3	—
f	2	1
i	—	—

Schreck

Art	Zeit
Sch	123f
o	167
Sch	137
M	124

Störung

	1–5	6–10
·	10	26
+	2	0

Zeit und Bilderfolge

1.	geschätzte Zeit.	: 1/4 Stunde
2.	geschätzte Bilderzahl	: 10—12
3.	spontan aufgezählt	: 13
4.	geschätzte Zahl der Fehlenden	: keine
5.	bei Befragen erinnert	: 14
6.	hierbei spontan genannt . . .	: —
7.	Suggestivfragen bejaht. . . .	: nein
8.	nicht gesehen	: —
9.	Hund nach links gesehen. . .	: nein

Eigene Angaben: Früher Wäscherei für Marinemannschaft, weil es keine Seife mehr gab, 1 Jahr lang Briefträgerin. Bestellbezirk mit 90 Etagenhäusern. Beruf war sehr anstrengend »aber in der Kriegszeit sind die Nerven hart geworden«. Der Mann ist im Felde, seit langem keine Nachricht. Gelegentlich Unterleibsbeschwerden. Erhält Kriegshilfe, will aber dazu verdienen. Prüfung sehr interessant, nicht schwierig und nicht ermüdend.

Beurteilung der Leistung: H. sieht sehr abgehärmt aus. Instruktion wird schnell verstanden. H. ist sehr aufmerksam und nimmt offenbar die Prüfung ernst und gewissenhaft. Bei Falschreaktionen weiß sie gleich, daß falsch reagiert wurde. In der ersten Prüfungshälfte wird auf die ersten rot-blau-Reize deshalb nicht reagiert, weil sie für rot-grün angesehen wurden. Keine Farbenschwäche, sondern Unsicherheit in der Bezeichnung, der als verschieden erkannten Farbentöne. 6 Reize werden übersehen und 4mal wird der rot-blau-Reiz falsch beantwortet. In der zweiten Prüfungshälfte zwei Falschreaktionen bei diesem Reiz nach vorhergehendem Störungsreiz. Einmal bei Reiz 5 eine Fehlreaktion, im übrigen alle Reize richtig beantwortet, Störungs- und Schreckreize eingeschlossen. 8mal finden sich außergewöhnlich lange Zeiten, davon 2 nach einfachem Störungsreiz, eine nach Schreckreiz und eine bei der beschriebenen Fehlreaktion. Im übrigen sind die Reaktionszeiten kurz und gleichmäßig. Die Bilder sind gut behalten. Gesamturteil: gut.

Urteil der Straßenbahn: Fährt genügend, Prüfung war ebenfalls genügend, ist aber nachlässig und schmutzig in der Kleidung, sonst fleißig.

Nr. 28. Lehrling Frl. H. 21. J. geb. Mecklenburg. 2. Sept. 1918 geprüft.

	blau	rot	L.	Ger.	grün	gr.i.B.	rot	blau	Zgr.	b. r.	r. i.B.	grün	Ger.	Zgr.	rot	b. r.	r. R.	A.M.
1	Ü	125 i	Ü	270	115 i	F	160	231	Ü	F	176 f	174	198	Ü	112	120	10	168
2	142	138	Ü	192	162	F	120	150	Ü	F	240 f	180	175	162	102	90	12	154
3	128	111	r	183	F	141	127	192	122	F!	—	175	173	120	101	94	12	139
4	149	101 ·	r +	123	241 i	211 · i	137	142 +	220 i	F:	120	137	139:	155 +	110	94	14	149
5	147:	155	r	157	144!	243 i	115	191:	125	175	94	121	170	110:i	275	165	15	159
6	123 ·	105	Ü ·	127	166 i	120	122	171	125 ·	181	110	155	126	110 ·	99	—	14	131
7	— ·	115	r	111	132	156	110	167	130:	126 ·	113	147	150	121	113:	115	14	129
8	155 ·	110	r · !	195	143	152 ·	175	164	130:	136	98	130	115	128:	125	95	15	137
9	153 ·	110	r	120	136	121	130	145	115:	171	110	154	101	118 ·	110	82	15	125
10	136 ·	101	r	120	145	125	131:	168	115	192	112	116	110	140	108:	i 290	15	141
A.M. 1—5	142	126	3/5	185	166	198	132	181	155	—	158	157	171	138	140	113	63	156
M.V. 1—5	7	16		37	38	38	13	28	43	—	51	23	11	22	54	24		27
A.M. 6—10	142	108	4/5	135	144	135	134	163	123	161	109	140	120	123	111	146	73	133
M.V. 6—10	12	4		24	9	15	17	7	6	24	4	14	14	8	6	73		16

Fehler

	1—5	6—10
F	7	—
Ü	6	1
V	—	—
H	—	—
f	3	—
i	6	2

Schreck

Art	Zeit
Sch	76
o	143
M	160

Störung

	1—5	6—10
·	9	32
+	4	0

Zeit und Bilderfolge

1.	geschätzte Zeit.	: 45 Minuten
2.	geschätzte Bilderzahl	: 22
3.	spontan aufgezählt	: 13
4.	geschätzte Zahl der Fehlenden	: 8
5.	bei Befragen erinnert	: 6
6.	hierbei spontan genannt . . .	: —
7.	Suggestivfragen bejaht. . . .	: keine
8.	nicht gesehen	: —
9.	Hund nach links gesehen. . .	: nein

Eigene Angaben: Vom Lande, stets gesund. Mehrere Jahre Dienstmädchen, jetzt Schaffnerin. Will Führerin werden, um mehr zu verdienen. Durch die Einführung höherer Fahrpreise sind die Trinkgelder selten geworden. — Unterschiede zwischen Frau und Mann, erstens die Frau hat nicht so viel Kraft wie der Mann, ist anders gebaut, zweitens der Mann versteht es besser, weil er etwas gelernt hat, drittens, alte Führerinnen fahren aber ebensogut, viertens, Männer sind oft auch sehr flüchtig und jagen über die Kurven, fünftens, Unfälle können jedem passieren, besonders jetzt, wo die Wagen überaus schlecht nachgesehen werden und das Wagenmaterial minderwertig ist.

Beurteilung der Leistung: In der ersten Prüfungshälfte, abgesehen von der ersten Reihe, wo H. noch nicht in der Aufgabe zu sein scheint, werden zwei Reize übersehen und auf fünf falsch reagiert. Im übrigen schon hier ziemlich gleichmäßige und auffallend kurze Reaktionszeiten. In der zweiten Prüfungshälfte alle Reize richtig und auffallend schnell beantwortet, nur einmal ist die durchgehende Linie übersehen worden. Zwischen bestimmten Bildern und Reizen sind Beziehungen erkannt worden. Bilder gut behalten. Auf Schreckreize schnell und richtig reagiert. Gesamturteil: sehr gut.

Urteil der Straßenbahn: War schon während der Ausbildung gut, fährt gut.

Nr. 29. Lehrling Frau P. 42 J. 9. Sept. 1918 geprüft.

	blau	rot	L.	Ger.	grün	gr.i.B.	rot	blau	Zgr.	b. r.	r.i.B.	grün	Ger.	Zgr.	rot	b. r.	r. R.	A. M.
1	400 f	230	r	200	250 i	Ü	210	155	500 f	170	156	213	—	247	136	141	13	231
2	209	135	r	245	— i	157	318	F	Ü	F	171	261 f	193	Ü	159	F	9	205
3	—	147	r	160	210	170	171	136	174	221	135	176	150	161	211 f	203	14	173
4	140	232 f	r	— !	—	210	176 +	Ü	137 ·	208	140	185 ·	145	180	125	150 ·	12	169
5	155	115	r	123	170 ·	205	150	133	148 ·	174	153	165	165	147	131	F	14	152
6	150 ·	141	r !	204	175	185	141	145	143 ·	196 i	135	180	155	140	125 ·	124	15	156
7	150 ·	166 :	r	147	165 +	Ü	—	—	162	F	127 ·	240	175	Ü	140	235	10	171
8	— ·	185	r !	200	208 · i	280	—	—	170 ·	F	115 ·	218	185	171 ·	165 ·	150	11	186
9	— ·	140 :	Ü	120	178	156	—	—	180	274	142	175	247	195	117 ·	145	12	172
10	145	120 ·	r ·	115	163 ·	160	145 ·	190 f	128 :	180	133	168	125 ·	147 ·	175 ·	135	15	148
A.M. 1—5	226	172	5/5	182	210	186	205	141	240	193	151	200	163	184	152	165	62	185
M.V. 1—5	59	47		41	27	22	47	9	130	21	11	30	16	31	26	26		36
A.M. 6—10	148	150	4/5	157	178	195	143	168	157	216	130	196	177	163	144	158	63	165
M.V. 6—10	2	20		36	12	42	2	23	17	38	8	26	31	20	20	31		22

Fehler

	1—5	6—10
F	4	2
Ü	4	3
V	—	—
H	—	—
f	5	1
i	2	1

Schreck

Art	Zeit
Sch	156
o	125
M	128

Störung

	1—5	6—10
−	6	26
+	2	1

Zeit und Bilderfolge

1.	geschätzte Zeit	: 1/4 Stunde
2.	geschätzte Bilderzahl	: 10
3.	spontan aufgezählt	: 12
4.	geschätzte Zahl der Fehlenden	: —
5.	bei Befragen erinnert	: 9
6.	hierbei spontan genannt	: 2
7.	Suggestivfragen bejaht	: keine
8.	nicht gesehen	: 4
9.	Hund nach links gesehen	: nein

Eigene Angaben: *Hat bisher nur im Hausstand gearbeitet, der Mann ist im Felde. Geht zur Straßenbahn, um etwas dazu zu verdienen.*

Beurteilung der Leistung: Schwächliche Person. Instruktion, besonders bezüglich des rot-blau-Reizes mit vorhergehendem Buchstaben, wird schwer verstanden. Will bei der Einübung immer wieder mit 2 Tasten reagieren. In der ersten Hälfte der Prüfung sehr unruhig, spielt nervös mit den Händen. 4 Falschreaktionen, 4 Reize übersehen, 6 Fehlreaktionen mit auffallend verlängerten Zeiten bis zu 5 Sekunden. In der 2. Hälfte zwei Falschreaktionen bei Reiz 10, alle übrigen rot-blau-Reize werden richtig beantwortet. Dreimal werden Reize übersehen, davon einmal die durchgehende Linie nach wiederholtem Störungsreiz, der richtig beantwortet wurde, und einmal die grüne Lampe im Bild (Reiz 6) nach falsch beantwortetem Störungsreiz, einmal wurde eine Zeigerbewegung übersehen. Schreckreize wurden richtig und mit auffallend kurzer Reaktionszeit beantwortet. 27 Störungsreize der zweiten Hälfte wurden bis auf eine Falschreaktion richtig beantwortet. Fünf außergewöhnlich lange Zeiten. Die übrigen Reaktionszeiten ziemlich gleichmäßig mit mittlerer Reaktionszeit. Von den Bildern können 12 spontan genannt werden und 11 weitere nach Befragen. Auffallend ist es, daß 4 Bilder auch nach Vorzeigen nicht erinnert werden (Bild 19, 22, 26 und 27). Gesamturteil: genügend.

Urteil der Straßenbahn: Prüfung genügend, fährt jetzt gut.

Nr. 30. Lehrling Frau W. 44 J. geb. Ostpreußen. 15. Sept. 1918 geprüft.

	blau	rot	L.	Ger.	grün	gr.i.B.	rot	blau	Zgr.	b. r.	r.i.B.	grün	Ger.	Zgr.	rot	b. r.	r. R.	A. M.
1	Ü	152	r	Ü	250	Ü	195	217	162	Ü	· 155	245	165	163	196	Ü	10	190
2	385 f	115	r	168	152	125	202	148	195	F	112	154	166	F	122	V	12	170
3	310	110	r	294 f	135	171	168 ·	Ü	140	125	121	141	196	132	109	101	14	161
4	267+	103	r!	Ü	176	145	128	148 ·	125 ·	F	110	213	152	118	104+	123	13	147
5	153 ·	102:	r	143	147+	182	127	140	121	175:	123	150	145	113	104	281	15	147
6	150	104	r:	162	162 i	250 ·	Ü ·	350	115	V	125	142	150	120	120 ·	V	12	163
7	157	103	r	125	138!	142	114	130+	117	321 ·	113	248 f	123 ·	130	102 ·	240	15	152
8	130 ·	Ü	r	120	305 ·	210	Ü	165	130	300	102	215	115:	140	113	130	13	167
9	127	106	r!	—	205	175!	57	125	123+	—	101	150	113 ·	128	101 ·	V	12	126
10	196	100 ·	r +	150	140 i	168+	122	174	125	145	95	142	127	135+	103:	102	15	135

		blau	rot	L.	Ger.	grün	gr.i.B.	rot	blau	Zgr.	b. r.	r.i.B.	grün	Ger.	Zgr.	rot	b. r.	r. R.	A. M.
A.M.	1—5	279	116	5/5	202	172	156	164	163	149	150	124	181	165	132	127	168	64	163
M.V.	1—5	69	14		62	33	21	29	27	24	25	12	39	13	16	28	75		32
A.M.	6—10	152	103	5/5	139	190	189	98	189	122	255	107	179	126	131	108	157	67	150
M.V.	6—10	20	2		17	52	33	27	65	5	74	9	42	10	6	7	55		28

Fehler

	1—5	6—10
F	3	—
Ü	7	3
V	1	3
H	—	—
f	2	1
i	—	2

Schreck

Art	Zeit
Sch	123
o	148
Sch	98
M	235

Störung

	1—5	6—10
·	7	21
+	3	5

Zeit und Bilderfolge

1.	geschätzte Zeit	: 20 Minuten
2.	geschätzte Bilderzahl	: 15
3.	spontan aufgezählt	: 16
4.	geschätzte Zahl der Fehlenden	: 0
5.	bei Befragen erinnert	: 9
6.	hierbei spontan genannt	: 2
7.	Suggestivfragen bejaht	: keine
8.	nicht gesehen	: —
9.	Hund nach links gesehen	: nein

Eigene Angaben: Früher im Hausstand, 1916/18 auf der Werft als Schleiferin. Diesen Beruf aufgegeben, *weil zu* schmutzig. Der Mann ist im Felde, keine Kinder. Zur Straßenbahn, weil Lust zu diesem Beruf.

Beurteilung der Leistung: Die Instruktion wird gut, wenn auch nicht schnell verstanden. In der ersten Hälfte werden 17 Reize übersehen und 3 Falschreaktionen gemacht. Verschiedene außergewöhnlich lange Zeiten. In der zweiten Hälfte keine Falschreaktionen. Bei dem rot-blau-Reiz war dreimal der Buchstabe *vergessen* worden und deshalb keine Reaktion erfolgt. Dreimal war ein Reiz übersehen worden, davon zweimal nach richtig beantworteten Störungsreizen. Zweimal erfolgte eine Intensionsbewegung und siebenmal sind außergewöhnlich lange Zeiten, davon drei bei rot-blau-Reizen und eine bei Reiz 12, nach anfänglicher Fehlreaktion. Von 24 Störungsreizen wurden fünf falsch beantwortet. Die Schreckreize werden richtig und schnell beantwortet bis auf die fallende Lampe, wo eine lange Reaktionszeit durch ein Vorbeigreifen der Hebel zu erklären ist. Die Bilder werden gut behalten. Gesamturteil: genügend.

Urteil der Straßenbahn: Mußte gleich im Anfang wegen einer akuten Erkrankung ausscheiden.

Nr. 31. Lehrling Frl. Sch. 22 J. geb. Hannover. 16. Sept. 1918 geprüft.

		blau	rot	L.	Ger.	grün	gr.i.B.	rot	blau	Zgr.	b. r.	r.i.B.	grün	Ger.	Zgr.	rot	b. r.	r. R.	A. M.
1		300	200	Ü	H	204	V	190	185	Ü	350 i	290	203	230	Ü i	140	130	11	220
2		198	135	r	209	230	310 i	143	165	400	241	190	184	103	150	168	117	15	196
3		148	118	r	218	204	247 i	137	145	146	F	150	177	171	147	199	103	14	165
4		225 ·	140 :	Ü	162	188	208 i	— !	160	133 ·	F	148	176 ·	227	300	120	99	13	176
5		162	102 ·	r ·	196	147	175	141	135 ·	125	237 i	146	192	163	135	198	232	15	166
6		174	114	r !	211 ·	170	196	222	137 ·	170	F	130	F	220	135	F	135	12	167
7		208	145 ·	r	160	—	190 !	149	143	145	H	140	246 i	145	130	120	150	13	159
8		150 ·	136 ·	r !	—	179	F	140	146	157	F	167	237 :	164	131	F	201	11	164
9		203	137	r :	169	237 i	300	137	180	175 ·	300 i	139	186	145 +	130	168 :	183	15	190
10		185 ·	153	r	164 ·	203	300 i	150 ·	140 ·	150 -	F	163	217	155	140	140 :	143	14	172
A.M.	1—5	207	139	$^3/_5$	171	195	235	153	158	201	276	185	186	179	183	165	136	68	185
M.V.	1—5	45	25		30	22	39	19	14	100	49	44	9	40	59	28	36		37
A.M.	6—10	184	137	$^5/_5$	176	197	247	160	149	159	—	148	222	166	133	143	160	65	179
M.V.	6—10	18	10		18	23	54	25	12	10	—	14	20	21	3	17	25		18

Fehler

	1—5	6—10
F	2	7
Ü	4	—
V	1	—
H	1	1
f	—	—
l	6	4

Schreck

Art	Zeit
Sch	198
o	201
Sch	155
M	257

Störung

	1—5	6—10
·	8	17
+	—	1

Zeit und Bilderfolge

1.	geschätzte Zeit.	: ½ Stunde
2.	geschätzte Bilderzahl	: 10
3.	spontan aufgezählt	: 9
4.	geschätzte Zahl der Fehlenden	: 10
5.	bei Befragen erinnert	: 8
6.	hierbei spontan genannt . . .	: —
7.	Suggestivfragen bejaht. . . .	: ja { 1) Eisenb. m. Lokomotive. 2) Geschütz. 3) U-Boot.
8.	nicht gesehen	: —
9.	Hund nach links gesehen. . .	: nein

Eigene Angaben: ½ Jahr in Bremen bei der Straßenbahn als Führerin, hierbei einmal einen Zusammenstoß durch Auffahren auf den Vorderwagen im Winter bei großer Glätte, weil der Wagen rutschte. ¾ Jahr Schaffnerin bei der Eisenbahn. ½ Jahr als Fabrikarbeiterin, Bleikapseln angefertigt. — Die Prüfung ist nicht besonders schwierig. Die Tätigkeit hier gleicht der Tätigkeit auf der Straßenbahn, nur daß dort alles lebt. Nach dem Verdienst bei der Straßenbahn nicht erkundigt.

Beurteilung der Leistung: Leichte Auffassung bei der Erklärung und Einübung. Nur die Instruktion über den rot-blau-Reiz mit vorhergehendem Buchstaben macht Schwierigkeiten. Man gewinnt die Vorstellung, daß Sch. sich keine Mühe gibt, diese etwas schwierigere Reaktion zu begreifen. Macht auch in der Prüfung einen etwas leichtsinnigen Eindruck. Es scheint ihr ziemlich gleichgültig zu sein, ob sie die Prüfung gut oder schlecht ausführt. Lächelt spöttisch bei Fehlgriffen und ist belustigt über ihre wiederholten Falschreaktionen bei blau-rot-Reizen. Hat eine schlechte Vorstellung von Zeitstrecken, glaubt z. B., daß ein Straßenbahnwagen bei voller Fahrt in einer Minute etwa 20 m zurücklegt. In der ersten Hälfte abgesehen von der Anfangsreihe mit wiederholtem Übersehen der Reize, nur zwei Falschreaktionen bei Reiz 10, ein Übersehen der durchgehenden Linie und sechs Intensionsbewegungen. Alle Störungsreize werden hier schon richtig beantwortet, ebenso der Schreckreiz. In der zweiten Hälfte werden die Schreckreize ebenfalls richtig beantwortet aber durchweg lange Reaktionszeiten gebraucht. Schreckhaftigkeit ist nicht vorhanden. Auf Störungsreize wird nur einmal falsch reagiert. Auf Reiz 10 wird dreimal falsch reagiert, einmal tritt eine vollständige Hemmung ein und einmal nach vorhergegangener Intensionsbewegung eine abnorm lange Zeit. Reiz 16 wird dagegen durchweg richtig und auffallend kurz beantwortet. Bei Reiz 12 zweimal Falschreaktionen, weil hier statt auf den Reiz auf den vorhergehenden Buchstaben G geantwortet wird. Je eine Falschreaktion wird bei Reiz 6 und bei Reiz 12 gemacht. Bei den übrigen Reizen noch dreimal Intensionsbewegungen und sieben außergewöhnlich lange Zeiten davon einmal nach richtig beantwortetem Störungsreiz. Von den Bildern können nur drei spontan genannt werden. Bei der Befragung, mit Hilfe von Vorzeigen, werden die übrigen erinnert. Suggestionsfragen sehr zugänglich. Gesamturteil: kaum genügend.

Urteil der Straßenbahn: Fährt gut, freiwillig ausgeschieden, um andere Stellung anzunehmen.

Nr. 32. Lehrling Frl. B. 21 J. geb. Ostpreußen. 19. Sept. 1918 geprüft.

	blau	rot	L.	Ger.	grün	gr.i.B.	rot	blau	Zgr.	b. r.	r. i.B.	grün	Ger.	Zgr.	rot	b. r.	r. R.	A. M.
1	Ü	250	Ü	Ü	362	V	250	390 f	Ü	F	260 f	347	294	164	245 i	F	9	285
2	212	130	r	—	150	V	165	150	Ü	F	202	221	208	192	204	V	10	183
3	F	157	Ü	235	Ü	265	224	257	175	V	196	225	198	208	180	V	11	211
4	—	175	r	196	200	204	196	F	175	195	185	206	192	181	178	F	12	190
5	331	Ü !	Ü	496	185	235	200	205	130	V	175	278 !	196 +	250	161	F	12	237
6	213 ·	190 ·	r !	178	173 ·	270	150	265	176	F	185	200 ·	222	150	175	F	13	196
7	149	150 ·	r	246	183 !	237	153 ·	222	250	Ü	142	Ü	213	180 ·	183	H	12	193
8	155 ·	180	r	184	195 ·	293	350	245 !	Ü	V	128	215	175	148	132	V	12	200
9	297	144	r ·	199 ·	223	210	173	157 ·	165	F	165	260	181	140	175	240	14	195
10	157 ·	273	Ü	222	245 ·	300	175	148	152	H	V	220	250	136 ·	168	145	13	199
A.M. 1–5	271	178	$^2/_5$	309	224	235	207	251	160	—	204	255	218	199	194	—	54	221
M.V. 1–5	60	36		125	69	20	24	73	20	—	23	46	31	24	25	—		41
A.M. 6–10	194	187	$^4/_5$	206	204	262	200	207	186	—	155	224	208	151	168	193	64	196
M.V. 6–10	49	35		23	24	31	60	44	32	—	20	18	25	12	14	48		31

Fehler

	1–5	6–10
F	7	3
Ü	9	4
V	7	3
H	—	2
f	2	—
i	2	—

Schreck

Art	Zeit
Sch	V
Sch	272
o	285
Sch	164
M	273

Störung

	1–5	6–10
·	1	14
+	1	1

Zeit und Bilderfolge

1.	geschätzte Zeit	: 1 Stunde
2.	geschätzte Bilderzahl	: 12
3.	spontan aufgezählt	: 10
4.	geschätzte Zahl der Fehlenden	: 2
5.	bei Befragen erinnert	: 14
6.	hierbei spontan genannt . . .	: 3
7.	Suggestivfragen bejaht	: [1]) Eisenbahn. [2]) Automobil. [3]) Rinderherde.
8.	nicht gesehen	: —
9.	Hund nach links gesehen . . .	: nein

Eigene Angaben: Bisher Dienstmädchen, ist von einer Freundin beredet worden, zur Straßenbahn zu gehen, weil man dort 4.50 M. täglich verdient. Hat bei der Meldung aber nicht nach Verdienst gefragt, glaubt, sich mit monatlich 30 M. ernähren zu können und so viel Geld über zu haben.

Beurteilung der Leistung: Schwächliche, blasse, schmächtige Person. Sieht etwas verstört aus. Bei der Instruktion große Schwierigkeiten. Die Art des Reagierens auf den blau-rot-Reiz mit vorhergehendem Buchstaben wird immer wieder vergessen und es gelingt trotz mehrfacher Wiederholung auch während der Prüfung nicht, diese Reaktion begreiflich zu machen. Die zweimal erfolgte richtige Reaktion ist als Zufallsergebnis anzusehen. Ist im übrigen im Versuch vollkommen ruhig, was besonders bei Schreckreizen auffällt, die auf sie nicht den geringsten schreckhaften Eindruck machen. Außer beim ersten Schuß, wo sie die zugehörige Reaktionshandlung vergessen hatte, wurden Schreckreize richtig, wenn auch mit langer Reaktionszeit beantwortet. Für Zeitstrecken fehlt ihr jede Vorstellung, glaubt, daß zu einer Reaktion $^1/_2$ Minute erforderlich ist. Diese Vorstellung bleibt, als ihr $^1/_2$ Minute demonstriert wird. In der zweiten Hälfte werden im übrigen die Reize richtig beantwortet. Nur einmal wird die durchgehende Linie übersehen, einmal die Zeigerbewegung nach vorhergehendem Schreckreiz und einmal der periphere grün-Reiz (12) nach richtig beanwortetem Störungsreiz. Beim rot-Reiz 11 (roter Lichtpunkt im Bild) will sie die erforderliche Reaktionshandlung vergessen haben. Bei einem rot-blau-Reiz 10 ist sie gehemmt. Die Reaktionszeiten sind in der Mehrzahl lang und sehr schwankend in der Länge, keine vorzeitigen Reaktionen, keine Intensionsbewegungen. Störungsreize bis auf eine Ausnahme richtig beantwortet. Von den Bildern werden zehn spontan genannt, die übrigen auf Befragen erinnert. Sehr zugänglich für Suggestivfragen. Suggerierte Bilder beschreibt sie mit großer Bestimmtheit in alle möglichen Einzelheiten. Gesamturteil: mangelhaft.

Urteil der Straßenbahn: Bei der Prüfung ungenügend, im Dienst widerspenstig, entlassen.

Anm.: Wäre auf Grund einer ärztlichen Untersuchung wegen körperlicher Schwäche und Hysterie als ungeeignet bezeichnet worden.

Nr. 33. Lehrl. Frl. St. 25 J. geb. Sachsen. 27. September 1918 geprüft.

	blau	rot	L.	Ger.	grün	gr.i.B.	rot	blau	Zgr.	b. r.	r.i.B.	grün	Ger.	Zgr.	rot	b. r.	r. R.	A. M.
1	—	145	Ü	Ü	250	215	190	180	Ü	F	—	210	F	Ü	115	F	7	186
2	240 f	140	Ü	222	146	207	211	337i	Ü	F	250	160	142	F	—	250	11	210
3	212	146	F	169	168	145	157	168	F	F	167	205 f	158	F	120	169	11	180
4	192	123·i	r	107	136	173	—	161	Ü	F	105	137	125	250	110	154	12	144
5	155	200	r+	106	161·	167	160!	155	Ü	F	124	157	120	250	104·i	136	13	153
6	186 i	136+	r	130	153·i	152	137	162	170 !	F	134·i	138	115	159	105·	146	14	137
7	208	110·	r·i	83	142	145	131	142	143·	F	113	132·	125·	133	105	110	14	130
8	149 !	Ü	Ü	120	135	130	125	—	135	F	125	148	120	107	101	105	12	125
9	164	102	r	88	135	139·i	131	145	124	F	114+	150·	166.	143	115·	153	14	125
10	130·	Ü	r	112·	186·	217	154	140	128	F	147·i	183	156	136	132:	246	13	159
A.M. 1—5	200	155	2/5	151	172	181	180	200	—	—	162	174	136	250	112	177	55	173
M.V. 1—5	26	22		45	31	23	21	55	—	—	47	27	14	0	5	39		27
A.M. 6—10	167	116	4/5	107	150	157	136	147	140	—	127	150	136	136	112	152	67	138
M.V. 6—10	24	13		17	15	24	8	7	13	—	11	13	20	12	10	38		16

Fehler

	1—5	6—10
F	12	5
Ü	8	3
V	—	—
H	—	—
f	2	—
i	4	7

Schreck

Art	Zeit
Sch	180
O	95
M	F

Störung

	1—5	6—10
·	3	16
+	1	2

Zeit und Bilderfolge

1.	geschätzte Zeit.	: 25 Minuten
2.	geschätzte Bilderzahl	: 20
3.	spontan aufgezählt	: 16
4.	geschätzte Zahl der Fehlenden.	: —
5.	bei Befragen erinnert	: 11
6.	hierbei spontan genannt . . .	: —
7.	Suggestivfragen bejaht. . . .	: nein
8.	nicht gesehen	: —
9.	Hund nach links gesehen. . .	: nein

Eigene Angaben: *In der Schule schlecht gelernt*, bisher im Haushalt, zuletzt bei freier Station 25 M. im Monat. Zur Straßenbahn, um mehr zu verdienen. Von einer Bekannten gehört, daß 5 M. täglich bezahlt würden. Bei der Anmeldung aber nicht nach der Höhe des Verdienstes gefragt. Kein besonderes Interesse für die Prüfung.

Beurteilung der Leistung: Die Instruktion wird gut verstanden. Die Reaktionsweise auf den rot-blau-Reiz macht große Schwierigkeiten. Nachdem die Einübung endlich gelungen ist, zeigt sich in der Prüfung, daß die Reaktionsweise wieder vergessen ist. Es wird ausschließlich auf rot reagiert. Bei dieser Reaktionsweise bleibt St. auch nach Wiederholung der Instruktion über diesen Reiz während der Prüfung. Reiz 16 wird richtig beantwortet, scheinbar unter der Vorstellung, daß rot-blau stets in dieser Weise zu beantworten ist. Dreimal wird ein Reiz übersehen, davon zwei Reize hintereinander nach der fallenden Lampe, auf die falsch reagiert wurde. Einmal wird außerdem die durchgehende Linie nach einem richtig beantworteten Störungsreiz übersehen. Schreckreize werden kurz und richtig beantwortet. Von 18 Störungsreizen in der zweiten Hälfte zwei falsch beantwortet. Siebenmal werden Intensionsbewegungen gemacht, davon sechs bei Störungsreizen. Die Reize werden sonst durchweg auffallend kurz und gleichmäßig beantwortet, nur vereinzelt längere Zeiten. Bilder gut behalten. Gesamturteil: genügend.

Urteil der Straßenbahn: Hatte keine rechte Lust, nach einigen Tagen ausgeschieden.

Nr. 34. Lehrl. Frl. H. 21 J. geb. Schlesw.-Holst. 5. Okt. 1918 geprüft.

	blau	rot	L.	Ger.	grün	gr.i.B.	rot	blau	Zgr.	b. r.	r.i.B.	grün	Ger.	Zgr.	rot	b. r.	r. R.	A. M.
1	310	89	r	250	260	Ü	168	158	Ü	F	143	193	167	—	150	Vi	10	188
2	107	113	Ü	182	168	157	Ü	150	183	177	125	175	160	199	120	116	14	152
3	137	107	r	182	177	164	272	140	156	277	115	246	165	166	127	117·	15	170
4	157·	117·	Ü	170	169!	157·	171	138:	188	303·	132	175	163	175	120:	F	14	167
5	168	121	r·	161	164	157:	301	141	167	225	117·	178	163	184	115·	210	15	171
6	143	116:	r	152	169	170	230	140	147	187	135·	Ü	183	220	127	V	13	163
7	152:	270·	r	181	171	165	261	147	168:	190	118·	170	169	178	125·	F	14	176
8	153	125·	r!	191	152	165	305	130	168:	148	128	170	165	156	122	F	14	163
9	147	106·	r	174	150:	151	177	135	163	176	109	158	154	175	113·	F	14	149
10	140	120	r	179·	163·	150	161	127	165	171	103	171	245	161:	280	106	15	162
A.M. 1—5	176	109	3/5	189	188	159	228	144	174	245	126	193	164	181	126	148	68	170
M.V. 1—5	54	9		24	29	3	59	6	10	45	9	21	2	10	10	42		22
A.M. 6—10	147	147	5/5	175	161	160	227	136	162	174	119	167	183	178	153	—	69	164
M.V. 6—10	4	49		10	8	8	46	6	6	12	10	5	31	17	50	—		19

Fehler

	1—5	6—10
F	1	3
Ü	5	1
V	1	1
H	—	—
f	—	—
i	1	—

Schreck

Art	Zeit
Sch	207
o	150

Störung

	1—5	6—10
·	16	23
+	—	—

Zeit und Bilderfolge

1.	geschätzte Zeit.	: 30 Minuten
2.	geschätzte Bilderzahl	: 15
3.	spontan aufgezählt	: 18
4.	geschätzte Zahl der Fehlenden.	: —
5.	bei Befragen erinnert	: 9
6.	hierbei spontan genannt . . .	: —
7.	Suggestivfragen bejaht. . . .	: ja { 1) Eisenbahn 2) Rinderherde
8.	nicht gesehen	: —
9.	Hund nach links gesehen. . .	: nein

Eigene Angaben: Früher *Hausstand*, 1916/17 *Nietenwärmerin auf der Werft*, seit einem halben Jahr *Schaffnerin*. Jetzt als Führerin *gemeldet*, weil dazu mehr Lust, seit 14 *Tagen in der Ausbildung*.

Beurteilung der Leistung: Instruktion wird leicht verstanden. Bei der Einübung sehr gewandt. Abgesehen von der ersten Reihe schon in der ersten Hälfte fast alle Reaktionen richtig. In der zweiten Hälfte einmal nach richtig beantwortetem Störungsreiz, den peripher auftauchenden grünen Lichtpunkt (Reiz 12) *übersehen*. Bei Reiz 16 einmal den Buchstaben vergessen, dreimal nach Störungsreiz auf grün reagiert. Diese Falschreaktion wird dadurch zu erklären sein, daß der Buchstabe R durch den Störungsreiz übersehen wurde und der vorhergehende Buchstabe G deshalb für die Reaktionshandlung bestimmend wirkte. Schreckreize werden richtig, der letzte sehr kurz beantwortet. Störungsreize stets richtig beantwortet. Reaktionszeiten mittellang und ziemlich gleichmäßig. Bilder gut behalten. Suggestionsfragen werden bejahend beantwortet. Gesamturteil: voll genügend.

Urteil der Straßenbahn: Fährt gut, Prüfung gut bestanden.

Nr. 35. Lehrling Frl. Sch. 21. J. 6. Okt. 1918 geprüft.

	blau	rot	L.	Ger.	grün	gr.i.B.	rot	blau	Zgr.	b. r.	r.i.B.	grün	Ger.	Zgr.	rot	b. r.	r. R.	A. M.
1	186	155	Ü	—	195	V	170	170	F	F	Ü	330 f	—	256	123	96	9	188
2	300	102	F	—	202 i	304 f	138	159	298 f	F	113	204	226	F	110	222	12	201
3	178	155	Ü	190	217 i	258 i	166	130	300 i	250	143	242 i	172	211	121	F	14	202
4	148	114	r	199	206	242	170	148	185	240	V	340	170	208	128	Ü	13	193
5	F	114	Ü	170 !	220	285 !	146	130·i	143·	260	—	226	184·	192·	117·i	202	13	183
6	—	135	r	151	300	175	—	201 i	—	250	123	157	135	153	100·i	173 i	12	172
7	—	102·	r·	147	—	202 !:	250	143	270	240	79·	V	130	220	113	162	12	172
8	—	102	r	125	200·	230·	192	174	120	150	148·	196 i	135·	260 i	104	F	13	164
9	—	102	r	140	186	150	190	125	168	206:	127	156	125	137	105:	F	13	150
10	—	105	r	135 i	250·	150	153·	142	112·	181:	116	185	130·	210·	111	F	13	153
A.M. 1—5	203	128	1/5	186	208	272	158	147	232	250	128	268	197	217	120	173	61	192
M.V. 1—5	48	22		11	8	22	13	14	68	0	15	53	33	20	5	50		25
A.M. 6—10	—	111	5/5	140	234	181	196	157	168	207	119	181	131	196	109	168	63	164
M.V. 6—10	—	11		7	41	28	27	24	52	34	17	12	3	41	3	6		22

Fehler

	1—5	6—10
F	7	3
Ü	5	—
V	2	1
H	1	—
f	3	—
i	7	6

Schreck

Art	Zeit
o	H
o	V
Sch	F

Störung

	1—5	6—10
·	5	26
+	—	—

Zeit und Bilderfolge

1.	geschätzte Zeit	: 3/4 Stunde
2.	geschätzte Bilderzahl	: 12
3.	spontan aufgezählt	: 14
4.	geschätzte Zahl der Fehlenden	: —
5.	bei Befragen erinnert	: 13
6.	hierbei spontan genannt . . .	: —
7.	Suggestivfragen bejaht. . . .	: nein
8.	nicht gesehen	: —
9.	Hund nach links gesehen . .	: nein

Eigene Angaben: *Früher im Haushalt*, 1915/17 an der Drehbank, jetzt zur Straßenbahn gemeldet, weil Lust zu diesem *Beruf*, *guter Verdienst* und viel Freiheit.

Beurteilung der Leistung: Instruktion und Einübung macht kaum Schwierigkeiten. Ist linkshändig. In der ersten Hälfte sieben *Falschreaktionen*, sechsmal Reize übersehen, drei Fehlreaktionen und sieben Intensionsbewegungen. Bei den Schreckreizen sieht Sch. sich um und freut sich kindisch darüber, daß sie vergessen hat, was hierbei zu tun sei. Es hat den Anschein, als wolle sie durch das Lachen ihre *Bestürzung* verdecken. In der zweiten Hälfte werden bis auf einige Ausnahmen alle Reize richtig beantwortet. Bei Reiz 16 drei Falschreaktionen, davon zwei nach mehrfachen richtig beantworteten Störungsreizen. Eine Falschreaktion nach einem Schreckschuß. In sechs Fällen werden Intensionsbewegungen gemacht. Störungsreize werden stets richtig beantwortet. Bei den rot-Lichtpunkten — 2 und 15 — und bei den Geräusch-Reizen — 4 und 13 — werden sehr kurze und gleichmäßige Reaktionszeiten erzielt. Dagegen finden sich bei den übrigen Reizen besonders bei der Zeigerbewegung längere Zeiten mit großen Schwankungen. Bilder sind gut behalten worden. Gesamturteil: genügend.

Urteil der Straßenbahn: Prüfung genügend, fährt genügend, ist meistens aufgeregt.

Nr. 36. Lehrling Frau T. 23 J. 11. Okt. 1918 geprüft.

	blau	rot	L.	Ger.	grün	gr.i.B.	rot	blau	Zgr.	b. r.	r.i.B.	grün	Ger.	Zgr.	rot	b. r.	r. R.	A. M.
1	170	111	r	Ü	231 f	—	150	169	—	F	128	208	246	188	91	104	11	163
2	136	118	r	—	237 f	—	135	146	—	F	Ü	230 f	193	—	107	135	9	16[illegible]
3	118	114	r	Ü	168	196 i	121	191	—	F	113	158 i	213	156	102	135	12	149
4	165	135	Ü +	266	245	203 i	130 ·	140	295	F	205	194 +	174	220	105 · i	Ü !	13	191
5	150	110 +	r	175 +	172	163	136	129	155 ·	F	115 ·	Ü i	216	—	102	123	12	146
6	115 ·	125	r ·	251	192 i	172	120	137	119	255 f	111	147 ·	220	141	108	167	15	159
7	126 :	Ü	r	200	157	178	143	156	159 :	F ·	190	196	170	—	115 ·	—	11	163
9	130 :	180	r !	167 · i	204 ·	170 i	130	130	—	198	120 :	127	187	—	118 ·	Ü	12	154
9	137 ·	183	r	154	150 i	160 !	268 · i	198	—	220	116 !	130	164 ·	—	150 :	165	13	169
10	161	110	r ·	170	170	166	130 ·	128	—	191	103	145	168	—	115	225	13	152
A.M. 1—5	148	118	4/5	221	211	187	134	155	225	—	140	193	208	188	101	124	57	168
M.V. 1—5	17	7		50	32	16	7	20	50	—	32	22	20	21	4	11		22
A.M. 6—10	134	149	5/5	188	175	169	156	150	139	216	128	149	182	—	119	186	64	160
M.V. 6—10	12	32		30	19	5	44	22	20	24	19	19	18	—	12	26		22

Fehler

	1—5	6—10
F	5	1
U	6	2
V	—	—
H	—	—
f	3	1
i	7	6

Schreck

Art	Zeit
Sch	108
Sch	121
M	161
Sch	ca. 100

Störung

	1—5	6—10
·	5	29
+	4	—

Zeit und Bilderfolge

1.	geschätzte Zeit	: 30 Minuten
2.	geschätzte Bilderzahl	: 10
3.	spontan aufgezählt	: 15
4.	geschätzte Zahl der Fehlenden	: keine
5.	bei Befragen erinnert	: 9
6.	hierbei spontan genannt . . .	: 3
7.	Suggestivfragen bejaht. . . .	: keine
8.	nicht gesehen	: —
9.	Hund nach links gesehen. . .	: nein

Eigene Angaben: Zur Straßenbahn gegangen, um einen Beruf zu haben, in dem gut verdient wird und nebenher der Hausstand versorgt werden kann.

Beurteilung der Leistung: Instruktion auffallend schnell verstanden. Keine Vorstellung von kurzen Zeitstrecken. Glaubt, daß zu einer Reaktion eine Minute erforderlich ist. In der ersten Hälfte sechsmal ein Reiz übersehen und auf Reiz 10 trotz der gut verstandenen Instruktion jedesmal falsch reagiert und zwar viermal auf rot und einmal auf blau. Siebenmal Intensionsbewegungen. In der *zweiten* Hälfte wird der rot-blau-Reiz 10 nur noch einmal nach einem mehrfachen *richtig* beantworteten Störungsreiz falsch beantwortet, indem auf blau reagiert wurde. Einmal erfolgte außerdem eine Fehlreaktion, bei der ebenfalls zunächst auf blau reagiert wurde. Alle übrigen Reize werden richtig beantwortet bis auf ein zweimaliges Übersehen eines Reizes nach richtig beantwortetem Störungsreiz. Die Reaktionszeiten sind von mittlerer Länge und etwas unregelmäßig. Die Störungsreize wurden in der zweiten Hälfte stets richtig beantwortet. Die Schreckreize ebenfalls richtig und auffallend kurz. Die Bilder wurden gut behalten. Gesamturteil: voll genügend.

Urteil der Straßenbahn: Fährt gut. Prüfung gut bestanden.

Nr. 37. Lehrling Frau W. 29 J. geb. Baden. 20. Okt. 1918 geprüft.

	blau	rot	L.	Ger.	grün	gr.i.B.	rot	blau	Zgr.	b. r.	r.i.B.	grün	Ger.	Zgr.	rot	b. r.	r. R.	A. M.
1	110	122	r	—	178	V	122	182	176	280	220 f	142	184	160	128	232	13	172
2	142	104	Ü	—	120	149	134	146	148	246	198	138	182	150	130	F	13	153
3	140	112	Ü	Ü·	137	143	163	142	132	190	140	168	172	135	124	F	13	146
4	125	127	r!	192	123	160	150	118	129+	Ü	184+	159	155	137	111+	V	13	144
5	120	108	r!	176	171	149	131	127	130·	200!	154	128+	186	126	117·	168	15	146
6	125·	112·	r	184	116	154+	157	125	—	F	169	197·	204·	146	114·	140	13	150
7	154	116	r!	Ü	96·	167	130	154	133	F	176	164	171	132	121	162	13	144
8	129	118·	r	154	89	150·	122	128	148	F	116	151	147	143	118	174	14	135
9	132·	136	r	155	96	143	134	133	156	V	120	146	214	162	120	216	14	147
10	132	114	r	152	108·	167	138	136·	128	F	172	161	176	162	122	132	14	143
A.M. 1—5	127	115	3/5	184	146	150	140	143	143	229	179	147	176	142	122	200	67	156
M.V. 1—5	11	8		8	21	5	13	17	15	34	26	13	10	11	6	32		15
A.M. 6—10	134	119	5/5	161	101	156	136	135	141	—	151	164	182	149	119	165	68	144
M.V. 6—10	8	7		11	9	9	9	8	11	—	26	13	21	10	2	24		12

Fehler

	1—5	6—10
F	2	4
Ü	4	1
V	2	1
H	—	—
f	1	—
i	—	—

Schreck

Art	Zeit
Sch	143
o	200
Sch	150
o	105

Störung

	1—5	6—10
·	3	11
+	6	1

Zeit und Bilderfolge

1.	geschätzte Zeit	: 10 Minuten
2.	geschätzte Bilderzahl	: 12
3.	spontan aufgezählt	: 15
4.	geschätzte Zahl der Fehlenden	: 5
5.	bei Befragen erinnert	: 9
6.	hierbei spontan genannt	: 1
7.	Suggestivfragen bejaht	: nein
8.	nicht gesehen	: 2
9.	Hund nach links gesehen	: nein

Eigene Angaben: *Zuerst im Hausstand,* dann 4 Jahre Kinderpflegerin, zuletzt 4 Monate lang Führerin bei der Straßenbahn *in Mannheim.* Hierbei in der Prüfung die beste Leistung erzielt. Einmal eine *Entgleisung, weil die Bremse nicht* funktionierte. Betrieb ist in Mannheim schwieriger als in *Kiel, weil viel lebhafter.* Nie erschrocken, wenn plötzlich vor dem Wagen ein Hindernis. Einmal durch Geistesgegenwart ein großes Unglück verhindert, als plötzlich quer vor dem Straßenbahnwagen ein Dampfwagen fuhr. — Eine Führerin kann ebenso Gutes leisten wie ein Führer, wenn ihr nur der Beruf liegt. Viele Frauen passen allerdings nicht gut auf, aber auch Männer können sehr leichtsinnig sein, dafür gibt es Beispiele. Ein Führer ist im Vorteil, weil er nicht soviel Streit mit dem Publikum hat.

Beurteilung der Leistung: Offenbar lebhaftes Interesse für die Prüfung. Instruktion leicht verstanden. Schon in der ersten Hälfte nur vereinzelte Fehler. In der zweiten Hälfte ein Reiz nach einem Schreckreiz übersehen. Reiz 10, obgleich in der ersten Hälfte richtig beantwortet, durchweg falsch beantwortet. Einmal ist der Buchstabe vergessen. W. fühlt sich offenbar sehr sicher und hat bei diesem Reiz nicht genügend aufgepaßt. Schreckreize werden schnell und richtig beantwortet, aber jedesmal ein albernes Lachen. Auf Störungsreize wird nur einmal falsch geantwortet. Reaktionszeiten mittellang. Bilder ziemlich gut behalten, zwei Bilder aber auch nach Vorzeigen als nicht gesehen bezeichnet. Gesamturteil: genügend.

Urteil der Straßenbahn: Fuhr einigermaßen. Freiwillig nach einigen Tagen ausgeschieden.

Nr. 38. Lehrling Frl. S. 36 J. geb. Westfalen. 25. Okt. 1918 gepprüf,t.

	blau	rot	L.	Ger.	grün	gr.i.B.	rot	blau	Zgr.	b. r.	r.i.B.	grün	Ger.	Zgr.	rot	b.r.	r. R.	A. M.
1	Ü	V	Ü	300	Ü	—	192	Ü	—	V	222	240 f	228	—	—	154	6	228
2	H i	120	Ü	222	210 i	— i	147	F	175	Ü	130	265	218	—	—	194	9	187
3	F	113	—	181	175 i	—	150	Ü	120	H i	128	262 f	170	—	—	156	9	162
4	—	—	Ü	190	145 +	—	140	142 +	126	F	169	239 i	275	110	116 +	203	11	169
5	140 :	140	Ü !	280	166 ·	288	140	158	99	F	121	140 i	231 ·f	120	121	F	13	164
6	168 +	150	Ü	160	220	155 +	131	165 +	101 +	F	125	251	155 ·i	125	120 +	176	14	157
7	171	114	r +	173	147	150	135 +	260	115 ·	299	123	250	165	104 +	110 +	159	15	165
8	147 ·	120	Ü ·i	200	167	137 ·	136	Ü	115 ·	202 i	114	270	152	110 ·	108 ·	155	14	152
9	200 i	120	r +	280 ·	Ü · i	V	159	F ·	120 ·	254 i	V	269	259 ·	135	115 :	95	11	182
10	234 i	132	r	178 :	198	200	140	265 i	115	205 i	119	259	199	108	167 i	221 i	15	183

A M.	1—5	—	124	1/5	234	174	—	154	150	136	—	154	249	224	115	119	177	48	172
M.V.	1—5	—	10		44	19	—	15	8	23	—	33	36	24	5	3	22		17
A.M.	6—10	184	127	3/5	198	183	161	140	230	133	240	120	259	186	136	124	161	69	172
M.V.	6—10	26	11		33	26	20	7	43	20	37	4	6	32	20	17	30		22

Fehler

	1—5	6—10
F	5	2
Ü	9	4
V	2	2
H	2	—
f	3	—
i	8	13

Schreck

Art	Zeit
o	150 +

Störung

	1—5	6—10
·	4	20
+	3	10

Zeit und Bilderfolge

1.	geschätzte Zeit	: 45 Minuten
2.	geschätzte Bilderzahl	: 20—24!
3.	spontan aufgezählt	: 24
4.	geschätzte Zahl der Fahlenden	: keine
5.	bei Befragen erinnert	: 3
6.	hierbei spontan genannt . . .	: —
7.	Suggestivfragen bejaht	: nein
8.	nicht gesehen	: —
9.	Hund nach links gesehen . .	: ja — Hund sieht nach links

Eigene Angaben: 9 Monate Schaffnerin in Herne, dort auch gelegentlich gefahren. Die Prüfung ist nicht schwierig.

Beurteilung der Leistung: Instruktion leicht verstanden. In der Prüfung sehr flüchtig, übersieht auffallend oft die durchgehende Linie. In der ersten Prüfungshälfte wird Reiz 10 durchweg falsch beantwortet. Die Störungsreize werden sehr häufig falsch beantwortet und deshalb die Instruktion mehrfach wiederholt. Nach der siebenten Reihe wird darauf von 28 Störungsreizen nur noch einer falsch beantwortet. Die Schreckreize wurden versehentlich nur in der ersten Hälfte gegeben, hierbei zunächst falsch gegriffen, dann aber gleich richtig ohne bedeutende Zeitverlängerung. Häufig, in der zweiten Hälfte neunmal, wurden Intensionsbewegungen gemacht. Die Mehrzahl der Reaktionszeiten kurz und gleichmäßig, aber dazwischengestreut einzelne längere Zeiten. Auffallend richtige Schätzung der Zeit und der Bilderzahl, fast alle Bilder werden spontan genannt. Die Bilder sind offenbar besonders aufmerksam beachtet worden und dabei die anderen Reize vernachlässigt. Hund in der Erinnerung nach links gerichtet gesehen. Gesamturteil: kaum genügend.

Urteil der Straßenbahn: Fährt gut, ruhig im Fahren, freiwillig ausgeschieden.

Nr. 39. Lehrling Frl. W. 46 J. 25. Okt. 1918 geprüft.

	blau	rot	L.	Ger.	grün	gr.i.B.	rot	blau	Zgr.	b. r.	r.i.B.	grün	Ger.	Zgr.	rot	b. r.	r. R.	A. M.
1	V	Ü	Ü	V	400	ca. 400	152	206	Ü	V	148	ca.400	V	F	137	V	4	161
2	181	124	r	ca.500	ca.400i	340	149	217	V	F	130	302	F	F	137	F	8	198
3	173	130	r +	F	300 i	333 i	146	152	250	H	118 i	285	287	202	118	V	12	206
4	164 ·	Ü	r +	F	285	252 · i	160	192	209 · i	V	115 · i	—	273	—	118 ·	F	9	195
5	161 +	130	r	293	243 i	278	141	143	183	F	132 ·	—	275	184 +	120	Ü	12	190
6	164 :	155	Ü	292	246 ·	225	152	135	171	332	161	—	243	217	121 :	F	13	201
7	125	117 :	r	252	239 +	400f	148	142 ·	182 ·	283	133	—	268	170	114	F	13	198
8	274	120	Ü !	256	212 i	V	123 !	141 ·	190 :	210 ·	159	—	225	125	145 :	F	12	180
9	150 :	132	r	289 · i	238 f	226 i	146 ·	Ü :	185·	310 ·	117	215	—	145	120	F	12	189
10	140	146	r +	227 · i	218	208 !	150 ·	171	136	F	120	270	216	152	117	221	14	184

A.M.	1—5	170	128	4/5	397	326	321	150	182	214	—	129	329	278	193	136	—	50	227
M.V.	1—5	7	3		104	60	44	5	28	24	—	10	47	5	9	11	—		27
A.M.	6—10	·171	134	3/5	263	231	265	144	147	173	284	138	243	238	162	123	—	64	194
M.V.	6—10	42	13		22	12	68	8	12	15	37	17	28	18	25	8	—		24

Fehler

	1—5	6—10
F	9	5
Ü	5	3
V	8	3
H	1	—
f	—	2
i	8	4

Schreck

	Art	Zeit
6—10	o	V
	o	200
	M	V

Störung

	1—5	6—10
·	6	26
+	4	2

Zeit und Bilderfolge

1.	geschätzte Zeit	: 30 Minuten
2.	geschätzte Bilderzahl	: 12
3.	spontan aufgezählt	: 15
4.	geschätzte Zahl der Fehlenden	: 1—2
5.	bei Befragen erinnert	: 10
6.	hierbei spontan genannt . . .	: 2
7.	Suggestivfragen bejaht. . . .	: nein
8.	nicht gesehen	: —
9.	Hund nach links gesehen. . .	: nein

Eigene Angaben: Seit Jahren im Hausstand als Wirtschaftsfräulein, will lieber Schaffnerin werden, um frei zu sein und mehr Geld zu verdienen. Prüfung ist recht schwer, es ist so vieles zu behalten, man kann es aber lernen.

Beurteilung der Leistung: Die Instruktion macht erhebliche Schwierigkeiten, wird schließlich aber begriffen. Ist sehr aufgeregt und unruhig. In der ersten Hälfte wird auf Reiz 10 und 16 ständig falsch reagiert und außerdem zahlreiche andere Fehler gemacht. In der zweiten Hälfte zweimal die Linie und einmal Reiz 8 (blau) übersehen. Auf Reiz 16 wiederum viermal, auf Reiz 10 nur einmal falsch reagiert. Diese Doppelreize beschäftigen sie besonders lebhaft. Sie spricht laut, was zu tun ist (»ausschalten«, »nur dieser Hebel« usw.). Zweimal zunächst falsch reagiert, dabei einmal eine Reaktionszeit von vier Sekunden. Bei den Schreckreizen reagiert sie einmal richtig, zweimal ist sie so erregt, daß sie die geforderte Hebelbewegung vergessen hat. Auffallend lange Zeiten werden bei Beantwortung des Geräuschreizes gebraucht. Offenbar macht ihr die zusammengesetzte Hebelbewegung Schwierigkeiten. Auch die grün-Reize erfordern aus gleichem Grunde längere Zeiten. Die übrigen Reize werden mit einigen Ausnahmen gleichmäßig und kurz beantwortet. Bilder sind gut behalten. Den Hund in der Erinnerung nach links sitzend gesehen. Gesamturteil: mangelhaft.

Urteil der Straßenbahn: War ganz ungleich, ausgeschieden.

Nr. 40. Lehrling W. 57 J. geb. Schlesw.-Holst. 1. Aug. 1918 geprüft.

	blau	rot	L	Ger.	grün	gr.i.B.	rot	blau	Zgr.	b. r.	r. i.B.	grün	Ger.	Zgr.	rot	b. r.	r. R.	A.M.
1	Ü	210	Ü	F	246	F	F	Ü	F	Ü	F	300	F	F	226	147	5	226
2	Ü	141	r	192	150f	242f	Ü	F	292	272	F	F	261	230	132	F	9	212
3	Ü	150	F	272	168	220f	220	Ü	230	F	165	202	F	166	141	. F	10	193
4	F	183	r	F	165	F	260	Ü +	300	182	213 +	Ü ·	—	189	136	146 +	9	197
5	F	—	r !	—	172	—	300	Ü	220	F	177 +	—	—	158	208	F	6	206
6	Ü	140 +	r	F	140	300	308	F	150	217	140 !	217	176 +	142	143 ·	120 +	12	183
7	F	130 !	r	300	122 +	F	146	F	123	F +	177 +	300 ·	164	153	135 !	310	11	187
8	Ü	110 :	Ü	F	300	231	220	293 !	215	159	189 !	165	161 +	Ü	178	110 +	12	194
9	F	390	r +	215	183	212	277	Ü !	—	175	150 ·	224 +	F	Ü	F	132 +	9	218
10	F	130	r +	234	208 :	Ü	208	F	219 ·	196	147 +	146	166 +	300	278 +	Ü	11	202
A.M. 1—5	—	171	3/5	232	180	231	260	—	261	227	185	251	—	186	169	147	39	212
M.V. 1—5	—	26		40	26	11	27	—	36	45	19	49	—	24	39	1		26
A.M. 6—10	—	180	4/5	250	191	248	232	—	177	187	161	210	167	198	184	168	55	196
M.V. 6—10	—	84		34	51	35	49	—	46	20	18	44	5	68	48	71		44

Fehler

	1—5	6—10
F	21	12
Ü	11	8
V	2	2
H	—	—
f	3	1
i	—	—

Schreck

Art	Zeit
Sch	V
o	V
Sch	400
M	V
Sch	V
o	200
Sch	450f

Störung

	1—5	6—10
·	—	9
+	4	16

Zeit und Bilderfolge

1.	geschätzte Zeit	: —
2.	geschätzte Bilderzahl	: 10—12
3.	spontan aufgezählt	: 13
4.	geschätzte Zahl der Fehlenden	
5.	bei Befragen erinnert	
6.	hierbei spontan genannt	
7.	Suggestivfragen bejaht	
8.	nicht gesehen	
9.	Hund nach links gesehen	

Eigene Angaben: Kranführer, dann Heizer, jetzt zur Straßenbahn ohne besonderen Grund, um feste Stellung zu haben. Lungenkrank, Atembeschwerden. Versuch strengt nicht besonders an, viele Fehler macht jeder im Anfang einer neuen Sache. Alles Neue muß erst gelernt werden.

Beurteilung der Leistung: Macht den Eindruck eines Trinkers, bei der Instruktion etwas gleichgültig, scheint aber die Aufgabe durchaus richtig zu verstehen. In dem ersten Teil der Aufgabe ebenso viele falsche wie richtige Reaktionen. In der zweiten Hälfte zwölf Falschreaktionen und achtmal Reize übersehen. Siebenmal auffallend verlängerte Zeiten. 16 mal werden die Störungsreize falsch beantwortet. Bei den Schreckreizen wird zum Teil nichts gemacht und erklärt, es sei vergessen worden, was zu tun sei, zum Teil außergewöhnlich lange Reaktionszeiten bis zu $4^1/_2$ Sekunden gebraucht. Trotzdem zeigt W. weder nach den falsch beantworteten Reizen noch nach den Unfähigkeiten, die Schreckreize schnell und richtig zu beantworten, irgendeine Beunruhigung oder Unwilligkeit. Mit gleichmäßiger Ruhe arbeitet er weiter und zeigt auch im übrigen gleichmäßige kurze Reaktionszeiten. Auffallend ist es, daß bei den zahlreichen Fehlern der blau-rot-Reiz (Nr. 10 und 16) in der Mehrzahl der Fälle richtig und schnell beantwortet wird. Von den Bildern können 13 spontan genannt werden. Gesamturteil: ungenügend.

Urteil der Straßenbahn: Wegen körperlicher Schwäche, Faulheit und Arbeitsunlust gleich wieder ausgeschieden. Anfangsleistung ungenügend.

Anm.: Wäre auf Grund einer ärztlichen Untersuchung als ungeeignet zum Straßenbahnführer erkannt worden. Wäre außerdem in normalen Zeiten als Führer-Anwärter gar nicht in Frage gekommen.

Nr. 41. Lehrling R. 27 J. Geb. Ostpreußen. 3. September 1918 geprüft.

	blau	rot	L.	Ger.	grün	gr.i.B.	rot	blau	Zgr.	b. r.	r.i.B.	grün	Ger.	Zgr.	rot	b. r.	r. R.	A. M.
1	250	99	Ü	221	210	240	221	220	387	219	159	306	235	132	126	193	15	271
2	191	108	Ü	167	196	265	182	162	130	250	99	217	178	149	F	F	13	176
3	143	149	r	214	203 !	411	173	153	146	F	100	174	212	137	202	216	14	187
4	123	118+	r +	180	199 i	169	165	127+	220	V	111	F	176	162+	157 ·	F	12	159
5	145	147 ·	r ·	167	H	225	142	148	162 :	F	—	234	170	147 ·	191 ·	F	11	171
6	145 ·	110	r ·	220	199	186 !	150	152 :	212	227	121	265 ·	190	137	123 ·	F	14	174
7	130 :	269	r	164	177	175	125 ·	180	157 ·	170	111	208	170	198 ·	170 ·	145	15	170
8	127 ·	130	r !	Ü	246	182	138	153 ·	142	145	—	238	146 ·	140	134 :	107	13	156
9	142 ·	132	r	181	195	Ü	131	132	152 :	171	71	247	162 :	167	132 :	F	13	155
10	153 ·	133	r	165	222 :	279	157	143	153 :	175	115	183	171	121	120 :	182	15	165

A.M. 1–5	170	124	3/5	190	202	262	177	162	199	235	117	233	194	145	169	205	65	186
M.V. 1–5	40	19		22	5	61	20	23	64	16	21	37	23	9	28	12		27
A.M. 6–10	140	155	5/5	182	208	205	140	152	163	178	104	228	168	153	136	144	70	164
M.V. 6–10	9	46		19	21	37	11	12	19	20	17	26	11	24	14	25		21

Fehler

	1–5	6–10
F	6	2
Ü	2	2
V	1	—
H	1	—
f	—	—
i	1	—

Schreck

Art	Zeit
Sch	153
o	142
M	242

Störung ·

	1–5	6–10
·	7	30
+	4	—

	Zeit und Bilderfolge	
1.	geschätzte Zeit	: 1/2 Stunde
2.	geschätzte Bilderzahl	: 25
3.	spontan aufgezählt	: 15
4.	geschätzte Zahl der Fehlenden	: 3–4
5.	bei Befragen erinnert	: 12
6.	hierbei spontan genannt . . .	: —
7.	Suggestivfragen bejaht. . . .	: nein
8.	nicht gesehen	: —
9.	Hund nach links gesehen . .	: nein

Eigene Angaben: Zuerst Landarbeiter, dann auf einem Bagger beschäftigt, zuletzt Kutscher. Hat hierbei einen Fuß gebrochen und glaubt, daß das Stehen auf der Straßenbahn weniger anstrengend ist, als viel Bewegung und Tragen von Lasten. Will außerdem sichere Stellung und ausreichenden Verdienst haben.

Beurteilung der Leistung: Macht einen schüchternen etwas bedrückten Eindruck. Bei der Instruktion sehr schwerfällig. In der Prüfung selber unerwartet gut. In der ersten Hälfte zweimal die Linie übersehen, eine falsche Reaktion bei Reiz 15. Dies erklärt sich durch den vorhergehenden Buchstaben G, auf den fälschlicherweise reagiert wurde. Eine falsche Reaktion findet sich bei Reiz 12 nach Störungsreiz und vier falsche Reaktionen erfolgten auf den rot-blau-Reiz 10 und 16. Außerdem wurde bei dieser Reizart zweimal der vorhergehende Buchstabe vergessen. In der zweiten Hälfte wurde zweimal ein Reiz übersehen, davon einmal nach Schreckreiz und zweimal erfolgten Falschreaktionen auf den rot-blau-Reiz 16. Jedesmal nach längerem richtig beantworteten Störungsreiz, der mit dem vorhergehenden Buchstaben zusammentraf und seine Beachtung unterdrückte. 30 Störungsreize der zweiten Hälfte sind richtig beantwortet. Die Schreckreize ebenfalls richtig, beim Lampenfall durch ungeschicktes Greifen der beiden Hebel eine etwas längere Zeit. Dreimal nach Störungsreizen außergewöhnlich verlängerte Zeiten. Die Reaktionszeiten sonst ziemlich gleichmäßig von mittlerer Länge. Gesamturteil: gut.

Urteil der Straßenbahn: Fährt gut.

Nr. 42. Lehrling H. 27 Jahre. 16. November 1918 geprüft.

		blau	rot	L.	Ger.	grün	gr.i.B.	rot	blau	Zgr.	b. r.	r.i.B.	grün	Ger.	Zgr.	rot	b. r.	r. R.	A. M.
	1	—	—	r	124	F +	F	150	179	115	—	154	221	171	145	102	123	10	148
	2	130	120	r	148	176 i	161	132	142	—	152	128	133	164	—	111	206	13	146
	3	F	100	r	120	—	171	113	—	138	F	103	142	283	150	95	102	11	136
	4	249 i	112	r	—	139	115	113	205	130	137 ·	116	150	156 ·	98	94 · i	133 ·	14	139
	5	232	102	r!	153	162	122	101	202	120	162 i ·	102 :	300 i	123	115	102 :	152	15	150
	6	147 ·	102	r	125	174 ·	120 ·	147	135	—	F	94	150	135	123	107	117	13	129
	7	187 f	96 :	r	120	125 i	117 · i	114	157	—	—	86	130	143	96	89 :	135	13	116
	8	192 :	137	r	—	120	120	110	128	112	114	172	183	120	125 ·	94 ·	F	13	133
	9	137	109 ·	r!	130	155	108 · i	120	118	116 ·	106	75	130	136	117	83 : i	92	15	115
	10	199 :	144	r	86	137	111	102	130	113	125	84	113	154	111	95	95	15	120
A.M.	1—5	204	109	5/5	136	159	142	122	182	126	150	121	189	179	127	101	143	63	146
M.V.	1—5	49	8		14	23	24	15	22	8	12	20	57	41	21	5	29		23
A.M.	6—10	172	118	5/5	115	142	115	119	134	114	115	102	141	138	114	94	88	69	121
M.V.	6—10	24	18		15	18	5	12	10	2	7	28	20	9	9	6	22		14

Fehler

	1—5	6—10
F	4	2
Ü	—	—
V	—	—
H	—	—
f	1	1
i	5	4

Schreck

Art	Zeit
o	180 F
o	ca. 100 i

Störung

	1—5	6—10
·	9	21
+	1	—

Zeit und Bilderfolge

1.	geschätzte Zeit	: 40 Minuten
2.	geschätzte Bilderzahl	: 15
3.	spontan aufgezählt	: 19
4.	geschätzte Zahl der Fehlenden	: keine
5.	bei Befragen erinnert	: 6
6.	hierbei spontan genannt . . .	: 2
7.	Suggestivfragen bejaht. . . .	: keine
8.	nicht gesehen	: —
9.	Hund nach links gesehen. . .	: nein

Eigene Angaben: Vor dem Krieg ungelernter Arbeiter auf der Werft. Infanterist, dann bei der Fernsprechabteilung mit Leitunglegen und Klappenschrankbedienung beschäftigt gewesen. Zuletzt wieder auf der Werft mit 400 ℳ Monatsverdienst. Zur Straßenbahn, weil nicht zu schwer, will saubere und dauernde Beschäftigung haben, wenn auch weniger Verdienst (190 ℳ). Prüfung ist recht schwierig.

Beurteilung der Leistung: Interesse bei Erklärung, begreift schnell. Macht nur vereinzelte Fehler, schon in der ersten Hälfte gut. In der zweiten Prüfungshälfte nur je eine Falschreaktion bei Reiz 10 und 16. Vier Intensionsbewegungen. Alle Störungsreize richtig beantwortet. Die Beantwortung der Schreckreize erfolgt sehr kurz. Reaktionszeiten durchweg kurz und gleichmäßig. Bilder gut behalten. Gesamturteil: gut.

Urteil der Straßenbahn: Fährt sehr gut. Da gewandt im Verkehr mit dem Publikum, jetzt Schaffner.

Nr. 43. Lehrling P. 50 J. geb. Brandenburg. 16. Nov. 1918 geprüft.

	blau	rot	L.	Ger.	grün	gr.i.B.	rot	blau	Zgr.	b. r.	r.i.B.	grün	Ger.	Zgr.	rot	b. r.	r. R.	A. M.
1	F	137	Ü	V	193	149	F	Ü	—	190	153	194	275	202	125	F	9	180
2	F	128	Ü	200	192	200	170	356 f	205	300	136	275 f	310	188	125	F	13	210
3	162	123	r	228	288 i	290 i	168	164	185	164	127	200	320	173·	115	350 f	15	184
4	189	137·	r	232+	199	186	137·	195	171	256	130	211	208·i	168·	135·	F	14	188
5	163	125	r!	236	182	171	150	230 i	Ü	350	110	207:	224	144	120	288	14	208
6	145	130	r	—	204 f	205 i	144	150	167·	202	127	199	170	160	130	156·	14	163
7	175	122	r	180	221 i	210	132	209	159:	218	123	192	188	149	121	266 i	15	144
8	151⁝	293	r	225:	V	210	145	190:	210	261⁝	177	175	200⁝	171:	164	162	14	203
9	143	147	r	228	207	204	146:	161	168	F	132	177	199	119	118	125⁝	14	163
10	165	150	r	215	217 i	196 i:	150	145	158	183:	130	168!	270	149	121	217	15	176

A.M.	1—5	171	130	3/5	224	211	199	156	236	187	252	131	217	265	175	124	319	65	200
M.V.	1—5	12	6		12	31	37	13	35	12	60	11	23	42	16	5	31		23
A.M.	6—10	156	168	5/5	212	212	205	143	171	172	216	158	182	206	150	131	185	72	178
M.V.	6—10	11	50		16	8	4	5	23	15	24	28	11	26	13	13	45		19

Fehler

	1—5	6—10
F	6	1
Ü	4	—
V	1	1
H	—	—
f	2	1
i	4	

Schreck

Art	Zeit
o	90
Sch	240

Störung

	1—5	6—10
·	7	33
+	1	—

Zeit und Bilderfolge

1.	geschätzte Zeit.	: 30 Minuten
2.	geschätzte Bilderzahl	: 12
3.	spontan aufgezählt	: 17
4.	geschätzte Zahl der Fehlenden	: keine
5.	bei Befragen erinnert	: 10
6.	hierbei spontan genannt . . .	: —
7.	Suggestivfragen bejaht. . . .	: nein
8.	nicht gesehen	: —
9.	Hund nach links gesehen. . .	: nein

Eigene Angaben: *Früher Schneider, dabei ständig Magenleiden.* Der Arzt *empfahl stehende Beschäftigung im Freien, deshalb zur Straßenbahn.*

Beurteilung der Leistung: *Bei der Instruktion und Einübung* Schwierigkeiten. Nicht besonders gewandt, körperlich schwächlich. Verwechselt *zuerst grün* und blau. Sieht die Bilder nicht genau, mangelhaftes Sehvermögen. In der zweiten Hälfte nur eine falsche Reaktion bei Reiz 10. Sonst alle Reize richtig bis auf eine vergessene Reaktion nach doppeltem Störungsreiz. Störungsreize richtig beantwortet. Erster Schreckreiz kurz, zweiter etwas verlängert beantwortet, weil am Hebel vorbeigegriffen. Reaktionszeiten sehr gleichmäßig, aber etwas lang. Bilder gut behalten. Gesamturteil genügend.

Urteil der Straßenbahn: Fährt genügend, es fehlt ihm aber die Berechnung bei Fahrten, hat wiederholt gerammt, es fehlt auch die Geistesgegenwart. Ist deshalb entlassen.

Anm.: Wäre bei ärztlicher Untersuchung wegen mangelhafter Sehschärfe und allgemeiner Körperschwäche (zeigte bei Dynamometer-Prüfung doppelseitig nur ungefähr die halbe Druckleistung wie bei Männern der arbeitenden Bevölkerung allgemein) als ungeeignet für den Straßenbahnfahrdienst bezeichnet worden.

Nr. 44. Lehrling R. 44 J. geb. Schlesw.-Holst. 16. Nov. 1918 geprüft.

	blau	rot	L.	Ger.	grün	gr.i.B.	rot	blau	Zgr.	b. r.	r.i.B.	grün	Ger.	Zgr.	rot	b. r.	r. R.	A. M.
1	150	143	Ü	—	—	F	F	125	189	189	F	251	313	140	174	F	9	187
2	262 f	176	r	300	306 f	283	—	284	135	325 f	299	237	295	142	159	F	13	246
3	Ü	192	r	182	261	F	166	191	130	273	H	183	224	140	168	115	12	185
4	270+	210+	r!	200	—	313 i	161	168	143	218+	Ü	247	213·	115	166	F	12	202
5	302	189·	r!	228	—	222·	F	170	137+	Ü	310 f	194	217	152+	225	F	11	213
6	149:	168	r	205	—·	F	190	163	141·	284	231	227	218	147	147	181	13	189
7	197	144	r!	Ü	—	247	188	192	147	F	F	201	213	135	*150*	220	11	186
8	172	161	r	223	—	267	197	237	140	F	F	196:	212	143·	167	159 i	12	200
9	197	204·	r	224	225	224	184	210:	193	F	154	231	195·	158	159	183·	14	196
10	220	189	r	210	225·	F	190	159	Ü	F	F	201	210	149	210 f	—	10	196
A.M. 1—5	278	182	4/5	228	284	273	164	188	147	251	305	222	252	139	178	—	56	214
M.V. 1—5	16	18		37	23	34	3	40	17	48	6	27	41	10	18	—		23
A.M. 6—10	187	173	5/5	216	225	246	190	192	155	—	193	211	210	146	167	186	60	193
M.V. 6—10	21	19		8	—	15	3	25	19	—	39	14	6	6	18	17		16

Fehler

	1—5	6—10
F	9	9
Ü	4	2
V	—	1
H	1	—
f	3	1
i	2	1

Schreck

Art	Zeit
Sch	189
o	137
M	V

Störung

	1—5	6—10
·	4	15
+	4	1

Zeit und Bilderfolge

1.	geschätzte Zeit	: 1 Stunde
2.	geschätzte Bilderzahl	: 25—26
3.	spontan aufgezählt	: 19
4.	geschätzte Zahl der Fehlenden	: 2
5.	bei Befragen erinnert	: 6
6.	hierbei spontan genannt	: 2
7.	Suggestivfragen bejaht	: nein
8.	nicht gesehen	: —
9.	Hund nach links gesehen	: nein

Eigene Angaben: Gelernter Handlungsgehilfe, von 1892—96 gedient. 1914 garnisondienstfähig wegen Magen- und Herzleiden. Lagerhalter in einer Fabrik, hat sich auf Anraten eines Bekannten zur Straßenbahn gemeldet, glaubt aber nicht, daß er dem Dienst gewachsen ist.

Beurteilung der Leistung: Blaß, nervös. Instruktion mit Interesse verfolgt und gut verstanden, ist bei der Prüfung aufgeregt. In der ersten Hälfte zahlreiche Fehler und verlängerte Reaktionszeiten. Farbenschwäche bei rot und grün. In der zweiten Hälfte einmal das Geräusch nach nicht beantwortetem Schreckreiz überhört und einmal die Zeigerbewegung übersehen. Zwei Falschreaktionen bei Reiz 6 (grün im Bild), reagiert dabei auf rot, vier Falschreaktionen bei Reiz 10, reagiert ebenfalls auf rot. Drei Falschreaktionen bei Reiz 11 (roter Lichtpunkt), reagiert hier auf grün. Störungsreize, bis auf einen, richtig beantwortet. Die ersten Schreckreize richtig mit mittlerer Zeit beantwortet. Bei der fallenden Lampe weiß er nicht, was er machen soll. Die übrigen Reize sind ziemlich gleichmäßig, haben aber eine allgemein verlängerte Reaktionszeit. Die Bilder sind gut behalten. Gesamturteil: mangelhaft.

Urteil der Straßenbahn: War zu nervös, freiwillig ausgeschieden.

Anm.: Wäre auf Grund einer ärztlichen Untersuchung als durchaus ungeeignet für den Führerdienst erkannt worden.

Nr. 45. Lehrling Sch. 28 J. geb. Westpreußen. 18. November 1918 geprüft.

	blau	rot	L.	Ger.	grün	gr.i.B.	rot	blau	Zgr.	b. r.	r.i.B.	grün	Ger.	Zgr.	rot	b. r.	r. R.	A. M.
1	F	140	Ü	Ü	350	222	120	142	119	F	140	139	F	129	F	179	10	164
2	225	F	Ü	239	173	266 f	131	252	135	135	118	226	253	121	107	H i	13	183
3	310 i	116	r	—	251 i	167	147	160	126	164	137	140	225	120	178 i	186	14	174
4	191	175	r ·	223	160	127	189	170	130	207	146	170	207	135 ·	165	—	14	171
5	165 ·	144	r	180	146	116	125 ·	152	131 :	F	203	155 ·	184	130	131	190	14	154
6	183	140 ·	r	190	140	280	139	152	130	220	133	250	139	138 ·	137	—	14	169
7	229 :	H	r !	190	288 i	288 i	169	167 :	142	312	129 :	310	163 ·	128 ·	178 ·	169	14	204
8	189	154	r !	—	256	252	191	182	135 :	307 f	149	226	191	133	126	199	14	191
9	242	143	r	—	230	223	161	209 ·	142	292 i	127 ·	208	199	129 ·	136 :	F	13	188
10	—	137 ·	r	257	198	241 i	143	218	142 :	227	135	215 !	—	115	120 :	143	13	176
A.M. 1—5	223	144	3/5	214	216	180	142	175	128	169	149	170	217	127	145	185	65	172
M.V. 1—5	45	16		23	68	50	20	31	5	26	22	26	22	5	26	4		26
A.M. 6—10	211	144	5/5	212	222	257	161	186	138	272	135	242	173	129	139	170	68	179
M.V. 6—10	25	6		30	43	22	16	22	5	38	6	31	22	6	15	19		20

Fehler

	1—5	6—10
F	6	1
Ü	3	—
V	—	—
H	1	1
f	1	1
i	5	5

Schreck

	Art	Zeit
6—10	o	200
	Sch	174
	Sch	89

Störung

	1—5	6—10
·	7	31
+	—	—

Zeit und Bilderfolge

1.	geschätzte Zeit	: etwas über 1/2 Stunde
2.	geschätzte Bilderzahl	: 22
3.	spontan aufgezählt	: 18
4.	geschätzte Zahl der Fehlenden	: 3—4
5.	bei Befragen erinnert	: 6
6.	hierbei spontan genannt . . .	: 3
7.	Suggestivfragen bejaht . . .	: nein
8.	nicht gesehen	: —
9.	Hund nach links gesehen . .	: nein

Eigene Angaben: Seemann, 1914—1916 Marine, *Ruderpumpe auf Minensucher* und anderen Schiffen der Kriegsmarine bedient, Gefechte bei Gotland und Helgoland mitgemacht. 1916—1918 Infanterist, war in der Front nicht verwendbar.

Beurteilung der Leistung: Instruktion keine besonderen Schwierigkeiten. Löst die Aufgabe von Anfang an ziemlich richtig. Ruhige und sichere Art beim Reagieren. In der zweiten Hälfte nur eine Falschreaktion bei Reiz 16, wo R mit B verwechselt war. Es kommt sicher daher, daß während des Buchstabens zwei Störungsreize gegeben waren. Beim Doppelreiz 10 einmal zunächst falsch reagiert aber sofort richtig verbessert, eine Hemmung bei Reiz 2 nach wiederholtem Störungsreiz. Bei grün-Reizen einige Male Intensionsbewegungen nach der dem roten Lichtpunkt zugeordneten Taste. Keine Farbschwäche, sondern Verwechslung der Tasthebel. Schreckreize richtig beantwortet, der letzte auffallend kurz. Störungsreize richtig beantwortet. Reaktionszeiten etwas lang, aber gleichmäßig. Bilder gut behalten, bei einigen etwas unsicher in der Beschreibung. Gesamturteil: genügend.

Urteil der Straßenbahn: Fährt gut.

Nr. 46. Lehrl. R. 41 J. geb. Schlesw.-Holst. 18. Nov. 1918 geprüft.

		blau	rot	L.	Ger.	grün	gr.i:B.	rot	blau	Zgr.	b. r.	r.i.B.	grün	Ger.	Zgr.	rot	b. r.	r. R.	A.M.
	1	308	126	Ü	295	265	F	145	Ü	Ü	H	Ü	280	265	195 i	134	185	10	220
	2	F	140	r	285	254	F	174	207	206	246	150	Ü	F	F	116	187	10	196
	3	215	146	r	F	205	F+	Ü	247	206	226	158+	315	246 ·	230	222	202	12	235
	4	204	116	r	268 i	208	268	153	253	191	187 !	132	208	241 ·	204	155	226	15	201
	5	186	114+	r	280	198	203	148	265	156	196	126	191+	222	145+	232	112	15	185
	6	F i	Ü	r	217 ·	Ü	208+	174 ·	254	160 ·	238	131	182 !	217 ·	142	143	137	12	175
	7	186	117	Ü	227	F	177	138	252 ·	139	192 ·	111	164	178 ·	140	114	233 ·	14	169
	8	167	118	Ü !	155 ·	150	173	123	185	130 ·	165	103	173	173	113	108	125	15	144
	9	167	115	r	173 ·	219	168	156	186	136	233	184	222	174	128 ·	228	176	15	178
	10	146	149	r	167 ·	125 ·	175	133	150	125	156	117	140	144	120	102	134	15	139
A.M.	1–5	288	128	4/5	282	226	235	155	243	190	214	206	249	244	194	172	182	62	214
M.V.	1–5	70	12		8	27	33	10	18	17	22	92	49	12	24	44	28		31
A.M.	6–10	166	125	3/5	188	164	180	145	186	138	197	129	171	177	129	139	161	71	160
M.V.	6–10	11	12		27	36	11	16	27	9	31	23	21	16	10	37	35		21

Fehler

	1–5	6–10
F	7	2
Ü	6	4
V	—	—
H	1	—
f	—	—
i	3	1

Schreck

Art	Zeit
Sch	388
o	254
Sch	179

Störung

	1–5	6–10
·	3	14
+	5	1

Zeit und Bilderfolge

1.	geschätzte Zeit	: 1/2 Stunde
2.	geschätzte Bilderzahl	: 12–14
3.	spontan aufgezählt	: 15
4.	geschätzte Zahl der Fehlenden	: keine
5.	bei Befragen erinnert	: 12
6.	hierbei spontan genannt . . .	: —
7.	Suggestivfragen bejaht. . . .	: nein
8.	nicht gesehen	: —
9.	Hund nach links gesehen . .	: nein

Eigene Angaben: Werftarbeiter, 12,— M. Tagesverdienst, Fremdkörper im Auge, der aber nicht belästigt. Will eine sichere feste Stellung haben, wenn auch der Verdienst geringer ist, weiß nicht, was bei der Straßenbahn gezahlt. Mitten in der Prüfung erkannt, daß die gleiche Bilderfolge wiederkehrt.

Beurteilung der Leistung: Interesse und schnelles Verständnis für die Aufgabe, ruhige, überlegte Art zu reagieren, in der ersten Hälfte siebenmal den Reiz übersehen und siebenmal Falschreaktionen. Beschäftigt sich offenbar zu sehr mit den Bildern. In der zweiten Hälfte zwei Falschreaktionen und viermal den Reiz übersehen, darunter zweimal die durchgehende Linie. Reiz 10 und 16 durchweg von Anfang an richtig beantwortet. Im übrigen die Normalreize ziemlich gleichmäßig. Störungsreize der zweiten Hälfte nur einmal nach Buchstaben falsch beantwortet. Schreckreize richtig, aber etwas verlängerte Zeit. Gesamturteil: genügend.

Urteil der Straßenbahn: Fährt gut.

Nr. 47. Lehrl. P. 31 J. geb. Schlesien. 18. November 1918 geprüft.

	blau	rot	L.	Ger.	grün	gr.i.B.	rot	blau	Zgr.	b. r.	r.i.B.	grün	Ger.	Zgr.	rot	b. r.	r. R.	A. M.
1	F	112	Ü	—	263	V	144	156	F	V	138	263	F	167	158	191	9	172
2	163	98	r	—	263	168	95	158 i	163	256 i	197	174	F	110	92	F	12	161
3	F	86	r	243	295	136	108	188	128	F	108	166	226	113	100	82	13	152
4	139 i	98+	r	242 ·	F	109	116	158 i	144 ·	F	97 ·	133 i	228	138	88	212	13	146
5	136 i	86	r !	208	269	185	101	237	—	F	136	246	178	136	99	123	13	165
6	123	110	r	252	261	113	102	249 :	139 ·	258 i	90 !	177	155 ·	96	82	137	15	156
7	157 :	118	r	172	168 ·	166 i	98	231 ·	135	253 i	86	155	171	112	92 :	75	15	146
8	162 :	122	r	138	180 i	140 i	115	149 ·	111 ·	258 f	96	173 ·	198	112	94 :	F	14	146
9	143 ·	117 ·	Ü	132 ·	170 ·	225	108	129	155	229 i	112	117	103	128	82	77	15	135
10	148	92	Ü !	125	158	132	90	136	102 ·	140i ·	101 ·	160 i	118	107	94	125	15	123
A.M. 1–5	146	96	4/5	232	273	148	113	179	145	—	135	196	211	133	107	152	60	168
M.V. 1–5	11	8		16	12	27	14	26	12	—	26	46	22	17	20	50		20
A.M. 6–10	147	112	3/5	164	187	155	103	179	128	228	97	176	149	111	89	104	74	142
M.V. 6–10	11	9		39	29	32	7	49	18	35	8	34	31	8	5	28		23

Fehler

	1–5	6–10
F	10	1
Ü	1	2
V	2	—
H	—	—
f	—	1
	7	8

Schreck

Art	Zeit
Sch	120
o	85
Sch	85

Störung

	1–5	6–10
·	4	25
+	1	—

Zeit und Bilderfolge

1.	geschätzte Zeit	: 35—40 Minuten
2.	geschätzte Bilderzahl	: 10
3.	spontan aufgezählt	: 14
4.	geschätzte Zahl der Fehlenden	: 2 mehr kaum
5.	bei Befragen erinnert	: 8
6.	hierbei spontan erinnert . . .	: 2
7.	Suggestivfragen bejaht. . . .	: nein
8.	nicht gesehen	: 3
9.	Hund nach links gesehen . .	: nein

Eigene Angaben: Schiffbauer, Marine, 1914—18 Sanitätsmaat, z. Zt. auf der Werft keine Arbeit, will, weil verheiratet, gern in Kiel bleiben, deshalb zur Straßenbahn, die eine leistungsfähige Firma ist. Auf der Werft müssen die Löhne fallen, bei der Straßenbahn steigen.

Beurteilung der Leistung: Hört interessiert zu, begreift schnell, in der ersten Hälfte zahlreiche Fehler, in der zweiten Hälfte nur eine Falschreaktion bei Reiz 16 und zweimal ein Übersehen der durchgehenden Linie. Beim Reiz 10 jedesmal erst die falsche Taste intendiert, dann sofort richtig. Störungsreize stets richtig. Schreckreize auffallend kurz. Drei Bilder will K. nicht gesehen haben. Gesamturteil: genügend.

Urteil der Straßenbahn: Fährt gut.

Nr. 48. Lehrling H. 28 J. geb. Braunschweig. 19. Nov. 1918 geprüft.

		blau	rot	L.	Ger.	grün	gr.i.B.	rot	blau	Zgr.	b. r.	r.i.B.	grün	Ger.	Zgr.	rot	b. r.	r. R.	A. M.
1		325	132	r	Ü	ca. 400	276	122	261	202	F	275	V i	Ü	144	134	91	14	215
2		202	99	r	Ü	250	207	86	V i	141	237	115	Ü	Ü	135	V	V	9	163
3		132	104	r	125	115	139	117	197	165	F	101	236	142	162	230	V	13	149
4		193	118	r	196	300 f	185	98·i	211	152	167	122+	F	196	155	143+	V	13	172
5		145·	169	Ü	252	210 i	157 i	132	206	162	212!	140	240·	F	134+	147	V +	13	177
6		217	115	r!	102	150·	166·i	130	295	150·	V i	94·i	194·i	135	129·	112	211	14	157
7		127:	H	r!	206·i	154	162	137	Ü	140	205	121	189	130	125:	130	123	13	150
8		169·	115	r	174	185 i	154	126:	191	138	270	129	151	172	137·	160	F	14	162
9		145	122	r	74	152	149	135	176	147·	277	119	152 i	172	123·	110	163	15	148
10		128·	250	r	100·	174 i	169·	134	227·	147·	274	120:	287	177	157·	125	224 i	15	180
A.M.	1—5	199	124	4/5	191	255	193	111	219	164	205	151	238	154	146	164	—	59	174
M.V.	1—5	44	21		44	70	39	15	21	15	26	50	2	42	10	34	—		29
A.M.	6—10	157	150	5/5	131	163	160	132	222	144	257	117	195	157	134	127	180	71	162
M.V.	6—10	29	50		47	14	7	4	39	4	28	9	37	20	10	14	37		23

Fehler

	1—5	6—10
F	4	1
Ü	6	1
V	7	1
H	—	1
f	1	—
i	4	9

Schreck

Art	Zeit
Sch	157
o	200
Seh	156

Störung

	1—5	6—10
·	2	27
+	3	1

Zeit und Bilderfolge

1.	geschätzte Zeit	: 20 Minuten
2.	geschätzte Bilderzahl	: 10
3.	spontan aufgezählt	: 16
4.	geschätzte Zahl der Fehlenden	: keine
5.	bei Befragen erinnert	: 7
6.	hierbei spontan genannt . . .	: 4
7.	Suggestivfragen bejaht. . . .	: nein
8.	nicht gesehen	: —
9.	Hund nach links gesehen. . .	: nein

Eigene Angaben: Seemann, seit **1912** aktiv bei der Marine, Schnellbootfahrer, mußte Boote einfahren, weil er besonders geschickt und flink war, und mußte 1917 dem König von Bayern ein Schnellboot auf dem Starnbergersee vorfahren. Konnte den Straßenbahnwagen sofort bedienen und gleich mit einem Wagen losfahren (unter Aufsicht).

Beurteilung der Leistung: Großes Interesse für die Methode, versteht Instruktion schwer. In der ersten Hälfte bei Reiz 16 wiederholt den Buchstaben vergessen, vielleicht auch übersehen und reagiert deshalb nicht. In *der zweiten Hälfte* eine Hemmung bei der durchgehenden Linie nach mehrfach wiederholtem Störungsreiz. Bei Reiz 10 einmal Buchstabe vergessen, bei richtig beantwortetem Störungsreiz, einmal nicht reagiert aber intendiert. Störungsreize in zweiter Hälfte bis auf eine Falschreaktion und zwei Intensionsbewegungen richtig beantwortet. Schreckreize richtig, aber längere Reaktionszeit als hier nach dem früheren Beruf (Schnellbootfahrer) erwartet werden konnte. Auffallende Zeitverlängerungen einmal bei Reiz 8 (blau) und zweimal nach richtig beantwortetem Störungsreiz. Im übrigen Normalreize mit kurzen Reaktionszeiten und ziemlich gleichmäßig beantwortet. Bilder gut behalten. Gesamturteil: genügend.

Urteil der Straßenbahn: Fährt gut.

Nr. 49. Lehrling Bw. 24 J. geb. Schlesw.-Holst. 19. Nov. 1918 geprüft.

	blau	rot	L.	Ger.	grün	gr.i.B.	rot	blau	Zgr.	b. r.	r.i.B.	grün	Ger.	Zgr.	rot	b. r.	r. R.	A. M.
1	291	140	Ü	210	F	V	142	Ü	233	365	117	174	176	223i	153	F	11	202
2	231	125	r	173	222	227 i	165	Ü	141	220	164	180	166	—	136	—	12	179
3	F	113	r	156	211	225 i	149	Ü	153	Ü	130	210	191	143	113	F	11	163
4	250 f	121	r+	139	183	V i	125	Ü	158+	V	139	171	170	156	111+	—	11	152
5	261 f	141	r!	136	183	216 i	123	Ü	138+	F	135	195 i	159	148·	118	—	12	163
6	F	205	r!	167	217	191 +	161	300	148·	F	138·	141	162	160+	118	—	12	180
7	—	194	r!	132·	174	194 i	137	255	163·	290 i	149·	160	160	149·	130:	V	13	176
8	—	140	r	168	210	166·	135	254	160·	273 i	135	180	167	155·	155	249	14	182
9	273	142:	r·	163	195	171	166	230	141	V	158	172	151	158	122	180	14	173
10	228	132	r	176	178	163 i	132	Ü	152	220 i	125	159:	138	142	123·	F	13	159

		blau	rot	L.	Ger.	grün	gr.i.B.	rot	blau	Zgr.	b. r.	r.i.B.	grün	Ger.	Zgr.	rot	b. r.	r. R.	A. M.
A.M.	'1–5	258	128	4/5	163	200	223	141	—	165	239	137	186	172	168	126	182	57	182
M.V.	1–5	18	5		23	17	4	13	—	28	73	12	13	9	32	15	20		20
A.M.	6–10	251	163	5/5	161	195	177	146	260	153	261	141	174	156	153	130	214	66	182
M.V.	6–10	23	30		12	15	12	14	20	7	27	10	11	9	6	10	35		16

Fehler

	1–5	6–10
F	5	3
Ü	7	1
V	3	2
H	—	—
f	2	—
i	9	6

Schreck

Art	Zeit
Sch	223
o Sch	171 78

Störung

	1–5	6–10
·	2	24
+	4	2

Zeit und Bilderfolge

1.	geschätzte Zeit	: 30 Minuten
2.	geschätzte Bilderzahl	: ca. 15
3.	spontan aufgezählt	: 14
4.	geschätzte Zahl der Fehlenden	: 1 (10 auf keinen Fall
5.	bei Befragen erinnert	: 7
6.	hierbei spontan genannt . . .	: 6
7.	Suggestivfragen bejaht. . . .	: nein
8.	nicht gesehen	: —
9.	Hund nach links gesehen. .	: ja

Eigene Angaben: *Herrschaftlicher Kutscher auf dem Lande, Kriegsinvalide mit 50% Rente, muß wegen des verletzten Fußes etwas Bewegung haben, geht deshalb zur Straßenbahn, keine Lust zur Büroarbeit. Verdienst bei der Straßenbahn ist ihm nicht bekannt, Höhe nicht so wichtig, wenn nur feste Stellung.*

Beurteilung der Leistung: Bei der Instruktion etwas schwerfällig. Der blaue Lichtreiz macht Schwierigkeiten, wird offenbar nicht gut gesehen. Reiz 8 (blau) in der ersten Hälfte durchweg übersehen, in der zweiten Hälfte sehr lange Zeiten. Bei Reiz 10 und 16 je einmal den Buchstaben vergessen und einmal falsch reagiert. Eine Falschreaktion auch bei Reiz 1. Störungsreize bis auf zwei Falschreaktionen (nach Buchstaben) richtig beantwortet. Schreckreize richtig, den letzten auffallend schnell beantwortet. Die Normalreize durchweg schnell und mit geringen Schwankungen. Bilder gut behalten. Durch die langen Zeiten bei blau allgemein verlängerte Durchschnittszeit.
Gesamturteil: genügend.

Urteil der Straßenbahn: Fährt gut.

Nr. 50. Lehrling B. 25 J. geb. Schleswig-Holstein. 19. Nov. 1918 geprüft.

	blau	rot	L.	Ger.	grün	gr.i.B.	rot	blau	Zgr.	b. r.	r.i.B.	grün	Ger.	Zgr.	rot	b. r.	r. R.	A. M.
1	180 i	121	Ü	—	233	V	122	Ü	151	F	F	114	132	185 f	110	F	9	150
2	195	111	Ü	153	105	F	132	Ü	F	143	106	F	146	122 f	112	F	10	143
3	194 i	132	r	162	103 i	230 i	128	182	140	112	130	176 i	182	121	124	H	14	141
4	152	112	r!	142	168·	230 i·	254·	178·	142	184·	105	243 f	—	112	126	—	13	165
5	156	123·	r!	185	178 i	178 i	123·	138	124	—	106	163	152	121	108	F	13	143
6	158	111	r!	143	138	142	135	171	109	152	116	120	127	119	104	134	15	132
7	138	109	r	130	150	183	108	152	118	129	110	164 i	134·	107+	168	F	14	136
8	140	118	Ü	132+	150 i	215+	210	237	120+	400	121+	202	135·	125·i	123	174	15	173
9	134·	191	r	126·	176 i	140	140·	—	120	204	114	238	131	117	121·	F	13	150
10	138	120	r·	135	145·	195 i	123	231	130+	156	140·	152·	130	132	115	F	14	146

		blau	rot	L.	Ger.	grün	gr.i.B.	rot	blau	Zgr.	b. r.	r.i.B.	grün	Ger.	Zgr.	rot	b. r.	r. R.	A. M.
A.M.	1—5	175	120	3/5	161	157	216	152	166	139	146	112	174	153	152	116	—	59	153
M.V.	1—5	17	6		13	43	22	41	19	8	25	9	36	15	41	7	—		20
A.M.	6—10	142	130	4/5	133	152	175	143	198	119	208	120	175	131	120	126	154	71	148
M.V.	6—10	7	25		5	10	27	27	36	5	77	41	36	2	7	16	20		23

Fehler

	1—5	6—10
F	8	3
Ü	4	1
V	1	—
H	1	—
f	3	1
i	9	7

Schreck

Art	Zeit
Sch	184
o	108
Sch	ca. 100

Störung

	1—5	6—10
·	13	11
+	—	6

Zeit und Bilderfolge

1.	geschätzte Zeit	: ca. 30 Minuten
2.	geschätzte Bilderzahl	: 12—13
3.	spontan aufgezählt	: 13
4.	geschätzte Zahl der Fehlenden	: keine
5.	bei Befragen erinnert	: 9
6.	hierbei spontan genannt . . .	: 3
7.	Suggestivfragen bejaht. . . .	: nein
8.	nicht gesehen	: —
9.	Hund nach links gesehen. . .	: nein

Eigene Angaben: Müller, Kutscher, 14/16 Infanterist k. v. Nervenverletzung am Bein durch Schuß, 75% Rente. Zuletzt Telephonist auf der Werft, Klappenschrank-Bedienung. Zum Schreiben keine Lust, zur Straßenbahn, um feste Stellung und Arbeit in frischer Luft zu haben, erwartet 190 ℳ im Monat.

Beurteilung der Leistung: Instruktion leicht verstanden, in der ersten Hälfte noch zahlreiche Fehler, in der zweiten Hälfte nur drei Falschreaktionen bei Reiz 16, wo jedesmal die dem grünen Reiz entsprechende Taste gedrückt wurde. Offenbar ist der Buchstabe in der Erinnerung verwechselt worden. Einmal wurde der Liniendurchgang übersehen, einmal Reiz 12 (grün) die dem Blaureiz zugeordnete Taste gedrückt. Einmal bei Reiz 10 nach Störungsreiz außergewöhnlich lange Zeit. Auf Störungsreize in der zweiten Hälfte sechsmal falsch reagiert, so wie fünfmal nach vorhergehendem Buchstaben. Fünfmal bei Normalreizen und zweimal bei Störungsreizen Intensionsbewegungen. Schreckreize richtig beantwortet, die beiden letzten sehr schnell. Bilder gut behalten. Gesamturteil: genügend.

Urteil der Straßenbahn: Fährt gut.

Nr. 51. Lehrling G. 27 J. geb. Braunschweig. 22. Nov. 1918 geprüft.

	blau	rot	L.	Ger.	grün	gr.i.B.	rot	blau	Zgr.	b. r.	r. i. B.	grün	Ger.	Zgr.	rot	b. r.	r. R.	A. M.
1	187	148	r	Ü	300 f	V	365	291	F	302	171	212 i	172	161	183	152	12	220
2	164	145	r	160	300 f	F	323	242	286 f	167	F	169 i	222	110	167	164	13	101
3	164	187	r	272	300 i	207 i	F	250	145	V	265 i	206 i	104	165	163	F	12	212
4	176	205	r !	155	237 i	300 i	F	238	143 ·	F	150	205 ·	227	164	143 ·	125	13	190
5	145 ⁝	135	r	252	204 f	164	160	Ü	168	F	163	167	231	105	135 ·	162	13	173
6	160	143	r !	182	220 i	160	162	220	181	162	155	200	185 :	161	150	273	14	181
7	136 ·	217 !	r	199	220 i	140	240	207	130	288	167	267 i	180 ·	172	173	158	14	193
8	138	169	r	—	187	140	184	233	152 :	153 ·	171	250	—	169	F ·	263	12	184
9	150	175 ·	r	—	202 i	250 i	120 ·	223	176 ·	158	158	190	—	128	208	215	13	187
10	142 :	218	r	166	195 i	187	160 :	218	—	237 i	182 i	190	231	146	152	181	14	186
A.M. 1–5	167	163	5/5	210	268	220	283	255	185 ·	235	187	204	203	153	158	151	63	203
M.V. 1–5	11	24		54	38	51	82	18	50	68	39	29	28	17	15	13		34
A.M. 6–10	145	184	- 5/5	162	205	175	189	220	161	200	167	213	199	145	171	218	69	185
M.V. 6–10	8	26		20	12	34	25	6	17	50	6	31	22	15	20	40		22

Fehler

	1–5	6–10
F	8	1
Ü	2	—
V	2	—
H	—	—
f	4	—
i	8	7

Schreck

Art	Zeit
Sch	83
o	162
Sch	ca. 100

Störung

	1–5	6–10
·	8	15
+	—	—

Zeit und Bilderfolge

1.	geschätzte Zeit	: 45 Minuten
2.	geschätzte Bilderzahl	: 15–17
3.	spontan aufgezählt	: 15
4.	geschätzte Zahl der Fehlenden	: 1–2
5.	bei Befragen erinnert	: 11
6.	hierbei spontan genannt . . .	: 1
7.	Suggestivfragen bejaht. . . .	: nein
8.	nicht gesehen	: —
9.	Hund nach links gesehen. . .	: nein

Eigene Angaben: *Als Kind kränklich, zur See gefahren als Bäcker, sechs Jahre bei der Marine, Burschen- und Bürodienst, Telephon-Ordonnanz, zuletzt Befehlsübermittler in der Skagerakschlacht, geht zur Straßenbahn, weil als Bäcker z. Zt. keine Arbeitsgelegenheit, und weil er feste Stellung haben will. In der Prüfung die Bilder zum Teil den Reizen zugeordnet, erkannt, daß bei bestimmten Bildern bestimmte Reize auftraten. Die Tastenanordnung durch Hilfsmerkmale behalten.*

Beurteilung der Leistung: Intressiert und aufmerksam bei der Instruktion. In der ersten Hälfte zahlreiche Fehler, in der zweiten Hälfte nur eine falsche Reaktion bei Reiz 15 (rot), wo auf den vorhergehenden Buchstaben G reagiert wurde. Alle Störungsreize, auch die der ersten Hälfte, richtig beantwortet. Schreckreize schnell und richtig beantwortet. Bei Normalreizen der zweiten Hälfte siebenmal Intensionsbewegungen. Reaktionszeiten nicht besonders kurz, aber ziemlich gleichmäßig. Bilder gut behalten. Gesamturteil: genügend.

Urteil der Straßenbahn: Fährt gut.

Nr. 52. Lehrl. L. 28 J. geb. Schlesw.-Holst. 22. Nov. 1918 geprüft.

		blau	rot	L.	Ger.	grün	gr.i.B.	rot	blau	Zgr.	b. r.	r.i.B.	grün	Ger.	Zgr.	rot	b. r.	r. R.	A. M.
1		99	146	Ü	H	104	H	189	Ü	Ü	F	160	260 i	240 ·	169	111	Ü	9	170
2		162	108	Ü	184	163	F	124	H	137	171	149	223 i	176	129	119	123+	13	151
3		212	152+	r	180	295	168	156	H	121+	F	192	211 ·	180	126+	116	Ü	12	177
4		156 ·	176 ·	r!	156 ·	191	F ·	142	300	128	F	130 ·	188	300 :	136	112	204	13	178
5		192	121+	r	F	164	174	128	225	135 ·	196	117 ·	167	—	220 i	115	H	12	164
6		151	112	r!	152	166	160 ·	124	163	—	H	103	147	220	—	106	H	11	146
7		132	105 :	r	180	176 i	154	118	214	200	H	100	137 i	192 ·	123 ·	H	212	13	157
8		150 ·	112 :	Ü	195	140 ·	148	122	278 ·	122	152	101	208	174 ·	124	101 ·	182	15	154
9		138	102 :	r	163	154	145	126	168	103	F	108	138 ·	167	124	98 ·	Ü	13	133
10		134	98	Ü	142 ·	141	144	125	190	106	144	100 ·	136 ·	134	118	112	104	15	129
A.M.	1—5	164	141	3/5	173	195	171	148	263	130	184	150	210	224	154	117	164	60	173
M.V.	1—5	30	21		12	40	3	20	:37	6	13	21	26	46	29	4	41		23
A.M.	6—10	141	106	3/5	166	155	150	123	203	133	148	102	153	177	122	104	166	67	143
M.V.	6—10	8	5		17	12	5	2	35	34	4	3	22	23	2	5	41		15

Fehler

	1—5	6—10
F	6	1
Ü	6	3
V	1	—
H	5	4
f	—	—
i	7	2

Schreck

Art	Zeit
Sch	V
Sch	184

Störung

	1—5	6—10
·	11	19
+	7	—

Zeit und Bilderfolge

1.	geschätzte Zeit.	: 3/4—1 Stunde
2.	geschätzte Bilderzahl	: 15—20
3.	spontan aufgezählt	: 14
4.	geschätzte Zahl der Fehlenden.	: 2—3
5.	bei Befragen erinnert	: 13
6.	hierbei spontan genannt . . .	: —
7.	Suggestivfragen bejaht. . . .	: nein
8.	nicht gesehen	: —
9.	Hund nach links gesehen. . .	: nein

Eigene Angaben: Geschäftskutscher, Infanterist k. v., im Felde Gasvergiftung, seitdem starke Atembeschwerden, schnelles Gehen und schweres Tragen ist nicht möglich. Zur Straßenbahn, weil Lust zu dem Beruf und annimmt, daß nicht zu schwere Arbeit. Verdienst unbekannt.

Beurteilung der Leistung: Interesse bei der Instruktion, macht zunächst einen recht günstigen Eindruck, bei der Prüfung aufgeregt und verwirrt, vielfach gehemmt. Im ersten Teil der Prüfung mehrfach Reize übersehen, Falschreaktionen und *auffallende* Hemmungen. Im zweiten Teil der Prüfung zweimal den Liniendurchgang übersehen, davon einmal nach doppeltem Störungsreiz. Eine Falschreaktion bei Reiz 10, da Buchstabe verwechselt. Zweimal bei Reiz 10, und je einmal bei Reiz 15 und bei Reiz 16 vollkommen gehemmt. Beim ersten Schreckreiz nichts gemacht (weil nicht daran gedacht). Zweiter Schreckreiz richtig, aber nicht besonders kurz beantwortet. Störungsreize richtig. Im übrigen gleichmäßige und kurze Reaktionszeiten. Bilder gut behalten. Gesamturteil: kaum genügend.

Urteil der Straßenbahn: Flüchtig, ist wiederholt aufgerannt, kann den Abstand nicht halten, soll entlassen werden.

Anm.: Wäre bei einer ärztlichen Untersuchung wegen seines chronischen Lungenleidens, verbunden mit Atmungsbeschwerden als ungeeignet für den Fahrdienst bezeichnet worden. Die im Versuch aufgetretenen wiederholten Hemmungen dürften ebenfalls ungezwungen durch die Atembeschwerden zu erklären sein, die L. wiederholt für kurze Zeit in einen Zustand der Handlungsunfähigkeit versetzen.

Nr. 53. Lehrl. K. 25 J. geb. Schlesw.-Holst. 22. Nov. 1918 geprüft.

	blau	rot	L.	Ger.	grün	gr.i.B.	rot	blau	Zgr.	b. r.	r.i.B.	grün	Ger.	Zgr.	rot	b. r.	r. R.	A. M.
1	112	169	Ü	186	156	V	174	265	138	F	132	F	183	121	114	112	12	155
2	163	212	r	160	131	F	122	248	112	H	124	112	114	141	131	161	13	149
3	134	118	r	168	148	164 f	134	198	112	186	179	198	132	124	114	Ü	14	151
4	156	124	r!	146	143	154 ·	132 ·	166 ·	131 ·	172	113	148	146 ·	114	136	Ü	14	142
5	F	120	r!	146	182	F	138	158	118	212 ·	128	168	150	126	124	Ü	13	148
6	—	152	r	146	132	157	131 ·	155	119	141 ·	147	148 ·	146	104	152	Ü	12	141
7	136	123	r!	—	—	132	134 ·	184	132	126	105	143	137	110 ·	H ·	171	15	136
8	164	98	r ·	148	174	142	148 ·	184	129	148	116	158	146	106	136	245 i	15	150
9	134	128	r	150	172	141	155	218 ·	111	131	98	153	148	108	121	126	15	140
10	143	176	r:	138	172	143	153	188	153	143	151	198	131	108	112	F	14	148

A.M.	1—5	141	149	4/5	161	152	159	140	207	122	190	135	157	145	125	124	137	65	150
M.V.	1—5	18	34		13	14	5	14	40	10	15	17	27	18	7	8	25		18
A.M.	6—10	144	135	5/5	146	163	143	144	186	129	138	127	160	142	107	130	181	69	145
M.V.	6—10	10	23		4	15	6	9	14	11	7	21	15	6	2	14	43		13

Fehler

	1—5	6—10
F	5	1
Ü	4	1
V	2	—
H	1	1
f	1	—
i	1	1

Schreck

Art	Zeit
Sch	V
o	185
M	265

Störung

	1—5	6—10
·	8	13
+	—	—

Zeit und Bilderfolge

1.	geschätzte Zeit	: 35 Minuten
2.	geschätzte Bilderzahl	: 8—9
3.	spontan aufgezählt	: 13
4.	geschätzte Zahl der Fehlenden	: keine
5.	bei Befragen erinnert	: 12
6.	hierbei spontan genannt	: 2
7.	Suggestivfragen bejaht	: nein
8.	nicht gesehen	: —
9.	Hund nach links gesehen	: ja

Eigene Angaben: *Elektrotechniker. 1914—18* bei der Marine, Fernsprechabteilung, gestern aus dem *Felde gekommen. Will zur* Straßenbahn, um feste Stellung zu haben. Bei der Prüfung ist ihm aufgefallen, daß *die blau-rot-Reize* mit einer bestimmten Postkarte zusammentreffen.

Beurteilung der Leistung: Begreift Instruktion sehr leicht. Etwas unruhig in der Prüfung, muß wiederholt aufgefordert werden, die Hände in den Schoß zu legen. Beim ersten Schreckreiz nichts gemacht, weil glaubte, daß etwas hingefallen sei und daß dies nicht zum Versuch gehöre. In der ersten Hälfte einige Falschreaktionen, die aber sofort erkannt werden. In der zweiten Hälfte nur eine Falschreaktion zum Schluß bei Reiz 16. Einmal bei Reiz 16 den Buchstaben übersehen, und einmal nach Störungsreiz, der längere Zeit andauert, untätig bei Reiz 15. Sonst gleichmäßige Reaktionszeiten. Bei den Schreckreizen jedesmal erschrocken und bedarf deshalb zur Beantwortung etwas verlängerter Zeiten. Bilder gut behalten. Hund in der Erinnerung nach links gerichtet gesehen. Gesamturteil: gut.

Urteil der Straßenbahn: Fährt genügend.

Nr. 54. Lehrling St. 40 J. geb. Schlesw.-Holst. 23. Nov. 1918 geprüft.

		blau	rot	L.	Ger.	grün	gr.i.B.	rot	blau	Zgr.	b. r.	r.i.B.	grün	Ger.	Zgr.	rot	b. r.	r.R.	A.M.
	1	F	154	r	—	160	V	128	F	172	F	179	198	222	148	116	265	10	174
	2	112	106	r	132	173	248	134	204	148	166	118	148	158	118	94	134·	15	146
	3	202+	124	r+	134	173·	244	126	186	144	F	136	200	158	140	108	243f	14	166
	4	134	98	r!	164	159	168	146	145	134+	F	114·	176	174·	127	112	280f	14	152
	5	138	118	r!	164	174	141+	132	164·	126	F	112	148·	140	198	78	241	14	149
	6	146	132	r·	145	160	212	140·	212	116	F	106	157	146	135	128	122·	14	148
	7	126	106:	r	163	160	146	168	171	123	F	116	156	132	124	106	F	13	136
	8	144	114	r	133	137	123	154	141	126	H	106	253+	127:	143	105	103	14	136
	9	129	105	r!	162	136	114	122	140	135	146	115·	162	134·	122	98	F	14	130
	10	129	107	r·	156	132	204+	152	153	143	126	108	152	132	139	112	125	15	138
A.M.	1—5	147	120	5/5	149	168	200	130	175	145	—	132	174	170	148	102	233	67	157
M.V.	1—5	26	15		16	7	46	5	20	12	—	21	21	22	20	12	39		19
A.M.	6—10	135	113	5/5	152	145	150	147	163	131	136	110	176	134	133	110	117	70	137
M.V.	6 10	8	8		10	12	41	13	22	7	10	4	31	5	8	8	9		13

Fehler

	1—5	6—10
F	6	4
Ü	—	—
V	1	—
H	—	1
f	2	—
i	0	—

Schreck

Art	Zeit
Sch	278
o	126
Sch	136

Störung

	1—5	6—10
·	7	10
+	4	2

Zeit und Bilderfolge

1.	geschätzte Zeit	: 20 Minuten
2.	geschätzte Bilderzahl	: 16
3.	spontan aufgezählt	: 13
4.	geschätzte Zahl der Fehlenden	: keine
5.	bei Befragen erinnert	: 12
6.	hierbei spontan genannt . . .	: 2
7.	Suggestivfragen bejaht. . . .	: nein
8.	nicht gesehen	: —
9.	Hund nach links gesehen . .	: nein

Eigene Angaben: Gelernter Hufschmied. 1911 lungenkrank, Schmiedetätigkeit aufgegeben, 1914 g. v., dann 1915 eingezogen. Meldet sich jetzt zur Straßenbahn, weil der Ansicht, daß er auf diese Art und Weise in der Heimat bleiben kann, wurde aber trotzdem eingezogen. Entdeckt nun plötzlich, daß er eigentlich Schmied ist und läßt sich als solcher von der Werft anfordern, 15 ℳ täglich. Zur Straßenbahn, weil Lust zum Fahren und Bedürfnis nach Arbeit im Freien. Auf der Werft z. Zt. derartige Beschäftigung nicht möglich.

Beurteilung der Leistung: Instruktion leicht begriffen. Gleich in der ersten Hälfte genügende Leistung. Nur Reiz 10 macht Schwierigkeiten. In der zweiten Hälfte je zwei Falschreaktionen bei Reiz 10 und 16, außerdem eine Hemmung bei Reiz 10. Grund der Falschreaktion, der Hemmung ist in diesem Falle auf Flüchtigkeit zurückzuführen. Die Störungsreize werden bis auf zwei Falschreaktionen richtig beantwortet. Von den Schreckreizen hat der erste eine verlängerte Reaktionszeit, die beiden letzten werden kurz beantwortet. Durchweg kurze und gleichmäßige Reaktionszeiten. Bilder gut behalten. Gesamturteil: voll genügend.

Urteil der Straßenbahn: Fährt gut, ein schwerer Unfall ohne Verschulden.

Nr. 55. Lehrling B. 40 J. geb. Schlesw.-Holst. 23. Nov. 1918 geprüft.

		blau	rot	L.	Ger.	grün	gr.i.B.	rot	blau	Zgr.	b. r.	r.i.B.	grün	Ger.	Zgr.	rot	b. r.	r. R.	A.M.
1		285	135	r	Ü	300	V	Ü	Ü	220	Ü	210	195	Ü	154	132	225	9	206
2		195	122	r	300	182	194	158	182	148	F	162	168	234	136	112	212	14	199
3		126	134	r·	148·	173·	176	152	171	137	F	118	186	168	156	126	246	14	158
4		169	132	r!	132	243 i	235 f·	154	207	128·	300	236	163	131	141	117	Ü	14	178
5		141	124	r·	146	167	154·	161	164	132	F	125·	167	156	130	131	226	14	152
6		158	136	r	163	176	167	147·	148	150	F	185	186	162	124	126	F	13	156
7		144	124	r!	172	152	145	154	184	138	214	138	176·	173	137	132	208	15	159
8		136	124	r	189	188	158	141·	194	148	191	117	178·	151	132	132	F	14	156
9		146	117	Ü!	—	232	158	164	211	144	F	162	174	146	131	116	300	13	169
10		142	136	r·	149·	171	208	147	204	140	208	146	194	158	145	126	235	15	167
A.M.	1—5	183	129	5/5	182	213	119	156	181	153	—	170	176	172	143	124	227	65	180
M.V.	1—5	45	5		60	47	27	13	44	27	—	42	12	31	9	7	9		25
A.M.	6—10	145	127	4/5	168	184	169	151	188	144	204	150	187	158	134	126	248	70	165
M.V.	6—10	5	7		12	21	15	7	20	4	12	19	7	8	6	4	35		16

Fehler

	1—5	6—10
F	3	4
Ü	6	1
V	1	—
H	—	—
f	1	—
i	2	—

Schreck

Art	Zeit
Sch	154
o	152
M	112

Störung

	1—5	6—10
·	9	6
+	—	—

Zeit und Bilderfolge

1.	geschätzte Zeit.	: 20 Minuten
2.	geschätzte Bilderzahl	: 12
3.	spontan aufgezählt . . . . ,	: 15
4.	geschätzte Zahl der Fehlenden	: 3—4
5.	bei Befragen erinnert	: 10
6.	hierbei spontan genannt . . .	: 2
7.	Suggestivfragen bejaht. . . .	: nein
8.	nicht gesehen	: —
9.	Hund nach links gesehen. . .	: nein

Eigene Angaben: *Bauarbeiter. 1914/18* Marinewachdienst in der Heimat. Zur Straßenbahn aus Lust und um ein *gleichmäßiges* Einkommen zu haben, denn die Straßenbahn fährt im Sommer und im Winter. *Vor 12 Jahren* von der Leiter gestürzt und dabei die rechte Hand gelähmt, jetzt wieder volle *Kraft.*

Beurteilung der Leistung: Fragt bei der Instruktion wiederholt nach, ist schwerhörig. Überhört aus gleichem Grunde die ersten Geräuschreize in der Prüfung. Nachdem der Reiz etwas verstärkt wird, durchweg richtige Reaktionen. In der zweiten Hälfte wird einmal die durchgehende Linie übersehen, zwei Falschreaktionen bei Reiz 10 (auf rot reagiert) und zwei Falschreaktionen bei Reiz 16 (auf grün reagiert). Weiß jedesmal gleich nach der Reaktion, daß eine falsche Taste gedrückt wurde. Störungsreize sind stets richtig beantwortet worden, die Schreckreize ebenfalls richtig, davon die letzten kurz. Die Reaktionszeiten im allgemeinen kurz und gleichmäßig. Die Bilder gut behalten. Gesamturteil: voll genügend.

Urteil der Straßenbahn: Fährt gut.

Nr. 56. Lehrling H. 41 J. geb. Schlesw. Holst. 22. Nov. 1918 geprüft.

	blau	rot	L.	Ger.	grün	gr.i.B.	rot	blau	Zgr.	b. r.	r.i.B.	grün	Ger.	Zgr.	rot	b. r.	r. R.	A.M.
1	197	123	Ü	Ü	—	—	153	300	300	H i	208	F	231	180	176	137	10	201
2	145	170	r	190	—	223	183	196	173	238	160	174	183	146	131	193	14	180
3	155	122	r	—	155	184	150	240	136	F	123	181	169	—	113	122	12	154
4	135	109	r !	135	185 i	200	135	227	138	238	171	189	151	123	104·	172	15	161
5	150:	226	r	165·	190 f:	227 i	145	188	137·	H i	103·	190	153:	128	118	110	14	159
6	150	120	Ü+	148	F	176 i	130	212	132	F	92	102	156	147·	132:	119	13	145
7	123	110	r·	150	189	222	121	220	143	197	104	202	118·	138	125·	140	15	153
8	130	115	r	153	161	158	122	193	137:	F	122	181	156	131	108:	106	14	141
9	123	115	r	167:	250 i	166	125	178	130:	F	112	152	151	135	100	112	14	144
10	138	115	r	140	168	174 i	148	154	142	F	102	174	156	147	113	126	14	136
A.M. 1–5	156	150	4/5	163	177	211	153	230	177	238	153	184	177	144	128	147	65	173
M.V. 1–5	16	28		19	14	19	12	32	49	0	32	6	24	19	20	29		21
A.M. 6–10	133	115	4/5	152	192	179	129	191	137	—	106	176	147	140	116	121	69	145
M.V. 6–10	9	2		7	29	17	8	18	5	—	8	13	12	6	10	10		10

Fehler

	1–5	6–10
F	2	5
Ü	2	1
V	—	—
H	2	—
f	1	—
i	6	5

Schreck

Art	Zeit
Sch	116

Störung

	1–5	6–10
·	12	15
+	—	1

Zeit und Bilderfolge

1.	geschätzte Zeit	: 30 Minuten
2.	geschätzte Bilderzahl	: 10–15
3.	spontan aufgezählt	: 19
4.	geschätzte Zahl der Fehlenden	: 2–3
5.	bei Befragen erinnert	: 8
6.	hierbei spontan genannt . . .	: —
7.	Suggestivfragen bejaht	: nein
8.	nicht gesehen	: —
9.	Hund nach links gesehen . . .	: nein

Eigene Angaben: Milchhändler, 1914/16 beim Train, dann von der Werft reklamiert als Stemmer. Da jetzt auf der Werft keine Arbeit zur Straßenbahn und weil ein sauberer Beruf erwünscht.

Beurteilung der Leistung: Begreift die Instruktion sehr leicht. Schon in der ersten Hälfte nur zwei Falschreaktionen, fühlt sich sehr sicher. In der zweiten Hälfte viermal Falschreaktionen bei Reiz 10, davon zweimal nach wiederholtem Störungsreiz, in zwei Fällen wird auf rot, in zwei Fällen auf blau reagiert. Eine Falschreaktion außerdem bei Reiz 5 (auf blau reagiert). Der Liniendurchgang wird einmal übersehen. Die Störungsreize bis auf einen richtig beantwortet. Fünfmal werden Intensionsbewegungen gemacht und dabei in zwei Fällen außergewöhnlich lange Reaktionszeiten gebraucht, in einem dieser Fälle dürfte die Zeitverlängerung auf einen vorhergegangenen zweimal wiederholten Störungsreiz zurückzuführen sein. Die übrigen Reize werden mit kurzen auffallend gleichmäßigen Reaktionshandlungen beantwortet. Ein Schreckreiz richtig und kurz beantwortet. Bilder gut behalten. Gesamturteil: genügend.

Urteil der Straßenbahn: Fährt genügend.

Nr. 57. Lehrl. K. 30 J. geb. Schlesw.-Holst. 23. Nov. 1918 geprüft.

	blau	rot	L.	Ger.	grün	gr.i.B.	rot	blau	Zgr.	b. r.	r.i.B.	grün	Ger.	Zgr.	rot	b. r.	r. R.	A. M.
1	125	105	r	V	194 f	V i	201	Ü	250	F	V	188	225	115	156	162	10	172
2	210	157	Ü	203	152	203	178	243	179	206	153	178	211	161	181	155	15	181
3	231	135	r	191	184	F	145	237	135	F	155	178	195	156	138	133	13	171
4	133	114	r!	Ü	186	213	155	183	132	F	136	170	199+	—	—	—	10	162
5	172	132.	r	188	180	218	149	161	157·	F	130	182	218	140·	132·	198	14	168
6	227	136	Ü!	Ü	Ü	179	141	171	154	400 i	128	190	181	148	138	249	13	182
7	164	127:	r	190+	184+	220	142+	199	154	300 i	128+	188	202	154	149	300 i	15	187
8	171·i	125	r!	221+	167	182+	162	189·	161·	189	146·	172	173	147	160·	188	15	170
9	210	137	r	190:	204	180⁻	166	175	166	250	124	184	184·	142:	250:	210 f	15	181
10	235	130	r	184	200	180 i	159	159	161	194	122	F	189	164	132	180	14	171

A.M.	1—5	174	129	4/5	194	179	211	166	206	171	—	144	179	210	143	152	162	62	175
M.V.	1—5	37	15		6	11	6	19	34	35	—	11	5	10	16	17	18		16
A.M.	6—10	201	131	4/5	196	189	188	142	179	159	267	130	184	185	151	166	225	72	178
M.V.	6—10	27	4		12	13	13	12	12	4	67	7	6	8	6	34	39		18

Fehler

	1—5	6—10
F	5	1
Ü	3	3
V	3	—
H	—	—
	1	1
i	3	8

Schreck

Art	Zeit
Sch	F
o	172
Sch	117

Störung

	1—5	6—10
·	4	15
+	1	6

Zeit und Bilderfolge

1.	geschätzte Zeit	: 45 Minuten
2.	geschätzte Bilderzahl	: 10
3.	spontan aufgezählt	: 18
4.	geschätzte Zahl der Fehlenden	: —
5.	bei Befragen erinnert	: 7
6.	hierbei spontan genannt . . .	: 2
7.	Suggestivfragen bejaht	: nein
8.	nicht gesehen	: —
9.	Hund nach links gesehen . . .	: nein

Eigene Angaben: Gelernter Zimmermann, 1914/18 Maschinengewehr-Abteilung, zweimal verwundet, 1914 verschüttet. Glaubt, daß jetzt sein früherer Beruf zu schwer ist und geht deshalb zur Straßenbahn.

Beurteilung der Leistung: Instruktion scheint ihm Schwierigkeiten zu machen. Im Anfang der Aufgabe bei den ersten Reizen etwas verwirrt. Die Reize kommen für ihn offenbar zu schnell hintereinander. Von der zweiten Reihe an, werden mit einigen Ausnahmen, alle Reize richtig beantwortet. Beim ersten Schreckreiz wird erst gezögert und dann falsch gegriffen. Bei Reiz 10 wiederholt auf roten Lichtreiz reagiert. In der zweiten Hälfte werden drei Reize hintereinander übersehen nach vorhergehendem richtig beantwortetem Schreckreiz. Beim nächsten Schreckreiz, der schnell und richtig beantwortet wird, keinerlei Nachwirkungen. Sechsmal wird auf Störungsreize falsch reagiert. Nachdem dann die Instruktion über Störungsreize noch einmal wiederholt und eingeübt wird, werden die nachfolgenden Störungsreize sämtlich richtig beantwortet. Achtmal erfolgen Intensionsbewegungen wobei in drei Fällen außergewöhnlich verlängerte Reaktionszeiten beobachtet werden. Die übrigen Reaktionszeiten sind ziemlich gleichmäßig. Bei Reiz 12 zum Schluß eine Falschreaktion. Die Bilder sind gut behalten worden. Gesamturteil: kaum genügend.

Urteil der Straßenbahn: Fährt gut.

Nr. 58. Lehrl. Schr. 22. J. geb. Schlesw.-Holst. 23. Nov. 1918 geprüft.

	blau	rot	L.	Ger.	grün	gr.i.B.	rot	blau	Zgr.	b. r.	r.i.B.	grün	Ger.	Zgr.	rot	b. r.	r. R.	A. M.
1	—	100	Ü	174	149	F	110	F	152	120	150	F	155	202 f	110	105	11	139
2	145	108	r	230	90	F	100	190	180	138	135	F	203	147	105	117	13	145
3	125	95	r	—	160	F	100	175	146	—	102	152	—	—	100	102	10	126
4	128	90	r!	—	140	133	95	173	160	130	105	105	F	140+	188+	V	12	132
5	120+	153	r	199+	225+	254	121	191	156+	V	104	F	184	118+	V	228	12	171
6	121	101	Ü!	231	199	200 f	92·	138	146·	172	91	191 f	191	136·	121·	H i	14	152
7	117+	—	Ü!	250·	202 f	222 f	125	140·	149	140	106	150·	F	150	114	110	13	152
8	115:	H	r	196	268 f	F	135	140	138	158·	120	181	191	127	105	147·	13	152
9	120	103	r	135	164:	189	135	142	127	161	110	162	190·	127	101·	160 i	15	141
10	113	110	r	—	148	175 i	137:	228	129:	F	V	160	—	130	90	F	10	142
A.M. 1–5	130	109	4/5	201	153	194	105	182	159	129	119	129	181	152	126	138	57	147
M.V. 1–5	8	17		19	32	61	8	32	9	6	19	24	17	25	31	45		24
A.M. 6–10	119	105	3/5	203	176	197	131	158	138	158	107	169	191	134	106	106	65	147
M.V. 6–16	3	4		38	19	58	12	28	8	9	8	14	0	7	9	33		17

Fehler

	1–5	6–10
F	8	5
Ü	1	2
V	4	2
H	1	2
f	1	5
i	—	4

Schreck

Art	Zeit
Sch	V
o Sch	F 190 f

Störung

	1–5	6–10
·	—	21
+	8	2

Zeit und Bilderfolge

1.	geschätzte Zeit	: 30 Minuten gut
2.	geschätzte Bilderzahl	: 15–20
3.	spontan aufgezählt	: 17
4.	geschätzte Zahl der Fehlenden	: 10
5.	bei Befragen erinnert	: 9
6.	hierbei spontan genannt . . .	: 1
7.	Suggestivfragen bejaht. . . .	: nein
8.	nicht gesehen	: —
9.	Hund nach links gesehen . .	: nein

Eigene Angaben: Stallbursche, k. v., Frontsoldat, Oberschenkelschuß, der geheilt und keine Beschwerden macht. Geht zur Straßenbahn aus Lust am Fahren.

Beurteilung der Leistung: Erscheint bei der Instruktion etwas schwerfällig, begreift dann aber die Aufgabe sehr gut. Versteht vor allen Dingen sofort die Reaktionsweise auf den rot-blau-Reiz. Die Unterscheidung von grün und blau macht Schwierigkeiten, es dürfte sich hier aber nicht um eine Farbenschwäche handeln, sondern um eine Unkenntnis der Bezeichnungsweise dieser beiden auch für Sch. vollkommen verschiedenen Farben. Von den Schreckreizen wird beim ersten Schuß angegeben, daß die Aufgabe vergessen sei. Beim zweiten Schreckreiz wird ein falscher Hebel gegriffen und auch beim dritten Schreckreiz zunächst ein falscher Hebel. Offenbar verwirrt der plötzliche Schreckreiz den Prüfling jedesmal aufs Neue. Die Linie wird zweimal übersehen und zweimal tritt nach wiederholtem Störungsreiz eine Hemmung ein. Fünf Fehlreaktionen, bei denen also erst falsch, dann gleich hinterher richtig gegriffen wird und eine Falschreaktion sind durch die Verwechselung von grün und blau mit obiger Begründung zu erklären. Eine Falschreaktion bei Reiz 10 und eine bei Reiz 16 nach wiederholtem richtig beantworteten Störungsreiz. Viermal wurden Intensionsbewegungen gemacht. Störungsreize wurden bis auf drei richtig beantwortet. Im übrigen sind die Reaktionszeiten ziemlich gleichmäßig und kurz beantwortet worden. Die Bilder sind gut behalten. Gesamturteil: kaum genügend.

Urteil der Straßenbahn: Fährt gut.

Nr. 59. Lehrling W. 39. J. geb. Mecklenburg. 25. Nov. 1918 geprüft.

	blau	rot	L.	Ger.	rün	gr.i.B.	rot	blau	Zgr.	b. r.	r.i.B.	grün	Ger.	Zgr.	rot	b. r.	r. R.	A. M.
1	210	136	r	V	212	F	157	Ü	204	F	110	212 i	242	133	110	142	11	170
2	157	112	r	215	173	F	138	142	162	F	114	F	190	124	108	132	11	147
3	348 f	132	r	208	227	248 i	114	195	136	F	162	212	210	128	112	173 +	14	186
4	104	113 !	r +	194 ·	F	F	164 ·	300	142	F	148	192 f	148	146	138	F	11	168
5	226 +	119	r	Ü	218 ·	248 ·	135	178	148	F	158	162	175	140	108	158	13	167
6	186 ·	122 ·	r	248	164	112	126	147 :	212	F +	108	216 f	186	124	123	212 f	14	163
7	148 ·	114	r	199	176 !	ι F	178	148 +	141 :	H	124	F	192 ·	152	146	F	11	156
8	98	130 !	r ·	146	196	156	157	183 ·	136 ·	F !	112	212 i	173	136	232 ·	F	13	159
9	172	136 ·	Ü	Ü	F	148 +	168 ·	Ü	132	188 ·	121	208	176	136	111	F	11	154
10	164	134 !	r ·	168	182	232	138 ·	Ü	146	H i +	112	192	186 :	154	172	208	13	168
A.M. 1—5	221	122	5/5	206	165	248	142	204	158	—	138	195	193	134	115	151	61	171
M.V. 1—5	53	9		7	42	0	15	48	20	—	21	18	26	7	9	14		21
A.M. 6—10	154	127	4/5	190	180	162	153	159	153	—	115	207	183	140	157	210	61	164
M.V. 6—10	24	7		36	10	35	17	16	23	—	6	8	6	10	36	2		17

Fehler

	1—5	6—10
F	11	8
Ü	2	4
V	1	—
H	—	2
f	2	2
i	4	2

Schreck

Art	Zeit
o	445
o	300
Sch	320
o	280
M	212
o	242

Störung

	1—5	6—10
·	6	19
+	3	4

Zeit und Bilderfolge

1.	geschätzte Zeit	: 45 Minuten
2.	geschätzte Bilderzahl	: 15—20
3.	spontan aufgezählt	: 9
4.	geschätzte Zahl der Fehlenden	: 6
5.	bei Befragen erinnert	: 16
6.	hierbei spontan genannt . . .	: —
7.	Suggestivfragen bejaht. . . .	: unsicher
8.	nicht gesehen	: 2
9.	Hund nach links gesehen. . .	: nein

Eigene Angaben: Früher Schmied und Schlosser beim Straßenbahn-Wagenbau in Hamburg-Falkenried. Als solcher gelegentlich Wagen aus und in die Werkstätten gefahren. 1914/15 Infanterist, dann reklamiert als Schmied auf die Reichswerft. — Die Prüfung ist sinnlos. Die Tätigkeit als Führer auf dem Wagen ist eine ganz andere, als die Tätigkeit die hier verlangt wird.

Beurteilung der Leistung: Untersetzter, körperlich kräftiger Mann. Bei der Instruktion und Einübung zeigt sich ein gewisser Unwille, diese Aufgabe überhaupt zu lernen. Ist dann bei den vielen Fehlern, die er in der Prüfung macht, ebenfalls sehr unwillig und will im zweiten Drittel der Prüfung plötzlich aufhalten, weil ihm „die Geschichte zu gediegen vorkommt" und ganz zwecklos erscheint. Die Bilder will er anfangs trotz wiederholter Aufforderung nicht laut nennen, schließlich gelingt es aber doch, ihn umzustimmen und ebenso gelingt es, ihn zu veranlassen, die Prüfung zu Ende durchzuführen. In der ersten Hälfte zahlreiche Falschreaktionen, lange Zeiten und ein Vergreifen bei den Schreckreizen. In der zweiten Hälfte wird viermal nach einem richtig beantworteten Störungsreiz der folgende Normalreiz übersehen. Reiz 10 wird zweimal falsch beantwortet (es wird auf blau reagiert) und zweimal tritt nach vorhergegangenen richtig beantworteten Störungsreizen eine Hemmung ein. Reiz 16 wird dreimal durch Falschreaktionen beantwortet, auch hier wird jedesmal auf blau reagiert. Einmal wird diese Falschreaktion noch schnell verbessert. Weitere Falschreaktionen bei Reiz 5, 6 und 12. Auch hier wird jedesmal auf blau reagiert. Es handelt sich hier nicht um eine Farbenschwäche, sondern um ein unwilliges Reagieren auf den nächstgelegenen Hebel. Zur Beantwortung der Schreckreize werden lange Reaktionszeiten gebraucht. Viermal werden Störungsreize falsch beantwortet, zweimal erfolgen Intensionsbewegungen und zweimal außergewöhnlich lange Zeiten, davon eine nach einem Schreckreiz. Für die richtig beantworteten Normalreize werden ziemlich gleichmäßig lange Zeiten gebraucht. Von den Bildern können nur neun spontan genannt werden. Die übrigen werden z. T. nur unbestimmt erinnert, zwei auch bei Vorzeigen nicht sicher erkannt. Auf Suggestionsfragen erfolgen unsichere Antworten. Gesamturteil: ungenügend.

Urteil der Straßenbahn: Fährt genügend, zu ruhig, zu vorsichtig, könnte lebhafter sein.

Nr. 60. Lehrling A. 32 J. geb. Hamburg. 27. Nov. 1918 geprüft.

	blau	rot	L.	Ger.	grün	gr.i.B.	rot	blau	Zgr.	b. r.	r. i.B.	grün	Ger.	Zgr.	rot	b. r.	r. R.	A. M.
1	136	106	Ü	F	300	V	147	Ü	176	F	148	F	256	241	146	F	9	184
2	167	138	r	267	222	131	147	187	182	176	138	256 i	127	232 ·	F	F	13	184
3	208 ·	139	Ü	246 ·	234 :	218	162	196	231	208	150	202	222	186 i	132	156	15	199
4	169 !	151	r	256	188	178	145	279	102	256 f	162	195 ·	210	218	132	178	15	188
5	V	126	r	204	176	186	143	246	142	Ü	118	164	112	181	146	194	13	164
6	161	134 ·	r !i	148	172	173	137	Ü	181	242	145	300	221	194	126	125	14	176
7	156	132 · !i	r	158	221	182	137	248	168	151	137	166	192	177	135	121	15	165
8	144 ·	137 ·	r	231	177	188	154	166	148	204	114	141	189	169	128	211	15	167
9	131	128	r	210	176	174	151	168	153	178	130	135	216	152	116	135	15	157
10	143	134	r	197 ·	164	182	177	142	155 ·	156	132	162	195 ·	194	135 ·	—	14	166
A.M. 1—5	175	132	3/5	243	224	178	149	227	167	213	143	204	185	232	139	176	65	186
M.V. 1—5	23	13		20	34	24	5	30	36	28	12	26	53	26	7	13		24
A.M. 6—10	147	133	5/5	189	189	180	150	189	161	186	132	181	208	177	128	148	73	166
M.V. 6—10	9	2		43	16	5	12	13	11	29	8	48	13	13	6	32		18

Fehler

	1—5	6—10
F	7	—
Ü	4	1
V	2	—
H	—	—
f	2	—
i	2	2

Schreck

Art	Zeit
Sch	121
o	212 i
o	91 i

Störung

	1—5	6—10
·	9	9
+	0	0

Zeit und Bilderfolge

1.	geschätzte Zeit	: 20 Minuten
2.	geschätzte Bilderzahl	: 10
3.	spontan aufgezählt	: 22
4.	geschätzte Zahl der Fehlenden	: keine
5.	bei Befragen erinnert	: 5
6.	hierbei spontan genannt . . .	: —
7.	Suggestivfragen bejaht	: nein
8.	nicht gesehen	: —
9.	Hund nach links gesehen . . .	: nein

Eigene Angaben: Schiffsstuart 1900/06, Marine 1906/10 ohne befördert zu werden, verheiratet, Gemüsehändler 1910/17, Seewehr in der Heimat 1914/18. Geschäft wegen Erkrankung der Frau aufgegeben. Zur Straßenbahn, weil dort sauberer Dienst in frischer Luft und weil z. Zt. nichts Passenderes zu finden ist. Will dabei bleiben, wenn die Tätigkeit gefällt. Prüfungsaufgabe schien anfänglich sehr schwierig, so daß Zweifel, die Aufgabe lösen zu können. Nachher aber keine besonderen Schwierigkeiten. Die Methode ist sehr interessant und wird sich als Prüfungsverfahren bewähren.

Beurteilung der Leistung: Bei der Erklärung und Instruktion sehr interessiert. Aufgeweckter Mann. Im zweiten Teil der Prüfung auffallend bessere Leistungen als im ersten Teil, in dem noch sieben Falschreaktionen und vier übersehene Reize. Reagiert auf Störungsreize stets richtig. Schreckreize jedesmal schnell und ohne jede schreckhafte Ausdrucksbewegung. In der zweiten Prüfungshälfte bis auf Übersehen eines Reizes alle Reize richtig mit mittlerer Schnelligkeit und ziemlich gleichmäßig beantwortet. Einmal eine abnorm lange Zeit durch Vorbeigreifen am Reaktionshebel (Reiz 12). Bilder sehr gut behalten, 22 spontan genannt. Gesamturteil: gut.

Urteil der Straßenbahn: Fährt gut, ist aber etwas zu lebhaft, könnte ruhiger sein.

Nr. 61. Lehrling K. 30 J. geb. Schlesw.-Holst. 25. Nov. 1918 geprüft.

	blau	rot	L.	Ger.	grün	gr.i.B.	rot	blau	Zgr.	b. r.	r.i.B.	grün	Ger.	Zgr.	rot	b. r.	r. R.	A. M.
1	240	161	Ü	240	250	V	167	175	252	222 f	170	250 i	220	198	141	F	13	207
2	222	157	r	226	250	196	235	—	300	300	152	—	220	192	—	H i	11	223
3	—	—	r	—	210	185	172	145	185	184	162	250 i	213	164	142	150	12	180
4	151+	Ü	r ·	238	200 i	214	192 i	146	186	250 i	165	225	220	160	157	300	14	201
5	165 ·	167	r	221	186 i	210	159	153	197	270 i	146	· 227	215	193	167	F	14	198
6	150	132	r	230	230 i	223 i	180	140	181	250	162	222	210	179	151	F	13	186
7	147	137 ·	Ü !	215	200 i	168	164	144	168 :	233	153 i	227 ·	—	152	140	130	14	169
8	149 :	Ü	r	— ·	250 i	193	143	144	190	230	135	213 ·	213	165	151 ·	F	12	181
9	164 :	—	r	218	200 i	300	168 :	250	167	233	225 ·	223	—	179	153	198	13	206
10	149	164	r	214	178	206 i	158	147	213	300	135	227 i	—	172	157	190	14	185

A.M.	1—5	196	141	4/5	231	219	201	185	155	224	245	159	238	218	181	152	225	64	198
M.V.	1—5	35	20		8	25	11	23	10	42	34	8	12	3	16	10	75		22
A.M.	6—10	152	144	4/5	216	212	218	164	165	185	249	162	222	212	169	146	139	66	177
M.V.	6—10	5	13		2	23	35	9	35	14	21	25	4	2	9	6	40		16

Fehler

	1—5	6—10
F	2	2
Ü	2	2
V	1	—
H	1	—
f	1	—
i	9	9

Schreck

	Art	Zeit
6—10	o	238

Störung

	1—5	6—10
·	4	16
+	1	1

Zeit und Bilderfolge

1.	geschätzte Zeit	: 10—15 Minuten
2.	geschätzte Bilderzahl	: 15
3.	spontan aufgezählt	: 17
4.	geschätzte Zahl der Fehlenden	: keine
5.	bei Befragen erinnert	: 12
6.	hierbei spontan genannt	: —
7.	Suggestivfragen bejaht	: nein
8.	nicht gesehen	: —
9.	Hund nach links gesehen	: ja

Eigene Angaben: Gelernter Maler, bei der Marine gedient, später im Feuerwehrdienst (Kieler Feuerwehr) ausgebildet und als Polizist und Feuerwehrmann auf „Imperator" und „Vaterland" Hapag. 1914/18 Marine, Skagerakschlacht, Vorstöße gegen England, Eroberung der baltischen Inseln mitgemacht. Nie verwundet. Befehlsübermittler (sehr vielseitig, Telephon, Telegraph usw.). In der Skagerakschlacht wegen hervorragender Leistungen zum Bootsmannsmaaten befördert. Seit der Schlacht nervös und schreckhaft, oft bei geringsten Anlässen. Zur Straßenbahn, um sicheres Auskommen zu haben, Nebenbeschäftigung als Kunstmaler, Vergrößerung von Photographien.

Beurteilung der Leistung: Für Erklärungen und Instruktion lebhaftes Interesse, begreift schnell. In der Prüfung etwas aufgeregt und unruhig. In der zweiten Hälfte der Prüfung nur zweimal Reize übersehen und zwei Falschreaktionen bei Reiz 16. Beim Schreckreiz etwas gehemmt. Zahlreiche Intensionsbewegungen durch nervöse Unruhe. Störungsreize durchweg richtig und ohne Intensionen beantwortet. Über die gewöhnliche Durchschnittszeit verlängerte Reaktionszeiten bei geringen Schwankungen. Bilder gut behalten. Hund wird in der Erinnerung nach links gerichtet gesehen. Angaben hierüber mit großer Bestimmtheit. Gesamturteil: genügend.

Urteil der Straßenbahn: Fährt gut.

Nr. 62. Lehrling Schr. 22 J. geb. Schlesw.-Holst. 26. Nov. 1918 geprüft.

		blau	rot	L.	Ger.	grün	gr.i.B.	rot	blau	Zgr.	b. r.	r.i.B.	grün	Ger.	Zgr.	rot	b. r.	r. R.	A. M.
1		144	96	Ü	—	188	H i	148	258 f	132	F	F	268 i	226	—	142	112	10	171
2		167	114	r	176	154	232 i	118	F	124	F	F	182	158	132	124	95	12	148
3		248	128+	r	F	F +	H	122·	Ü	134+	F	232 f	265	188	138	116	222	9	179
4		165	132+	r!	151	185·	174+	164	F	162	F·	H+	210	164	136	112	F	11	160
5		156	106	r!	Ü +	144	F	116	142+	Ü	122	212 f	173	234	138	96	98	12	145
6		F	132·	r +	152	142	F	124	138·	152	Ü	142+	178	162·	148+	Ü	101	11	143
7		232 f	104·i	r +	118!	F	226 i	152·i	146	132	162	143·i	154+	152·	166	98	F	13	153
8		169 i	122·i	r +	118+	158	122·i	143	156·i	123·	Ü	128	164·i	122	154	132	243	14	147
9		124	106+	r	128+	138·	234 i	154	148	148·	113	118	104	129·	162	98	Ü	14	140
10		126 i	108	r +	226	122	222·	144·	156	138	156	128	171	131	139·	77	Ü	14	147
A.M.	1—5	176	115	4/5	164	168	203	134	200	138	—	222	220	194	136	118	132	55	163
M.V.	1—5	29	12		13	19	26	18	58	12	—	10	38	29	2	12	45		22
A.M.	6—10	163	114	5/5	148	140	201	143	149	139	144	132	154	139	158	106	172	66	147
M.V.	6—10	38	10		21	10	40	8	6	9	20	9	20	14	8	13	71		20

Fehler

	1—5	6—10
F	11	4
Ü	5	5
V	—	—
H	2	—
f	3	1
i	5	14

Schreck

Art	Zeit
Sch	212
o	168
Sch	142

Störung

	1—5	6—10
·	2	22
+	10	11

Zeit und Bilderfolge

1.	geschätzte Zeit	: 35 Minuten
2.	geschätzte Bilderzahl	: 13
3.	spontan aufgezählt	: 15
4.	geschätzte Zahl der Fehlenden	: keine
5.	bei Befragen erinnert	: 10
6.	hierbei spontan genannt . . .	: 2
7.	Suggestivfragen bejaht. . . .	: keine
8.	nicht gesehen	: —
9.	Hund nach links gesehen. . .	: nein

Eigene Angaben: Früher Hausdiener und Motorbootsfahrer in einem Schiffsausrüstungsgeschäft. 1915/18 k. v. Infanterie, Hauptmannsbursche, Kompagniekoch, nie verwundet. Zur Straßenbahn, um feste Stellung zu haben. Will Schaffner werden, Ausbildung als Führer notwendig, um etatsmäßige Stellung zu erhalten.

Beurteilung der Leistung: Bei der Instruktion und Einübung etwas vorschnell mit der Angabe, alles verstanden zu haben. Im ersten Teil der Prüfung sehr zahlreiche Fehler weil scheinbar zu flüchtig. In der zweiten Prüfungshälfte zwei Fehler durch Verwechselung von grün und blau. Viermal bei Reiz 10 und 16 den Buchstaben übersehen und eine Falschreaktion bei Reiz 16 infolge zu flüchtigen Beachtens des Buchstabens. Zahlreiche falsch beantwortete Störungsreize sind untermischt mit richtig beantworteten. Viele Intensionsbewegungen sowohl bei Normal- wie bei Störungsreizen. Schreckreize richtig beantwortet bei mittlerer Schnelligkeit. Sonst ziemlich kurze Einzelreaktionen mit geringen Schwankungen. Bilder gut behalten. Gesamturteil: kaum genügend.

Urteil der Straßenbahn: Wurde gleich als Schaffner eingestellt.

Nr. 63. Lehrling B. 22 J. geb. Schlesw.-Holst. 26. Nov. 1918 geprüft.

	blau	rot	L.	Ger.	grün	gr.i.B.	rot	blau	Zgr.	b. r.	r.i.B.	grün	Ger.	Zgr.	rot	b.r.	r. R.	A.M.
1	V	190f	Ü	—	ca. 250	F	150	185	167	V	200	222	250	225	—	F	9	204
2	200	155	Ü	250	F	ca. 250	154	206	125	175	135	218f	146	117	154	142	14	173
3	235	125	r	145	143	110	160f	189	126	131	150	228	125	121	110	188	15	170
4	141	140	r	—!	178	176	152	198	123·	F	118+	151	116	126·	138	147·	13	146
5	130·	176f	Ü	147	172	215	130	121·	126·	F	132	134	181	121	125·	232	14	153
6	133·	134	r!	150	79	180	138	138	116	F	121	145	ca. 160	124	121	232	14	139
7	134	123·	r	124	166·	H	177	246	121·	F	132	157	ca. 160	116·	—	F	11	151
8	220	133	r	135	114+	110	228	125+	145	H	99	135	155	126	111+	153	14	142
9	F	104	r+	155	145·	123	123	127	133	236	116	153	260	104	135	132	14	146
10	159	114	r·	155	118·	164	137+	126	119+	F	170	142	145+	110	102	115	14	134
A.M. 1—5	177	157	2/5	181	186	188	145	180	133	153	147	191	164	142	158	177	64	165
M.V. 1—5	41	21		46	32	45	11	24	13	22	22	38	42	33	26	33		30
A.M. 6—10	162	122	5/5	142	124	144	161	151	127	—	128	146	176	116	117	158	66	141
M.V. 6—10	30	10		12	25	28	34	37	10	—	19	7	20	7	11	37		21

Fehler

	1—5	6—10
F	5	5
Ü	3	—
V	3	—
H	—	2
f	4	—
i	1	—

Schreck

Art	Zeit
Sch	V
o	105
Sch	150

Störung

	1—5	6—10
+	2	13
·	2	6

Zeit und Bilderfolge

1.	geschätzte Zeit	: 30 Minuten
2.	geschätzte Bilderzahl	: 7—8
3.	spontan aufgezählt	: 14
4.	geschätzte Zahl der Fehlenden	: keine
5.	bei Befragen erinnert	: 13
6.	hierbei spontan genannt	: —
7.	Suggestivfragen bejaht	: keine
8.	nicht gesehen	: —
9.	Hund nach links gesehen	: nein

Eigene Angaben: *Herrschaftlicher Kutscher auf dem Lande, im Kriege beim Train, Fahrer, Handschuß ohne besondere Folgen. Stets Lust zum Fahren, will auch deshalb zur Straßenbahn, wenn man auch wo anders mehr Geld verdient.*

Beurteilung der Leistung: Ist zwar bemüht, die Erklärung und die Instruktion zu begreifen, hat aber scheinbar kein besonderes Verständnis für eine derartige Prüfungsmethode. Vielleicht liegen ihm die Grundgedanken einer Eignungsprüfung zu fern. Nach häufigen Fehlern im ersten Teil der Prüfüng gelingt der zweite Teil bis auf Reiz 10, wo zweimal die dem Blau-Reiz zugeordnete und einmal die dem Rot-Reiz zugeordnete Taste gedrückt wird, ohne daß es gelingt, den Grund der Falschreaktionen zu erfahren. Einmal bleibt B. untätig, weil er offenbar nicht weiß, welche Taste er drücken soll. Bei Reiz 1 wird einmal blau mit grün verwechselt, bei Reiz 16 einmal auf blau reagiert. Bei Reiz 6 tritt einmal nach lange anhaltendem Störungsreiz eine Hemmung ein. Sechsmal wurde ein Störungsreiz falsch beantwortet. Im übrigen kurze Reaktionszeiten mit geringen Schwankungen. Bilder gut behalten. Gesamturteil: genügend.

Urteil der Straßenbahn: Fährt gut.

Nr. 64. Lehrling Z. 28 J. geb. Rheinprovinz. 27. Nov. 1918 geprüft.

	blau	rot	L.	Ger.	grün	gr.i.B.	rot	blau	Zgr.	b. r.	r. i.B	grün	Ger.	Zgr.	rot	b. r.	r. R.	A.M.
1	F	205	r	300f	225	210	218	185	246	H	165	245	265	F	210	142	12	218
2	139	138	r	F	195	145	146	168	236	300	156	208	260	350i	128	205	14	202
3	166·	156·	r	250	245	146	124	156	146	226	164	173	206	150	114	F	14	172
4	198i	128·	r!	174	146	224	136	124	166	228	142	182	172	158·	134·	195	15	167
5	172	128	r!	204	192	172	132	160	140	224+	128	200	173	157+	118	F	14	163
6	195·	126	r	167	193	181·	154	184	120	218	126	198·	159	157	110	206	15	166
7	212	118·	Ü	178	145	188·	122	164	137	F	112	184·	148	112·	124	157	13	162
8	148	134	r·	157	156	171	112·	Ü·	151	F	156	204	163	159·	203	182	13	161
9	154	138	r·	151·	208	162	158	199	128	219	124	208·	162	145·	125	204	15	166
10	162	124	r	154	168	158·	129·	134	143	122	124	210	151	149	156	F	14	142

		blau	rot	L.	Ger.	grün	gr.i.B.	rot	blau	Zgr.	b. r.	r. i.B	grün	Ger.	Zgr.	rot	b. r.	r. R.	A.M.
A.M.	1—5	184	150	5/5	232	201	179	151	159	187	245	159	202	215	205	141	181	69	186
M.V.	1—5	15	22		43	18	30	15	15	43	28	13	20	38	72	28	26		24
A.M.	6—10	174	128	4/5	161	174	172	135	170	136	153	128	197	157	144	144	187	71	157
M.V.	6—10	23	6		8	21	10	15	20	9	54	11	9	6	14	30	18		15

Fehler

	1—5	6—10
F	5	3
Ü	—	2
V	—	—
H	1	—
f	1	—
i	2	—

Schreck

Art	Zeit
Sch	142
o	128
Sch	97

Störung

	1—5	6—10
·	6	16
+	4	—

Zeit und Bilderfolge

1.	geschätzte Zeit	: 30 Minuten
2.	geschätzte Bilderzahl	: 8—9
3.	spontan aufgezählt	: 14
4.	geschätzte Zahl der Fehlenden	: keine
5.	bei Befragen erinnert	: 9
6.	hierbei spontan genannt . . .	: 4
7.	Suggestivfragen bejaht	: keine
8.	nicht gesehen	: —
9.	Hund nach links gesehen . . .	: nein

Eigene Angaben: Früher Seemann, während des Krieges als Obermatrose bei der Rekrutenausbildung obgleich k. v., nie aus Kiel herausgekommen. Der Versuch hat ihm Freude gemacht, das schnelle Reagieren wurde in ähnlicher Weise beim Schiffssteuer verlangt.

Beurteilung der Leistung: Die Instruktion wurde leicht verstanden. Schon in der ersten Hälfte der Prüfung wird der rot-blau-Reiz in der Mehrzahl der Fälle richtig beantwortet. Vier Falschreaktionen, eine Hemmung, eine *Fehlreaktion* und vier falsch beantwortete Störungsreize. In der zweiten Hälfte werden alle Störungsreize richtig beantwortet. Schreckreize richtig und auffallend schnell beantwortet. Ein Liniendurchgang nach Schreckreiz übersehen, ebenfalls ein Blaureiz (Nr. 8) nach einem Störungsreiz. Bei Reiz 10 (blau-rot) zwei Falschreaktionen, jedesmal auf rot reagiert. Bei Reiz 16 am Schluß der Prüfung ebenfalls eine Falschreaktion. Die übrigen Reaktionszeiten ziemlich gleichmäßig und kurz. Die Bilder gut behalten. Gesamturteil: gut.

Urteil der Straßenbahn: Fährt gut. Einmal gerammt, weil zu schnell über die Weiche gefahren.

Nr. 65. Führer K. 35 J. geb. Sachsen. 27. Nov. 1918 geprüft.

	blau	rot	L.	Ger.	grün	gr.i.B.	rot	blau	Zgr.	b. r.	r.i.B.	grün	Ger.	Zgr.	rot	b. r.	r. R.	A.M.
1	F	145	Ü	F	142	F	226	218f	179	Vi	148	220	221	142	152i	117	11	174
2	148	123	r	235	135	217f	147	221	117	180	108	F	201	140	101	122	14	157·
3	158	110	r	190	227	168f	182	—	156	157	118	170i	196	128	137	173	14	162
4	—	103	r!	200·	195	F	193	—	135	F	110	201	183·i	137	125	115	11	154
5	185	108·	r	173	250	157·	142	133	153·	300i	128	196	150	140·	110·	174	15	167
6	157	122!	r	165	196:	134	154	150	130:	213i	101	191	159	140·	176	Ü	14	156
7	123	122	r	141	164·	161	148	183	135:	240	110	208	151	ca.300	113	138	15	161
8	161	124	r	150	210	150	110:	174	135:	F	140	153	160	165	98·	175	14	150
9	127	110	r	160	158	180	123	148	135:	155	75	239	166	134	114	F	14	145
10	132·	157	r	176	166	125	165	188	151	300	107	175	186·	150	125:	Fi	14	165

A.M. 1—5	157	118	4/5	200	190	181	187	191	148	212	122	197	190	137	125	140	66	166
M.V. 1—5	13	13		26	41	24	27	38	18	58	12	14	19	4	16	27		29
A.M. 6—10	140	127	5/5	158	179	150	140	167	133	202	107	193	164	178	125	157	71	155
M.V. 6—10	15	12		10	19	16	19	17	9	49	15	24	9	49	20	19		21

Fehler

	1—5	6—10
F	6	3
Ü	1	1
V	1	—
H	—	—
f	3	—
i	8	3

Schreck

Art	Zeit
Sch	120
o	130

Störung

	1—5	6—10
·	7	23
+	—	—

Zeit und Bilderfolge

1.	geschätzte Zeit	: 25—30 Minuten
2.	geschätzte Bilderzahl	: 6
3.	spontan aufgezählt	: 20
4.	geschätzte Zahl der Fehlenden	: keine
5.	bei Befragen erinnert	: 5
6.	hierbei spontan genannt . . .	: 2
7.	Suggestivfragen bejaht	: nein
8.	nicht gesehen	: —
9.	Hund nach links gesehen . . .	: nein

Eigene Angaben: *Früher Marmorschleifer, im Kriege als Bootsmannsmaat. Dabei einmal mit einem Fischdampfer in die Luft geflogen ohne Schaden zu nehmen. Geht zur Straßenbahn, weil dort ein sicheres Einkommen zu erwarten ist. „Man weiß nicht, wie es wird. Die Straßenbahn muß jedenfalls immer fahren.“*

Beurteilung der Leistung: Ist bei der Instruktion sehr aufmerksam. Abgesehen von der ersten Reihe, wo K. offenbar noch nicht recht in der Aufgabe steht, finden sich in der ersten Prüfungshälfte drei Falschreaktionen und acht Intensionsbewegungen, die z. T. zeitverlängernde Wirkung haben. Die grüne Lampe im Bild (Reiz 6) wird auffallend oft mit rot verwechselt. Der rot-blau-Reiz wird von vornherein richtig beantwortet. In der zweiten Hälfte eine Falschreaktion bei Reiz 10 und zwei Falschreaktionen bei Reiz 16. Dabei die letzte Falschreaktion nach dreifach wiederholtem Störungsreiz, der schließlich in den Normalreiz hineinkam. Einmal bei Reiz 16 den vorhergehenden Buchstaben übersehen und dadurch die Möglichkeit genommen, reagieren zu können. Dreimal Intensionsbewegungen, davon zwei bei den beschriebenen Falschreaktionen auf Reiz 16. Auf Störungsreize stets richtig geantwortet. Schreckreize richtig und schnell. Zwei außergewöhnlich lange Zeiten. Die übrigen Reaktionszeiten ziemlich gleichmäßig und mittelschnell. Die Bilder auffallend gut behalten. 20 können z. T. mit Einzelheiten spontan genannt werden. Dazu steht in einem merkwürdigen Gegensatz die vorhergehende Angabe nur sechs Bilder gesehen zu haben. Gesamturteil: voll genügend.

Urteil der Straßenbahn: Fährt gut, sehr gewissenhaft.

Nr. 66. Lehrling K. 39 J. geb. Schlesw.-Holst. 27. Nov. 1918 geprüft.

		blau	rot	L.	Ger.	grün	gr.i.B.	rot	blau	Zgr.	b. r.	r.i.B.	grün	Ger.	Zgr.	rot	b. r.	r. R.	A.M.
	1	Hi	142	r	227	350	V	160	300	220 i	V	158	228	300	ca. 300	155	140	12	223
	2	216	151	r·	250	F	F	180	228 i	200	F	113	228	204	169	130	104	13	181
	3	189	108	r	211	F	H	165	217	130	F	125	221	185	148	115	143	12	163
	4	F	105	r	195	250+	H	—	220	152	F	120	220·	206	157+	H	205	10	178
	5	206+	134	r!	—	F	212	H	225+	H	110	230	F	144+	120	127+	F	9	168
	6	—	H	r	213	206+	F	Ü	223	168·+	F	115·i	212	200	150·	115	104	10	171
	7	176·	120!	r	202	188+	176	185	Ü	157·	F	115+	161	212·	131+	140·	120	13	160
	8	165	126	r!	280	F	162	190	194	190	F	106·	186 i	199	152+	110·	F	12	172
	9	150	113	r!	—	162·i	213 i	198	196	147	F	96	192 i	215	145	131+	120	13	160
	10	196	133	r	170!	F	201 i	191·	179	150	F	120+	H	192	145+	157+	F	11	167
A.M.	1—5	204	128	5/5	221	300	—	168	238	176	—	149	224	208	179	132	148	55	186
M.V.	1—5	10	17		18	50	—	8	25	35	—	23	4	37	49	12	29		21
A.M.	6—10	172	123	5/5	216	185	188	191	198	162	—	110	188	204	145	131	115	59	167
M.V.	6—10	14	7		32	16	19	4	13	13	—	8	14	6	5	14	7		12

Fehler

	1—5	6—10
F	9	10
Ü	1	2
V	2	—
H	4	5
f	—	—
i	4	8

Schreck

Art	Zeit
Sch	1/2 r
o	H
Sch	H
Sch	H

Störung

	1—5	6—10
·	2	11
+	7	11

Zeit und Bilderfolge

1.	geschätzte Zeit	: 30 Minuten
2.	geschätzte Bilderzahl	: 10—12
3.	spontan aufgezählt	: 9
4.	geschätzte Zahl der Fehlenden	: 1
5.	bei Befragen erinnert	: 12
6.	hierbei spontan genannt	: 1
7.	Suggestivfragen bejaht	: nein
8.	nicht gesehen	: 5
9.	Hund nach links gesehen	: nein

Eigene Angaben: Als Artillerist im Felde, nie verwundet. Vor dem Kriege Kleinkaufmann. Die Frau war während seiner Einziehung zwei Jahre als Straßenbahnführerin tätig. Will selber zur Straßenbahn, weil dort angenehme Arbeit und im kaufmännischen Beruf z. Zt. schlechte Aussichten sind. Die Prüfung belustigt ihn als „Hokuspokus". Nach der Prüfung erklärt er aber „die Geschichte ist doch viel schwerer als ich mir zuerst vorgestellt habe". Zuerst nahm ich die Sache sehr leicht, dann habe ich mir aber Mühe gegeben. Die Prüfung halte ich für sehr geeignet.

Beurteilung der Leistung: Nervöser, aufgeregter Mann, nur vorübergehend ruhig. Spricht wiederholt laut vor sich hin. Benennt die Reize laut richtig und drückt dann gleichzeitig eine falsche Taste. Bei Störungsreizen sagt er z. B. „ich soll gar nichts machen" und reagiert trotzdem unmittelbar nachdem er dies gesagt hat, oft sogar durch Niederdrücken von zwei Tasten gleichzeitig. Dieses besonders fehlerhafte Niederdrücken von zwei Tasten auf den Reiz rot-blau erfolgt in der zweiten Hälfte der Prüfung trotz mehrfacher Wiederholung der Instruktion siebenmal. Außerdem zwei Falschreaktionen bei Reiz 5 und 6, zweimal zeigt sich außerdem eine Hemmung. Von 22 Störungsreizen werden elf falsch beantwortet. Achtmal erfolgen Intensionsbewegungen. Von den Bildern können neun spontan genannt werden, auf Befragen vier weitere. Fünf Bilder werden auch nach Vorzeigen nicht erinnert. Bei Schreckreizen ist K. vollkommen gehemmt, wiederholt lacht er laut, und ist überaus belustigt sowohl über das ständige Neuauftreten von Reizen wie über die Fehler, die er macht. Dabei ist er aber durchaus aufmerksam, die durchgehende Linie wird nie, andere Reize nur dreimal übersehen. Die richtig ausgeführten Reaktionen sind von mittlerer Schnelligkeit und ziemlich gleichmäßig. Gesamturteil: ungenügend.

Urteil der Straßenbahn: Zeigt bei den ersten Fahrversuchen ein sehr aufgeregtes Wesen. Nach eintägigem Fahren auf der Strecke und Anleitung in der Bedienung des Führerstandes so aufgeregt gewesen, daß er nach eigenen Angaben in der darauffolgenden Nacht nicht schlafen konnte. K. scheidet deshalb aus.

Nr. 67. Lehrling V. 37 J. geb. Schlesw.-Holst. 30. Nov. 1918 geprüft.

		blau	rot	L.	Ger.	grün	gr.i.B.	rot	blau	Zgr.	b. r.	r.i.B.	grün	Ger.	Zgr.	rot	b. r.	r. R.	A.M.
1		180	243f	r	270i	261i	V	217	257	262	H	220	220	227	180	127	Fi	12	**221**
2		217	178	r	207	194	217i	131	186	F	F	138	184	H	199	125	F	11	**180**
3		212	157	r	252	180	180	195	237	175	183	146	187	197	155!	—	F	13	**189**
4		165·	132	r	235	147	196	149	152!	146	300i	122·	171	197	148·	130	247i	15	**176**
5		158	158·	r	208	204	256	164·	167	165	185	141	184	179·	156	145	147	15	**174**
6		195·	250	r·	206	199:	220	178	198	156:	223f	143·	195	181	144	135	222	15	**190**
7		180	170	r	156	172	228	156	169	158:	185	148	177!	182	136	140	123	15	**165**
8		156·	143	r	161:	170	170	175	165	177·	251i	180	173	182	120	143:	204	15	**169**
9		171·	H	r	184	—	167	280	160	156:	200	138	167	144	167	160	143·	13	**172**
10		193·	154	r	174	152	190	215	179	155	173	148	158	181·	138·	133·	200	15	**170**
A.M.	1—5	186	174	5/5	234	197	212	171	200	185	223	153	189	200	168	132	197	66	**188**
M.V.	1—5	22	30		22	28	24	28	38	34	52	26	12	14	18	7	50		**25**
A.M.	6—10	179	179	5/5	176	173	195	201	174	154	206	151	174	174	141	147	178	73	**173**
M.V.	6—10	12	35		15	13	23	37	11	3	24	11	10	12	12	7	36		**14**

Fehler

	1—5	6—10
F	5	—
Ü	—	2
V	1	—
H	2	1
f	1	—
i	6	2

Schreck

Art	Zeit
Sch	133
o	129
Sch	147

Störung

	1—5	6—10
·	5	23
+	—	—

Zeit und Bilderfolge

1.	geschätzte Zeit	: 15 Minuten
2.	geschätzte Bilderzahl . . .	: 30
3.	spontan aufgezählt	: 16
4.	geschätzte Zahl der Fehlenden	: vielleicht 4
5.	bei Befragen erinnert . . .	: 6
6.	hierbei spontan genannt . .	: 5
7.	Suggestivfragen bejaht . . .	: nein
8.	nicht gesehen	: —
9.	Hund nach links gesehen . .	: ja, »will es aber nicht beschwören, weil zu viele Bilder gesehen. Nach rechts saß er aber sicher nicht, es war gerade umgekehrt.«

Eigene Angaben: Zehn Jahre lang Brauereiarbeiter (trank täglich mehrere Liter Bier), sechs Jahre Bierkutscher, ebenfalls täglich viel getrunken. Im Kriege bei der Infanterie k. v. War einmal verschüttet ohne nachteilige Folgen. 1915 bereits zwei Monate Schaffner. Hat sich jetzt wieder gemeldet, weil ihm diese Tätigkeit gut gefallen hat, möchte wieder Schaffner werden.

Beurteilung der Leistung: Instruktion gut verstanden, schon in der ersten Hälfte nur vereinzelt Falschreaktionen. In der zweiten Hälfte nur einmal ein Nichtreagieren beim zweiten Reiz (roter Lichtpunkt), das dadurch zu erklären ist, daß der Störungsreiz rot-grün bis zum Auftauchen des roten Lichtpunktes stehen blieb, so daß gleichzeitig drei farbige Lichtpunkte sichtbar waren. Im übrigen gehört diese Prüfungsleistung zu den besten. Sämtliche Reize sind richtig beantwortet worden. Alle Störungsreize richtig und kurz. Die Reaktionszeiten sind sehr gleichmäßig und von mittlerer Reaktionszeit. Die Bilder wurden gut behalten. Der Hund wird als nach links sitzend beschrieben, auf näheres Befragen: „Würde es zwar nicht beschwören, weil zu viele Bilder gesehen habe, nach rechts hat er aber sicher nicht gesessen, es war gerade umgekehrt". Gesamturteil: gut.

Urteil der Straßenbahn: Fährt genügend, ist vor beendeter Ausbildung wieder Schaffner geworden.

2. Analyse und Bewertung der Protokolle.

In den vorliegenden 67 Prüfungsprotokollen handelt es sich hauptsächlich um Reaktionszeiten auf visuelle und akustische Reize besonderer Art, die zahlenmäßig aufgezeichnet und in bestimmter, noch zu besprechender Weise verrechnet wurden.

Lägen in den Prüfungsergebnissen ausschließlich zahlenmäßig erfaßte Reaktionszeiten vor, so böte die Beurteilung und Bewertung der Prüfungsleistungen aus diesen Zahlen keine besonderen Schwierigkeiten. Man könnte aus den arithmetischen Mitteln und mittleren Variationen der Reaktionszeiten für die einzelnen Reize wiederum das arithmetische Mittel und die mittlere Variation errechnen und bekäme so einen kurzen zahlenmäßigen Ausdruck für die Prüfungsleistung, um daraus eine Beurteilung und Bewertung zu gewinnen. Dabei müßte man dann allerdings die Annahme machen, daß die Reihe der verschiedenen Reize mit den verschiedenartigen Reaktionshandlungen, die gefordert werden, für jeden Prüfling eine ungefähr gleichartige Aufgabe darstellen, was zwar in der Mehrzahl der Fälle, aber sicher nicht immer der Fall ist. Schon die bei den Prüfungen beobachtete verschieden große Empfindlichkeit für verschiedene Farben, Helligkeiten und Gehörseindrücke verhindert es, eine volle Gleichartigkeit und Gleichwertigkeit der Aufgabe anzunehmen. Weiter wäre auch zu berücksichtigen, daß es sich in dieser Prüfung um eine Reihe ganz verschiedenartiger Reaktionsweisen handelt, um einfache Reaktionen und um Wahlreaktionen, die, streng genommen, nicht miteinander verrechnet werden können.

Aber die Fälle, in denen alle oder auch nur fast alle Reize richtig beantwortet sind und die Antworten in den Zahlen für die Reaktionszeiten ausgedrückt wurden, kommen leider nur als Ausnahmen vor. Auch dann, wenn man, wie es hier geschehen ist, für die Beurteilung der Leistung vornehmlich die Reaktionen der zweiten Hälfte der Prüfung benutzt, in der die Prüflinge soweit eingeübt sind, daß Fehler, die auf eine Unbekanntheit der Aufgabe zurückzuführen sind, zu den Seltenheiten gehören, finden sich nur vereinzelt ausschließlich Reaktionszeiten in den Protokollen. In der Mehrzahl der Prüfungen wird die Reihe der zahlenmäßig durch die Zeit erfaßten Reaktionshandlungen durch Auslassungen, Fehl- und Falschreaktionen usw. und durch aus dem Rahmen der übrigen Reaktionszeiten herausfallende außergewöhnlich lange Zeiten wiederholt unterbrochen. Dadurch ist eine Berechnung der jeweiligen durchschnittlichen Leistung in Frage gestellt und eine Bewertung der Lösung der Prüfungsaufgabe erschwert. Denn die Reaktionszeiten bei Falschreaktionen sind nicht zu verwerten, und Auslassungen haben keine Zeitwerte. Anderweitige zahlenmäßige Bewertungen könnten nur nach einem willkürlich angenommenen Maß erfolgen, das für jede Reaktionsart verschieden sein müßte. Eine Verrechnung derartig gewonnener Zahlen mit den in den Reaktionszeiten vorliegenden Zahlen wäre außerdem nicht angängig, da es sich um Größen verschiedener Dimension handelt. Ebenso wird durch die Mitverrechnung der erwähnten gelegentlich vorkommenden außergewöhnlich langen Reaktionszeiten ein unrichtiges Bild von der durchschnittlichen Reaktionszeit und den durchschnittlichen Abweichungen vom Mittelwert erzielt.

Es sind deshalb hier bei der Beurteilung der einzelnen Prüfungsleistungen die aus den Reaktionszeiten errechneten Durchschnittswerte und mittleren Abweichungen nur mit Einschränkungen benutzt worden. Jedesmal wurde die Anzahl und die Art der einer Verrechnung zugrunde liegenden Reaktionszeiten eingehend berücksichtigt. Im wesentlichen sollen die gefundenen Mittelwerte dazu dienen, die Übersicht zu erleichtern, Vergleiche zu ermöglichen, zu zeigen, wie sich der Prüfling durchschnittlich bei den einzelnen Reizen verhalten hat und wie die Arbeitsleistung innerhalb der Prüfung zu verschiedenen Zeiten, am Anfang und am Ende der Aufgabe war. Die endgültige Beurteilung der Gesamtleistung erfolgte durch eine zusammenfassende Betrachtung und Bewertung sämtlicher einzelnen, auch der nicht zahlenmäßig erfaßten Reaktionshandlungen, nachdem auf Grund dieser Bewertungen jedesmal versucht wurde, festzustellen, in welchem Ausmaße die Forderungen der Prüfungsaufgabe erfüllt wurden.

Eine derartige zusammenfassende Betrachtung stößt nun aber auf große Schwierigkeiten, weil jede einzelne richtige oder falsche Reaktionshandlung ebenso wie jedes Verhalten bei Störungs- und Schreckreizen eine im Rahmen der Gesamtaufgabe stehende Einzelhandlung besonderer Art ist, die für sich zu betrachten und zu bewerten ist. Hierzu ist eine sorgfältige Analyse unter Berücksichtigung der bei diesen Einzelhandlungen gerade vorliegenden besonderen Umstände notwendig. Eine derartige Analyse und Bewertung ist allerdings nur teilweise, aber wieder meistens auch nur indirekt möglich, da eine Befragung des Geprüften nach jeder einzelnen Reaktion, die eigentlich hierzu notwendig wäre, die ganze Prüfung in Einzelreaktionen auflösen würde. Das würde aber wiederum nicht dem Sinne der Prüfungsaufgabe entsprechen, da eine zusammenhängende Arbeitsleistung erzielt werden soll. Es mußte deshalb bei der Analyse nach anderen Gesichtspunkten vorgegangen werden, die in den nachfolgenden Ausführungen auseinandergesetzt werden sollen.

Wurden von einem Prüfling in der zweiten Hälfte der Prüfung die Reize in der Mehrzahl richtig beantwortet, wurde außerdem auf Störungsreize nicht geantwortet und hatten die Störungs- und Schreckreize keinerlei Nachwirkungen auf die folgenden Reize und deren Beantwortung, sind außerdem keine Intensionsbewegungen erfolgt und die Bilder gut behalten worden, so ist die Aufgabe als gelöst angesehen worden, und die Güte der Lösung ist dann in der Hauptsache nach der Länge der aus allen Reaktionszeiten errechneten Durchschnittszeit und der mehr oder weniger großen Verschiedenheiten der für den gleichen, jedesmal 10mal wiederkehrenden einzelnen Reiz erzielten Reaktionszeiten zu bestimmen. Zeigten sich in der zweiten Hälfte der Prüfung nur geringe Unterschiede der Leistungen bei mehreren Prüflingen, so konnte die erste Hälfte der Prüfung zur weiteren Bewertung und Bildung einer Rangordnung mit herangezogen werden. Es ist aber schon darauf hingewiesen worden, daß derartige fehlerfreie oder annähernd fehlerfreie Lösungen auch in der zweiten Hälfte nur in den seltensten Fällen eingetreten sind, und daß in der Mehrzahl der Fälle fehlerhafte Reaktionen der verschiedensten Art einer derartigen einfachen Berechnungsweise der Leistung im Wege stehen.

Um die zahlenmäßig nicht erfaßbaren fehlerhaften Reaktionen und Auslassungen und die vereinzelt auftretenden abnormen langen Reaktionszeiten, ebenso wie das Reagieren oder Nichtreagieren auf die Störungs- und Schreckreize richtig abschätzen und sie für eine Bewertung der Gesamtleistung benutzen zu können, ist es notwendig, sich zunächst mit einer Reihe von Tatsachen bekannt zu machen, die uns über die allgemein verschieden langen Reaktionszeiten bei den verschiedenen Reizen und über das weitgehend verschiedenartige Zustandekommen fehlerhafter Reaktionen und damit auch über eine verschiedenartige Wertigkeit unterrichten.

Sieht man zunächst bei einer Betrachtung aller gewonnenen Lösungen von den Auslassungen, den Fehl- und Falschreaktionen ab und läßt man einzelne besonders lange Zeiten zunächst unberücksichtigt, so zeigen die Mittel der Reaktionszeiten für die verschiedenen Reize innerhalb der einzelnen Prüfungen Unterschiede von ungefähr einer Sekunde, während die mittleren Zeiten für die einzelnen der jedesmal 10 mal wiederkehrenden Reize sich um Bruchteile einer Sekunde unterscheiden. Sehr oft zeigen sich sogar mehrmals bis auf $^1/_{100}$ Sekunde genau gleiche Zeiten bei wiederholten Reaktionen auf den gleichen Reiz. Man erkennt außerdem, daß die durchschnittlichen Reaktionszeiten der einzelnen 15 verschiedenen Reize bei den Prüflingen, welche die Prüfungsbedingungen im großen und ganzen erfüllen konnten, in bezug auf ihre Länge in einem bestimmten Verhältnis zueinander stehen. Die dadurch erzielte und regelmäßig wiederkehrende Gleichmäßigkeit in der Verteilung der Länge der Reaktionszeiten bei den 15 verschiedenen Reizen deutet auf feststehende gesetzmäßige Beziehungen zwischen den verschiedenen Reizen und Reizbeantwortungen hin. Es handelt sich offenbar jedesmal um eine Anzahl verschiedener gleichwertiger Einzelaufgaben, die aber in der Gesamtaufgabe so zusammengefaßt sind, daß für den Prüfling diese ständig in gleicher Weise wiederkehrenden Verschiedenheiten nicht erkennbar werden. Zeigt sich bei einem Prüfling eine kurze oder lange Durchschnittszeit für alle Reaktionen, so finden sich in der Mehrzahl der Fälle die Durchschnittszeiten für die einzelnen Reize in der angeführten gesetzmäßigen Verteilung verkürzt oder verlängert. Allgemein werden stets die fast gleichen kürzesten Zeiten bei der Beantwortung der roten Lichtpunkte, bei Reiz 2, 11 und 15 erzielt. Längere Zeiten erfordern durchweg die Reaktionen auf den Zweilichtpunktreiz blau-rot mit vorhergehendem Buchstaben G (Reiz 10) und der links oben auftauchende grüne Lichtpunkt (Reiz 12). Zeiten, die in der Mitte stehen, im Einzelnen aber auch wieder in ganz bestimmter Richtung voneinander abweichen, werden gebraucht bei der Beantwortung des seitlich auftretenden schwach-roten Lichtpunktes (Reiz 7), beim Reagieren auf blaue und grüne Lichtpunkte (Reiz 1, 5, 8), bei der Zeigerbewegung (Reiz 9 und 14) beim Geräusch (Reiz 4 und 13) und beim Zweilichtpunktreiz rot-blau mit vorhergegangenem Buchstaben R (Reiz 16).

Diese Verschiedenheiten der Länge der Reaktionszeiten finden ungezwungen ihre Erklärung in der verschiedenen Art, Intensität und Anordnung der Reize und in der mehr oder weniger schwierigen Art und Weise der Reizbeantwortung. Ist ein Lichtpunkt lebhaft in der Farbe und Helligkeit, so ist das Erkennen kürzer und die Aufforderung zur Reizbeantwortung stärker als in den Fällen, wo Farbe und Helligkeit gering sind. Liegen die Lichtpunkte, die als Reize dienen, in der rechten Hälfte der Glastafel, auf die der Prüfling wegen der ständig zu beachtenden Bilder seine Aufmerksamkeit vornehmlich zu richten hat, so folgt Erkennen und Reizbeantwortung schneller (Reiz 2), als wenn die Lichtpunkte oder auch die Zeigerbewegung von dieser Gegend entfernt (Reiz 7, 8, 9, 12, 14, 15), mehr in der Peripherie des Blick- bzw. Gesichtsfeldes liegen. Liegt ein Reiz aber unmittelbar neben den zu beachtenden Bildern (Reiz 1) oder innerhalb derselben (Reiz 6 und 11), so ist diese Lage für die Reaktionshandlung als ungünstiger anzusehen als die Lage in einer gewissen Entfernung von dem Fenster, in dem die Bilder erscheinen. Die Betrachtung des unmittelbar daneben liegenden Bildes wirkt offenbar hemmend. Ist die geforderte Reizbeantwortung ein einfaches Niederdrücken eines für den Prüfling günstig liegenden Tasthebels (Reiz 1, 2, 7, 8, 11 15), so wird eine kürzere Reaktionszeit erzielt, als wenn der Hebel ungünstig liegt oder zu bewegen ist (Reiz 3, 9, 14), oder wenn erst Vorbewegungen zur Lösung von Sperrungen (Reiz 4, 5, 12, 13) erfolgen müssen. Ebenso tritt eine verlängerte Reaktionszeit ein, wenn wie bei Reiz 10 und 16 die Reaktionshandlung nicht durch den Lichtreiz selber (rot-blau-Doppellichtpunkt), sondern durch einen vorhergehenden Buchstaben ausgelöst wird, und zwar wird die Verlängerung um so größer sein, je früher der Buchstabe vor dem eigentlichen Reiz sichtbar wird (Reiz 10) und je ungünstiger die geforderte Reaktionstaste für den Prüfling liegt und zu bedienen ist. Eine Verlängerung der Reaktionszeiten kann ferner bei bestimmten Reizen dann allgemein auftreten, wenn vorangehende Buchstaben, die nach der Aufgabenstellung in diesen Fällen nicht zu verwerten sind, den Prüfling zunächst bestimmt haben, sich auf eine ganz andere Reaktion einzustellen, als nachher durch den Reiz gefordert wird (Reiz 1, 4, 9, 12, 13, 15). Die dann notwendig werdende Umstellung des Prüflings wirkt auf die Reizbeantwortung verzögernd.

Diese verschiedenen allgemein bei jeder Prüfung regelmäßig wiederkehrenden Faktoren, welche die Reaktionszeiten mitbestimmend, verlängernd oder verkürzend beeinflussen, können nun bei den einzelnen Reizen isoliert oder kombiniert in Wirkung treten, ohne daß eine eindeutige Analyse der gerade vorliegenden Art der Wirkung möglich ist. Immerhin dürfte es aber gestattet sein, mit einigen Einschränkungen anzunehmen, daß diese besonderen Verhältnisse der Reizgebung und Reizbeantwortung mit ihren Einflüssen auf die Reaktionszeiten für alle Prüflinge ziemlich gleichartig sind und daß deshalb bei richtigem Reagieren eine aus den Reaktionszeiten errechnete Durchschnittszeit für die Bewertung der Aufgabenlösung mit benutzt werden kann.

Außer diesen regelmäßig durch die Prüfungsaufgabe gegebenen allgemeinen Faktoren, welche die Länge der Reaktionszeiten beeinflussen, treten nun aber in der Mehrzahl der Prüfungen eine ganze Reihe besonderer Faktoren, die ebenfalls aber in unregelmäßiger Weise auf die Länge der Reaktionszeiten einwirken und außerdem fehlerhafte Reaktionshandlungen hervorrufen können. Sowohl die an den verschiedensten Stellen durch den Prüfungsleiter eingestreuten Störungs- und Schreckreize, wie die Fehl- und Falschreaktionen, die gelegentlich auftreten, ferner das Übersehen von Reizen und das Eintreten von Hemmungen, können die Art, wie die Reize wirken, und auch die Reaktionszeiten in merklicher Weise beeinflussen. In derartigen Fällen liegen für die verschiedenen Prüflinge verschiedenartige Aufgaben vor, ohne daß dies ohne weiteres erkennbar ist. Die richtige Beurteilung der einzelnen Prüfungsleistungen wird durch diese Verhältnisse weiter erschwert. Im folgenden soll versucht werden, diese einzelnen besonderen Faktoren in ihren Eigenheiten zu beschreiben, um ihre Bedeutung für die einzelnen Reaktionshandlungen und den Verlauf in der Lösung der Prüfungsaufgabe, soweit es möglich ist, auseinander zu setzen.

Als »Störungsreize« sind hier die vom Prüfungsleiter an beliebigen Stellen der Prüfungsaufgabe einschaltbaren rot-grün-Lichtpunkte bezeichnet worden, auf die nach der Instruktion im Gegensatz zu der Art wie auf alle anderen Lichtpunktreize zu antworten ist, nicht durch eine Reaktionshandlung geantwortet werden soll. Der Prüfling soll bei diesen »Störungsreizen« die Hände ruhig im Schoß liegen lassen, um auf diese Weise in der Prüfungsaufgabe allgemein zu zeigen, daß er imstande ist, die eintretenden Reize erst dann zu beantworten, wenn er sie ihrer Art nach richtig aufgefaßt hat. Über die weitere Bedeutung der »Störungsreize« siehe oben S. 64 ff. In zweifacher Hinsicht sind nun diese Störungsreize für die Reaktionsweise des Prüflings und damit auch für die Bewertung der Prüfungsleistung von besonderer Bedeutung. Erstens in der verschiedenen Beschaffenheit als isolierte Reize und zweitens durch die verschiedenartigen Einflüsse auf nachfolgende Reize und den zugehörigen Reaktionen.

Was den ersten Punkt betrifft, so wird eine Tendenz, auf Störungsreize vorschnell und falsch zu reagieren, allgemein bei den Prüflingen größer sein, die auch bei der Beantwortung anderer Reize eine mehr muskuläre Reaktion zeigen, oder bei denen die Gesamtaufgabe in ihren Einzelheiten nicht klar und bestimmt wirksam ist. Außerdem muß beachtet werden, daß die Störungsreize nicht in allen Fällen in ihrer Wirkung gleichartig sind. Ist nämlich dem Störungsreiz ein Buchstabe unmittelbar vorangegangen, der gemäß der Instruktion von dem Prüfling zu behalten ist und ihm die Reaktionstaste bei nachfolgendem Rot-Blau-Lichtpunktpaar anzeigt, so führt diese bei dem Prüfling ausgelöste Einstellung sehr leicht zu einer Reaktionshandlung, sobald der Störungsreiz erscheint. Und zwar tritt dieses falsche Reagieren um so leichter ein, je flüchtiger das auftretende Lichtpunktpaar beachtet wurde und je geringer bei dem Prüfling das Unterscheidungsvermögen für grüne und blaue Lichtpunkte vorhanden ist. In der ersten Hälfte der Versuchsreihe wurden von 539 gegebenen Störungsreizen 176, in der zweiten Prüfungshälfte von 1339 gegebenen Störungsreizen 230 durch Niederdrücken einer Taste falsch beantwortet. In der ersten Hälfte beantworteten nur 14 Prüflinge sämtliche gegebenen Störungsreize richtig, 22 machten 1—2 Fehler, 21 machten 3—4 Fehler, 6 machten 5—7 Fehler und je einer 8, 10 und 11 Fehler. In der zweiten Prüfungshälfte beantworteten 25 Prüflinge alle Fälle richtig, 13 machten 1—2 Fehler, 4 machten 3 bis 4 Fehler, 9 machten 5—7 Fehler, je einer 8, 9 und 10 Fehler, 5 machten 11 Fehler und je einer 14, 16 und 25 Fehler. Es ist hier zu bemerken, daß bei Prüflingen, die fortgesetzt eine größere Anzahl von Störungsreizen richtig durch Nichtreagieren beantworteten, schließlich keine neuen Störungsreize gegeben wurden, während bei Prüflingen, die hierbei wiederholt falsche Reaktionen zeigten, die Störungsreize häufiger wiederholt wurden. Bei allen Prüflingen, die in der zweiten Prüfungshälfte eine größere Anzahl von Störungsreizen falsch durch Niederdrücken einer Taste beantwortet haben, finden sich auch sonst schlechte Leistungen, lange und schwankende Reaktionszeiten, wiederholte Falschreaktionen und wiederholtes Übersehen von Reizen. Es muß aber doch bemerkt werden, daß in einzelnen Fällen, wo zunächst fortgesetzt auf den Störungsreiz falsch reagiert wurde, z. B. bei Prüfling 38, dieses falsche Reagieren sofort unterblieb, nachdem der Prüfling noch einmal in der zweiten Hälfte (7. Reihe) auf das Verkehrte seiner Reaktionsweise eindringlich aufmerksam gemacht wurde. Solche Fälle zeigen, wie wenig es berechtigt ist, aus fortgesetztem Falschreagieren auf einen Reiz auf eine diesbezügliche besondere »Anlage« zu schließen. Es handelt sich offenbar in solchen Fällen um ein langsamer zunehmendes Verständnis für diese Aufgabe, das die verschiedensten Gründe haben kann, und damit eine erst allmählich eintretende bestimmter werdende Determination der Reaktionsweisen durch die Aufgabe. Als besonders fehlerhaft ist eine Reaktionsweise auf Störungsreize bei den drei Prüflingen Nr. 16, 20 und 66 zu bezeichnen, welche die Störungsreize in der Weise beantwortet haben, daß sie zwei Tasten, entsprechend den beiden Lichtpunkten rot und grün, niederdrückten. Diese Prüflinge zeigten entweder eine geringe Intelligenz (Nr. 20) oder hochgradige Nervosität (Nr. 16 und 66).

Was nun zweitens die Beziehungen der Störungsreize bzw. der Reaktionen auf diese zu den folgenden Normalreizen bzw.

den diesen zugeordneten Reaktionen betrifft, so sind hier die mannigfaltigsten Erscheinungen möglich. Entweder tritt gar keine Wirkung ein oder der folgende Reiz wird übersehen, oder er wird falsch beantwortet, oder es tritt eine abnorm lange Reaktionszeit oder auch eine Hemmung ein.

Bei den Prüflingen ließ sich in der zweiten Hälfte, die vornehmlich der Berechnung zugrunde gelegt werden soll, feststellen, daß 47 mal nach einem richtig beantworteten Störungsreiz der nächste Normalreiz übersehen wurde und 13 mal nach einem falsch beantworteten Störungsreiz. Der in diesem Zahlenverhältnis zum Ausdruck kommende Unterschied zwischen der verschiedenen Wirkung der richtig und der falsch beantworteten Störungsreize auf die nachfolgenden Normalreize wird bei der Besprechung der übersehenen Reize näher begründet. Falschreaktionen erfolgten nachweislich in der zweiten Hälfte 50 mal nach richtig beantwortetem und 31 mal nach falsch beantwortetem Störungsreiz, doch sind diese Falschreaktionen, wie weiter unten noch auszuführen ist, nicht in allen Fällen als Nachwirkungen der Störungsreize aufzufassen. Die gleiche Einschränkung gilt für außergewöhnlich lange Reaktionszeiten, die 63 mal nach richtig beantwortetem und 22 mal nach falsch beantwortetem Störungsreiz aufgetreten sind. Hemmungen treten nur vereinzelt ein, besonders dann, wenn der Störungsreiz lange Zeit sichtbar war oder 2- bis 3 mal kurz nacheinander wiederholt wurde. Alle diese verschiedenen Punkte sind, soweit ihre Feststellung möglich ist, bei der Bewertung der Prüfungsleistung in Rechnung zu ziehen.

Die Schreckreize (siehe S. 65) sind von den Prüflingen in der Mehrzahl der Fälle außergewöhnlich schnell und richtig beantwortet worden. Die besten Leistungen sind Reaktionszeiten von etwa 1 Sekunde und darunter. Reaktionszeiten über 2 Sekunden, besonders die gelegentlich vorkommenden von 3—4 Sekunden sind bei der Bewertung der Leistung als ungünstig zu bezeichnen. Ebenso die gelegentlich beobachteten Hemmungen. Besondere Bedeutung muß man diesen schlechten Leistungen dann zumessen, wenn man annimmt, daß diese langen Reaktionszeiten und die Hemmungen in der Prüfungsaufgabe auf ebenso lange Reaktionszeiten und mögliche Hemmungserscheinungen bei schreckhaften Ereignissen in der Praxis hinweisen. Die Berechtigung dieser Annahme müßte aber erst bewiesen werden. Hier in den Prüfungen konnte als Ursache für lange Reaktionszeiten wiederholt festgestellt werden, daß es sich nicht um eine Unentschlossenheit oder Ratlosigkeit handelte, sondern um ein Fehlgreifen der Hebel. Gelegentlich handelte es sich auch um ein Vergessen oder Nichtgegenwärtigsein der Aufgabe.

In anderen Fällen wurde der Schreckreiz zunächst als überhaupt nicht zur Aufgabe gehörig angesehen und deshalb nicht beachtet. In den Prüfungsprotokollen finden sich die genaueren Angaben über das Verhalten der Prüflinge bei den Schreckreizen. Bei der Bewertung ist berücksichtigt worden, ob die Zeitverlängerung nur eine zufällige war, oder ob es sich bei dem Prüfling um richtige Hemmungserscheinungen handelt, die auf eine große Schreckhaftigkeit hinweisen. In ähnlicher Weise wie die Störungsreize zeigen auch die Schreckreize Nachwirkungen auf die unmittelbar folgenden Reize und Reaktionen. In den einzelnen Prüfungen ließen sich aus den Ergebnissen der zweiten Hälfte der Prüfungen feststellen, daß in 8 Fällen nach Schreckreizen eine außergewöhnlich lange Reaktionszeit auftrat, in 11 Fällen der nächste Reiz übersehen wurde und vereinzelt Hemmungen die Folge waren.

Falschreaktionen (in den Protokollen durch F bezeichnet), d. h. also beantworten eines Reizes durch Niederdrücken einer nicht dem Reiz zugeordneten Taste, erfolgten in der zweiten Hälfte der Prüfungsaufgabe 258 mal, während zugleich 4410 zeitlich erfaßte Reaktionszeiten aufgezeichnet werden konnten (in der ersten Prüfungshälfte ist das Verhältnis 472 : 3934). Bei diesen 258 Falschreaktionen lassen sich in 110 Fällen kurz vorhergehende Störungs- oder Schreckreize mit zugehörigen Reaktionen feststellen, ohne daß es aber nach den Beobachtungen bei den Prüflingen zulässig ist, diese vorhergehenden Reize als Ursache der Falschreaktionen anzusehen. In vielen Fällen kann man aber die Annahme machen, daß sie die Ausführung der Falschreaktionen unterstützt haben. Die bei den Reizen 1, 5, 6, 8 und 12 eingetretenen Falschreaktionen lassen sich in der Mehrzahl der Fälle auf Verwechselung zwischen grünen und blauen Lichtpunkten oder umgekehrt zurückführen, und zwar rührt diese Verwechselung entweder von einer Farbenschwäche oder einer Schwachsichtigkeit der Prüflinge her oder von einer mangelhaften Kenntnis dieser Farben bzw. deren Unterschiede, oder auch von zu schwachen Reizen infolge zu hellen Tageslichts. In einem Falle (Prüfling Nr. 44) ließen sich Falschreaktionen aus einer bestehenden Farbenschwäche für rot-grün ableiten. In 10 Fällen konnten Falschreaktionen beim roten Lichtreiz (Reiz 15) mit unmittelbar vorhergehendem Buchstaben G festgestellt werden. Hier veranlaßt offenbar der Buchstabe G die falsche Reaktionshandlung. Der rote Lichtpunktreiz 2, dem kein Buchstabe vorhergeht, wird nie falsch beantwortet. In der überwiegenden Mehrzahl erfolgen die Falschreaktionen beim Zweilichtpunktreiz rot-blau. Der Reiz 10 (rot-blau mit vorhergehendem G) wird in 109 Fällen, der Reiz 16 (rot-blau mit vorhergehendem R) wird in 75 Fällen falsch beantwortet, wobei zu beachten ist, daß jeder dieser beiden Reize in einer Prüfungshälfte 335 mal wiederkehrt (in der ersten Prüfungshälfte sind die entsprechenden Zahlen für Reiz 10 : 145 und für Reiz 16 : 92). Die Schwierigkeiten für den Prüfling, diesen Reiz richtig zu beantworten, zeigten sich schon bei der Instruktion und der Einübung der Aufgabe (s. S. 57 u. 63). Wiederholt war es nötig, die Art und Weise der geforderten Beantwortung dieser Reize im Verlauf der ersten Hälfte der Prüfung zu wiederholen, obgleich mit keinem Prüfling in die Prüfung eingetreten worden war, bevor nicht zwei Prüfungsleiter sich wiederholt davon überzeugt hatten, daß die Aufgabe richtig verstanden und eingeübt war. Bei diesem Reiz zeigte sich besonders, ob es dem Prüfling möglich war, auf eine Reihe von nebeneinander oder kurz nacheinander auftretenden Reizen gleichzeitig zu achten, also eine weitgehend »verteilte Aufmerksamkeit« zu zeigen. Das häufigere Falschreagieren bei Reiz 10 als bei Reiz 16 dürfte auf das zeitlich etwas weitere Zurückliegen des Buchstaben G, als des Buchstaben R bei Reiz 16 zurückzuführen sein. Eine weitere Erschwerung dieses rot-blau-Reizes konnte in beiden Fällen dann eintreten, wenn zwischen dem Buchstaben und dem Lichtreiz oder mit dem Buchstaben zusammen ein Störungsreiz ausgelöst wurde. Bei der Bewertung der falschen Reaktionen ist diese Erschwerung zu berücksichtigen. Gelegentlich erfolgten hier auch deshalb Falschreaktionen, weil der Prüfling die zwischen Buchstaben und Reiz liegenden Bilder so eingehend betrachtete, daß er den Buchstaben vergaß oder erst verspätet erinnerte. Bei drei Prüflingen (Nr. 16, 20 und 67) wurden die Falschreaktionen auf den rot-blau-Reiz durch Niederdrücken von zwei Tasten beantwortet, obgleich in der Prüfungsaufgabe diese Art des Reagierens niemals gefordert wird. Es handelt sich um dieselben Prüflinge, die auch gelegentlich bei Störungsreizen mit Niederdrücken von zwei Tasten reagierten. Für die Beurteilung dieser Art des Falschreagierens gilt das gleiche, was hierüber bei der Besprechung des Reagierens auf Störungsreize gesagt ist. In den übrigen Fällen wurde stets nur eine falsche Taste gedrückt. Die Ursachen für die falschen Reaktionen lassen sich dadurch erklären, daß die Prüflinge den vorhergehenden Buchstaben nur flüchtig beachtet oder falsch gelesen hatten, was leichter bei Reiz 16 durch Verwechselung von *R* und *B* möglich war. In anderen Fällen war der Buchstabe in der Erinnerung mit einem früheren Buchstaben verwechselt worden, oder der Buchstabe war vergessen worden, und die Prüflinge verließen sich dann auf ihr gutes Glück, wobei die günstig für den Prüfling liegende Taste, die dem roten Lichtpunkt zugeordnet ist, bevorzugt wurde. Bei einer falsch ausgeführten Reaktion verschwinden die Lichtpunkte nicht gleich, und unter diesem Eindruck fiel den Prüflingen in manchen Fällen der richtige Buchstabe bzw. die richtige Reaktion hinterher ein. Wenn es nach diesen Ausführungen auch möglich ist, die Ursachen und die Art des Falschreagierens in vielen Fällen zu ergründen, so gelingt es doch durchaus nicht bei jeder Falschreaktion. Manche Falschreaktionen können z. B. dadurch erfolgen, daß der Prüfling plötzlich in seinen Gedanken vollkommen von der Aufgabe abschweift und deshalb die Reize nicht gehörig beachtet, ohne daß er nachher bei Befragen in der Lage ist, uns anzugeben, wie er und zu welcher plötzlichen Abschweifung er gekommen ist. Es bestehen jedenfalls weitgehende Schwierigkeiten, alle einzelnen Falschreaktionen nach Ursache und Art als Unterlagen für die Beurteilung und Bewertung der Prüfungsleistungen richtig zu analysieren.

Übersehen (in den Protokollen durch Ü bezeichnet) wurden in der 2. Prüfungshälfte von 54 Prüflingen 171 Reize. In der 1. Prüfungshälfte sind die entsprechenden Zahlen 63 und 335. Die doppelt so große Zahl dürfte ihren Grund darin haben, daß Prüflinge sich im Anfang noch nicht voll in der Aufgabe befanden und deshalb Reize übersahen. Das Übersehen läßt sich in der 2. Hälfte der Prüfung 13 mal durch zu schwache blaue und grüne Lichtreize bei zwei Prüflingen erklären und 8 mal durch ein mangelhaftes Sehvermögen bei zwei anderen Prüflingen. 11 mal wurde in der 2. Hälfte nach Schreckreizen ein Reiz übersehen. Nach Störungsreizen, die falsch beantwortet wurden, indem also entgegen der Instruktion durch Niederdrücken einer Taste geantwortet wurde, ist in 13 Fällen, nach Störungsreizen, die in richtiger Weise, also durch Nichtreagieren beantwortet wurden, ist in 47 Fällen der nachfolgende Reiz übersehen worden. Es scheint zunächst auffallend, daß dreieinhalbmal so oft nach dem richtig beantworteten Störungsreiz als nach dem falsch beantworteten Störungsreiz dieses Übersehen des folgenden Reizes eintritt. Man muß annehmen, daß ein Prüfling durch das Beachten und richtige Ausführen des Nichtreagierens, durch das bewußte Unterdrücken zunächst beabsichtigter Bewegungen viel stärker und nachhaltiger beschäftigt und abgelenkt wird, als wenn er auf die Störungsreize in falscher Weise durch Niederdrücken einer Taste gleichsam abreagiert hat. Wurden Störungsreize unmittelbar vor einem Reiz gegeben oder wurden sie mehrfach kurz nacheinander wiederholt, so ist ihre Wirkung auf die folgenden Reize, wie schon bei den Fehlreaktionen ausgeführt wurde, stärker. Vereinzelt finden sich auch übersehene Reize nach falsch ausgeführten Reaktionen, ohne daß es allerdings sicher ist, daß hier ursächliche Zusammenhänge bestehen. In 66 Fällen finden sich keinerlei Anhaltspunkte für die mögliche Ursache des Übersehens. Es ist oben (S. 60/61) bereits auseinandergesetzt, weshalb es bei derartigen Prüfungen nicht angängig ist, nach jeder einzelnen Reaktion den Prüfling über seine persönlichen Erlebnisse bei der Reaktion zu befragen. Weitere Ursachen, Reize zu übersehen, können dadurch gegeben sein, daß der Prüfling gelegentlich durch ein Bild der Bilderreihe besonders gefesselt ist oder daß irgend etwas anderes, z. B. irgendeine plötzlich auftauchende Vorstellung, die gar nichts mit der Aufgabe zu tun hat, seine Aufmerksamkeit von der Aufgabe ablenkt. Aus diesen Betrachtungen zeigt sich, daß Reize aus den verschiedensten Ursachen übersehen werden können und daß in vielen Fällen die Ursachen nicht feststellbar sind. Daraus ergibt sich weiter, daß eine richtige Bewertung des Übersehens von Reizen überaus schwierig, wenn nicht bisweilen unmöglich ist.

Vergessen (in den Protokollen durch V bezeichnet) wurde eine verlangte Reaktionshandlung, bzw. der die Reaktion bestimmende Buchstabe, in der ersten Prüfungshälfte bei 49 Prüflingen in 103 Fällen, in der zweiten Prüfungshälfte von 18 Prüflingen in 29 Fällen. In 16 von diesen 29 Fällen war der Buchstabe vergessen worden und deshalb bei Reiz 10 in 6 Fällen, bei Reiz 16 in 10 Fällen keine Reaktion erfolgt, obgleich der rot-blau-Reiz selber rechtzeitig bemerkt war. Es ist anzunehmen, daß bei diesen Reizen der vorhergehende

Buchstabe öfter, auch bei anderen Prüflingen vergessen wurde, daß aber die Prüflinge es in der Mehrzahl der Fälle vorgezogen haben, sich in derartigen Fällen auf ihr gutes Glück zu verlassen und irgendeine beliebige Taste niederzudrücken. Dabei wurde dann in manchen Fällen die richtige Taste getroffen und so eine richtige Reaktion vorgetäuscht. Man könnte versucht sein, das Verhalten der Prüflinge, die beim Vergessen der Buchstaben nicht reagierten, dieses Nichtreagieren als ein Ausdruck des gewissenhaften Handelns anzusehen und zu bewerten, wenn nicht die hierfür in Frage kommenden Prüflinge im übrigen bei den gleichen Reizen mehrere Falschreaktionen aufzuweisen hätten. Dreimal wurde bei zwei Prüflingen (Nr. 40 und 44) bei Schreckreizen nach Nichtreagieren angegeben, daß die verlangte Reaktion vergessen worden sei. Es war nicht sicher zu entscheiden, ob es sich in diesen Fällen wirklich um ein einfaches Vergessen, um ein zufälliges mangelhaftes Behalten handelte oder ob der Schreck eine vorübergehende Lähmung des Gedächtnisses oder eine Hemmung des Handelns bewirkt hatte. Dreimal wurde bei Reiz 6 (grüne Lampe im Bild) als Grund des Nichtreagierens angegeben, man habe im Augenblick nicht gewußt, wie auf diesen Reiz zu reagieren sei, obgleich die vorhergehenden Reize gleicher ·Art stets richtig beantwortet waren. Dreimal wurden auch bei dem rot-Lichtreiz im Bild (Reiz 11) nach Nichtreagieren die gleichen Angaben nach gleichen Vorgängen gemacht. In beiden Fällen scheint der kurz vorhergehende Buchstabe, der einem anderen Reiz zugeordnet ist, verwirrend gewirkt zu haben oder der Prüfling hatte durch aufmerksame Beachtung des unmittelbar neben der Lampe liegenden Bildes die Lampe übersehen.

Hemmungen (in den Protokollen mit H bezeichnet), d. h. also die gelegentlich bei einzelnen Prüflingen auftretende Unfähigkeit, eine Reaktion auszuführen, obgleich der Reiz bemerkt und die Art der geforderten Reaktionen bekannt war, finden sich in der ersten Hälfte der Prüfung bei 23 Prüflingen 40mal, in der zweiten Hälfte bei 14 Prüflingen 26mal. Sieht man von den nur vereinzelt auftretenden Hemmungen ab, die sich nach Störungsreizen und Schreckreizen zeigen, so haben sie nur bei zwei Prüflingen (Nr. 52 und 66) Bedeutung, weil sie hier wiederholt 4- bzw. 5mal in der zweiten Prüfungshälfte und 5- bzw. 4mal in der ersten Hälfte auftreten. Die Leistungen dieser Prüflinge müssen wegen dieser wiederholten Hemmungserscheinungen, die sowohl bei Schreckreizen als auch nach Schreck- und Störungsreizen auftraten, als ungenügend bezeichnet werden. Aus den Protokollen ist zu ersehen, daß diese beiden Prüflinge aber auch in anderer Beziehung ungenügende Leistungen aufzuweisen haben.

Erst falsch und dann richtig reagiert (in den Protokollen mit f bezeichnet) wurde in der zweiten Hälfte der Prüfung von 28 Prüflingen in 53 Fällen. Die Zahlen für den ersten Teil der Prüfung sind 54 und 125. Eine besondere Zeitverlängerung gegenüber Reaktionen, die sofort richtig ausgeführt wurden, zeigen 11 Fehlreaktionen der zweiten Prüfungshälfte, während 41 derartiger Fehlreaktionen trotz des nacheinander Niederdrückens von zwei verschiedenen Tasthebeln keinerlei merkliche Zeitverlängerung aufweisen. In der Mehrzahl der Fälle findet sich diese Art des Reagierens bei den blauen und grünen Lichtpunkten und dürfte hier auf gleiche Ursachen zurückzuführen sein, die schon bei den Falschreaktionen auf diese Reize erwähnt wurden. In einigen Fällen konnte man auch an einen vorhergehenden Buchstaben denken, der auf eine andere geforderte Reaktion hinwies. Ebenso kann eine muskuläre Reaktionsweise in einzelnen Fällen in Frage kommen. Größere Bedeutung für die Beurteilung der Prüfungsleistung hat diese Art des Falschreagierens nur bei wiederholtem Auftreten. In zwei Fällen (Prüfling 2 und 58) finden sich diese Fehlreaktionen 5mal, in 3 Fällen (Prüfling 1, 10 und 20) 4mal.

Intentionen zunächst falsch zu reagieren (in den Protokollen mit einem i bezeichnet) lassen sich in der ersten Prüfungshälfte 185-, in der zweiten 169mal feststellen. Bei 33 Prüflingen (also bei der Hälfte aller Geprüften), findet in der zweiten Prüfungshälfte überhaupt keine intendierte Bewegung statt und bei 5 Prüflingen nur je eine. Fünf und mehr Intentionsbewegungen vor Reaktionen finden sich bei 17 Prüflingen und unter diesen intendierte je einer sogar 13- bzw. 14mal. Die entsprechenden Zahlen für die erste Prüfungshälfte sind 23, 8 und 18. Diese Art des Reagierens läßt bei häufigerem Auftreten auf eine Neigung muskulär zu reagieren oder auf eine gewisse nervöse Unruhe und Aufregung während der Prüfung schließen. Bei einigen Prüflingen konnte man beobachten, daß sie sich zwingen mußten, bei Störungsreizen Intentionsbewegungen zu unterdrücken. Geht einem Reiz ein Buchstabe voran, so wird dadurch eine Intentionsbewegung gefördert. Nur in 10 Fällen zeigten sich von den 169 Reaktionen, denen Intentionen vorangegangen waren, außergewöhnlich verlängerte Zeiten. Schlüsse auf vorhandene angeborene oder erworbene Anlagen, Dispositionen oder Fähigkeiten muskulär zu reagieren bei Prüflingen, die häufig Intentionsbewegungen machen, erst falsch reagieren oder außergewöhnlich kurze Reaktionszeiten zeigen, wären Fehlschlüsse. Wenn hier auch in den Prüfungen jedesmal 160 Reaktionen der Beurteilung der Reaktionsweise zugrunde gelegt werden und andere Untersucher aus viel kürzeren Reaktionsreihen Typen erkennen wollen, so läßt sich leicht nachweisen, daß diese Schlüsse unzulässig sind. Mit einer hier ausgeführten Versuchsreihe von 50 Männern, die jeder an zwei verschiedenen Tagen je 100 bis 160 einfache Reaktionen auf taktile, akustische und visuelle Reize ausführen mußten, ließ sich nachweisen, daß es nach entsprechender Belehrung und Einübung leicht gelingt, bei derselben Versuchsperson sowohl einen muskulären wie einen sensoriellen »Typus« gleichzeitig nachzuweisen.

Außergewöhnlich lange Reaktionszeiten, d. h. also Zeiten, die erheblich von der Reaktionszeit abweichen, die in der Mehrzahl der Fälle nach einem bestimmten in den Prüfungshälften je 5mal wiederkehrenden Reiz erzielt wurden, finden sich in der 2. Prüfungshälfte, die vornehmlich für die Bewertung der Prüfungsleistung in Frage kommt, 287 mal bei 4410 zahlenmäßig erfaßten Reaktionen. Für den ersten Teil der Prüfung sind die entsprechenden Zahlen 300 und 3934. Von den verschiedensten Ursachen dieser außergewöhnlichen Zeitverlängerungen fällt die Ursache der Ungewohntheit und Neuheit der Aufgabe, die am Anfang der Prüfung noch vorhanden ist, und in der ersten Hälfte der Prüfungen viele Verlängerungen erklärt, in der zweiten Hälfte der Prüfung fort. Hier finden sich 63 mal außergewöhnlich verlängerte Reaktionszeiten nach richtig durch Nichtreagieren beantworteten Störungsreizen und 22 mal nach falsch, durch Reagieren auf eine Taste, beantworteten Störungsreizen. Es handelt sich hier also offenbar um die gleichen Wirkungen der Störungsreize in fast dem gleichen Verhältnis, die beim Übersehen von Normalreizen nach Störungsreizen festgestellt und beschrieben wurden. Auch hier tritt beim richtig beantworteten Störungsreiz häufiger und zwar fast dreimal so oft eine nachhaltige Wirkung ein, als beim falsch beantworteten Störungsreiz. Außergewöhnliche Zeitverlängerungen nach Schreckreizen wurden 8 mal in der 2. Prüfungshälfte beobachtet, nach Fehl- und Falschreaktionen zusammen 26 mal. In diesen letzteren Fällen dürfte es sich wohl meistens um ein zufälliges Zusammentreffen und nur gelegentlich um ursächliche Beziehungen handeln, wenn ein Prüfling nach erkannter Fehl- oder Falschreaktion unwillig oder mißgestimmt war. In ungefähr 150 Fällen fehlten sichere Anhaltspunkte für die Ursache der verlängerten Zeiten. Man kann nur die Beobachtung machen, daß sowohl die Reaktionen auf die blau-rot-Reize (57 mal) wie auf die blauen und grünen Reize (124 mal), die an und für sich lange Reaktionszeiten haben und auch viele Falschreaktionen aufweisen, vornehmlich die gelegentlichen außergewöhnlich verlängerten Reaktionszeiten aufweisen, während die roten Lichtpunkte nur in vereinzelten Fällen (zusammen 27 mal) besonders verlängerte Reaktionszeiten zeigen. Nur der rote Lichtreiz 7, der ungünstig links in der Peripherie liegt und ebenfalls an und für sich eine längere Reaktionszeit aufweist, zeigt häufiger (30 mal) eine abnorm lange Reaktionszeit. Die Reaktionszeit auf die Bewegung des Zeigers (Reiz 9 und 18) ist 17 mal und die auf das Geräusch (Reiz 4 und 13) ist 34 mal außergewöhnlich verlängert. Hier konnte bei einem Prüfling (Nr. 39) die Ursache in mangelhaftem Hörvermögen festgestellt werden. Gelegentlich ließ sich auch als Ursache von außergewöhnlichen Verlängerungen ein Vorbeigreifen an den Hebeln, oder Hemmungen, oder zu eingehende Betrachtung eines Bildes feststellen. In anderen Fällen muß man auch hier wieder daran denken, daß irgendeine Vorstellung, die nichts mit der Aufgabe zu tun hat, bei dem Prüfling ablenkend wirkte. Soweit es möglich war, sind alle diese verschiedenen Faktoren bei der Bewertung verlängerter Zeiten für die Beurteilung der Gesamtleistung verwertet worden, es dürfte aber auch aus dieser Darstellung der Mannigfaltigkeit der Ursachen zu entnehmen sein, wie schwierig eine richtige Bewertung ist.

Bei 133 Schreckreizen in der 2. Prüfungshälfte finden sich 18 mal und zwar 4 mal beim Schuß (Sch), 8 mal bei der fallenden Lampe (*M*) und 6 mal bei der niederschlagenden Latte (*o*) außergewöhnlich lange Reaktionszeiten. Für die 1. Prüfungshälfte sind die entsprechenden Zahlen 94, 14, 11. Die Ursache dieser Verlängerung ist nicht in allen Fällen, wie oben bereits ausgeführt wurde, Schreckhaftigkeit, sondern ein falsches Greifen der betreffenden Reaktionshebel. Bei der Bewertung der Leistung ist dieser Unterschied, soweit er festgestellt wurde, berücksichtigt worden.

Diese verschieden entstandenen abnorm langen Zeiten wirken besonders bei der Berechnung von Durchschnittszeiten irreführend. Denn die Durchschnittszahl einer Reihe von Reaktionszeiten desselben Reizes gibt dann nicht die durchschnittliche Reaktionszeit wieder, wenn z. B. vier ziemlich ähnliche Reaktionszeiten mit einer außergewöhnlich verlängerten, vielleicht doppelt so großen, verrechnet werden. Wenn hier, wie später beschrieben wird, trotzdem derartige Berechnungen erfolgt sind, so geschah das lediglich aus dem Grunde, die Berechnung nicht zu sehr zu komplizieren. Alle errechneten arithmetischen Mittel und mittleren Variationen sind deshalb stets mit entsprechenden Einschränkungen zu bewerten.

Außergewöhnlich kurze Reaktionszeiten kommen nur vereinzelt vor und lassen sich mitunter dadurch erklären, daß der Prüfling zufällig, wenn auch unberechtigter Weise seine Hand in der Nähe des in Frage kommenden Tasthebels hatte, oder wenn ein Prüfling auf einen vorhergehenden Buchstaben ohne den Reiz abzuwarten, vorreagiert hatte.

Zu den aufgezählten allgemeinen und besonderen Umständen, die bei der Bewertung der allgemeinen Reaktionshandlungen und der gesamten Prüfungsleistung zu beachten sind, kommen nun noch für eine weitere Differenzierung der Prüflinge die Ergebnisse der Zeit- und Bilderzahlschätzung und die Antworten bei der Befragung nach den behaltenen Bildern in Betracht.

Die Zeit von 40 oder 45 Minuten, die jedesmal für eine Prüfung in Anspruch genommen wurde, ist von der Mehrzahl der Prüflinge unterschätzt worden. Es dürfte daraus vielleicht der Schluß berechtigt sein, daß die betreffenden Prüflinge mit großem Interesse und lebhaft beschäftigt bei der Arbeit waren, denn es ist eine psychologische Erfahrung, daß Reiz- und Interesse erfüllte Zeiten kürzer beurteilt werden, als Zeiten die reiz- und interessefrei sind. Von 62 Prüflingen, von denen Angaben über die Zeiteinschätzung vorliegen, schätzten

10	**15**	**20**	**25**	**30**	**35**	**40**	**45**	**60**	**90**	Minuten
1	4	6	3	25	2	2	9	9	1	Prüflinge.

Daß 25 Prüflinge 30 Minuten schätzten, dürfte ein kleiner Beitrag zu der Lehre von der Gleichförmigkeit des psychischen Geschehens sein. Im übrigen sind diese Angaben mit Vorsicht zu verwenden und selbst Zeitangaben wie 10, 15 20 und 90 Minuten, die also weitgehend von der wirklichen Zeit abweichen, lassen sicher keinen Schluß auf eine

etwa allgemein vorhandene »Fähigkeit« der mangelhaften Zeitbeurteilung zu. Es dürfte sich in den meisten Fällen lediglich darum handeln, daß die betr. Prüflinge bisher keine Veranlassung hatten, nach der Uhr, oder doch wenigstens nach vorgemessenen Zeitabschnitten von 40 bis 45 Minuten zu arbeiten, so daß es also an Vergleichsmaßen fehlte. Die Prüflinge mögen also sehr wohl eine richtige Vorstellung von der Zeitlänge haben, welche die Prüfungsaufgabe erforderte. Sie haben nur keine Vorstellung von der Länge einer halben Stunde bzw. von 45 Minuten. Sie nennen deshalb bei der Frage nach der geschätzten Zeit irgendeine Zeitlänge, die ihnen gerade einfällt und die ihnen als Zeitangabe aus dem Leben bekannt und geläufig ist. Es muß noch darauf hingewiesen werden, daß sowohl die außergewöhnlich nach unten wie nach oben abweichenden Zeitschätzungen von Prüflingen gemacht worden sind, die im übrigen durchaus genügende bzw. gute Prüfungsleistungen auch im Behalten der Bilder aufzuweisen haben. Diese Tatsache dürfte forensisch bedeutungsvoll sein, wenn es sich darum handelt die bei dem Wert von Zeitschätzungen bei Aussagen vor Gericht zu beurteilen. Selbst weitgehende Unterschiede in der Zeitschätzung, die in verschiedenen Aussagen vorliegen, dürfen durchaus nicht überraschen und der Schluß, daß die Zeitschätzung, die sich in einer sonst als zuverlässig erwiesenen Aussage findet, richtig sei, ist nicht zulässig.

Die Schätzung der Anzahl der gesehenen Bilder zeigt ein recht buntes Bild. Auch hier findet bei den meisten Prüflingen eine Unterschätzung statt. Nur drei Prüflinge schätzten mehr verschiedene Bilder als gezeigt wurden. Es handelt sich in der Aufgabe um 27 verschiedene Bilder, die 10mal gezeigt und genannt wurden mit Ausnahme eines Bildes, das 20mal gezeigt wurde. Auf die Frage nach der Zahl der gezeigten Bilder wurden angegeben:

6	**7**	**8**	**9**	**10**	**12**	**13**	**14**	**15**	**16**	**17**	**18**	**20**	**22**	**24**	**25**	**26**	**30**	**40**	Bilder von
3	1	5	2	14	12	2	2	5	1	1	1	5	2	2	1	1	2	1	Prüflingen.

Diese Schätzungen der Bilderzahl entsprechen der Zahl der nachher spontan genannten Bilder, wenn man von einem Unterschied von einem Bild absieht, in 8 Fällen, und, wenn man von einem Unterschied bis zu 4 Bildern absieht, sogar in 30 Fällen. 7mal wurde eine doppelte Zahl von Bildern geschätzt, als nachher spontan genannt werden konnte. 10mal wurde die Hälfte geschätzt, als nachher genannt wurde. In einem Falle wurde die dreifache Zahl geschätzt, als nachher aufgezählt werden konnte und ebenfalls in einem Falle wurden 3mal soviele Bilder spontan genannt, als vorher geschätzt wurden. In 6 Fällen bestanden Unterschiede von 5—6 Bildern, die sich in die angeführte Verteilung nicht einordnen lassen. Für die Bewertung der Prüfungsleistungen dürfte die Schätzung der Bilderzahl nur dann eine größere Bedeutung haben, wenn sie gleichzeitig mit der Zahl der spontan aufgezählten und erinnerten Bilder außergewöhnlich niedrig ist. Sind außerdem die Prüfungsleistungen bei zwei Prüflingen in den Reaktionshandlungen sehr ähnlich, so kann eine bessere

Schätzung der Bilderzahl und eine gleichzeitige Nennung zahlreicherer Bilder die Rangordnung des betreffenden Prüflings bestimmen. Eine Erklärung für die vereinzelt festgestellte Schätzung von nur 6—9 Bildern, nachdem die in der Prüfungsaufgabe gezeigten 27 Bilder von dem Prüfling 10 mal gesehen und genannt worden waren, konnte ebenso wenig gefunden werden wie für die in sehr zahlreichen Fällen beobachtete Schätzung von gerade 10—12 Bildern. Man könnte aus der allgemeinen Beobachtung der Unterschätzung höchstens ableiten, daß die Mehrzahl der Prüflinge ihre Aufmerksamkeit den farbigen Lichtpunkten und akustischen Reizen und deren Beantwortung vornehmlich zugewandt haben.

Es ist bereits oben (S. 67) auseinandergesetzt worden, weshalb die Ergebnisse bei der Befragung über die behaltenen Bilder nur mit Einschränkungen benutzt werden können, wenn mit ihrer Hilfe das Gedächtnis der Prüflinge beurteilt werden soll. Die Anzahl der spontan genannten Bilder, die bei 65 Prüflingen aufgezeichnet wurden, zeigt folgende Verteilung:

5	**6**	**9**	**10**	**11**	**12**	**13**	**14**	**15**	**16**	**17**	**18**	**19**	**20**	**22**	**24**	Bilder wurden in
1	1	3	3	2	4	8	10	8	5	5	5	3	3	3	1	Fällen genannt.

Unter Hinweis darauf, daß es sich um 27 verschiedene Bilder handelt, die je 10 mal in 40 Minuten gezeigt worden waren und die der Prüfling jedesmal einzeln laut benannt hatte, ist dieses Ergebnis überraschend. Es zeigt sich, daß kein Prüfling alle, die Mehrzahl nur die Hälfte der Bilder zu nennen wußte. Auf Befragen konnten dann allerdings mit 7 Ausnahmen alle Prüflinge sämtliche übrigen Bilder als gesehen und erinnert angeben. In den 7 Fällen wurden 2—5 Bilder als nicht gesehen bzw. als nicht erinnert bezeichnet und in 3 Fällen wurde auch nach Vorzeigen der betr. Bilder angegeben, daß man sich nicht erinnern könnte, diese Bilder in der Prüfung gesehen zu haben. Da es den Prüflingen bei der Aufforderung, die erinnerten Bilder zu nennen, freigestellt war, die einzelnen Bilder beliebig zu benennen, und ihnen außerdem Zeit gelassen wurde, nachzudenken, geben die gefundenen Zahlen unter Berücksichtigung der verschiedenen Sprach- und Sprechgewandtheit ein Bild von dem, was die einzelnen Prüflinge hier spontan erinnern können. Ein allgemeiner Schluß aber auf ein verschiedenes Gedächtnis der Prüflinge für visuelle Reize ist aber schon deshalb nicht zulässig, weil die Aufgabe trotz der stets im gleichen Wortlaut gegebenen Instruktion für die einzelnen Prüflinge durchaus verschieden war. Während einige Prüflinge der Bilderreihe nur die notwendigste Aufmerksamkeit zuwandte, um die einzelnen Bilder benennen zu können und im übrigen sich angespannt mit den übrigen Reizen beschäftigten, z. B. Prüfling 28, einige dagegen die Bilder eingehend betrachteten und die übrigen Reize mehr nebenher zu erledigen suchten, z. B. Prüfling 38, haben wieder andere ihre Aufmerksamkeit gleichmäßig den verschiedenen Reizarten zugewandt, z. B. Prüfling 60. Hinzu kommt außerdem noch die bereits oben (S. 67) auseinandergesetzte verschiedene Bekanntheit mit dem Inhalt der Bilder. Aber selbst wenn eine gleichmäßige Aufgabe vorliegen würde, wären aus den Ergebnissen der Prüfung Schlüsse auf spätere Gedächtnisleistungen bei der Übungsfähigkeit des Gedächtnisses nicht zulässig.

Fassen wir die Ergebnisse dieser letzten Feststellungen zusammen, so ergibt sich die Tatsache, daß Prüflinge, welche die Gesamtaufgabe gut erledigt haben, die gedächtnismäßige Reproduktion des Gesehenen doch im allgemeinen nur sehr mangelhaft vollziehen konnten. Psychologisch bedeutet dies, daß durch die fortgesetzten Reaktionshandlungen verhindert wird, das visuell Aufgefaßte in seiner Besonderheit einzuprägen. Eine Folge ist dann die mangelhafte Reproduktion des Wahrgenommenen. Diese Tatsache dürfte in forensischer Beziehung unter Umständen von großer Wichtigkeit sein, wenn es sich darum handelt, daß ein Wagenführer über seine optischen und akustischen Eindrücke während der Fahrt, z. B. über Beachtung der Signale, über Passieren von Personen usw. und über die in Verbindung damit erfolgten Reaktionen Aussagen machen soll. Aus den vorliegenden Prüfungen ergibt sich, daß z. B. ein Führer sehr wohl richtig reagiert haben kann, ohne deshalb nachträglich in der Lage zu sein, darüber zu berichten. Noch bedeutsamer dürfte diese Tatsache ins Gewicht fallen, wenn man von dem Führer Aussagen verlangt, die sich auf sein Verhalten in Gefahrmomenten beziehen. In diesen Fällen wird durch das Hinzutreten von starken Affekten die Einprägung und die Möglichkeit der späteren Wiedergabe des optisch und akustisch Erfaßten weiter geschädigt, obgleich sein Gesamtverhalten auf die Eindrücke hin durchaus richtig gewesen sein kann.

Beim Abfragen der gesehenen Bilder wurden die oben erwähnten in die Fragereihe eingeschobenen Suggestivfragen in 4 Fällen von weiblichen Prüflingen bejahend beantwortet. Die Antworten erfolgten jedesmal sehr bestimmt und in 3 Fällen waren die betreffenden Prüflinge sogar in der Lage, Einzelheiten der angeblich gesehenen Bilder ausführlich zu beschreiben und Angaben darüber zu machen, ob es sich um Schwarz- oder Buntdrucke handle. Die betreffenden Prüflinge wurden, um sie nicht mißtrauisch zu machen, und um zu verhindern, daß spätere Prüflinge über diese Art der Befragung von ihnen unterrichtet wurden, über die falschen Aussagen nicht aufgeklärt. Ein Schluß auf eine allgemein bei diesen Prüflingen vorhandene Suggestivität, wie er gelegentlich aus derartigen Antworten bei psychologischen Untersuchungen ähnlicher Art gemacht worden ist, kann natürlich nicht mit zureichender Begründung gemacht werden. Viel eher wird man zu der Annahme geführt, daß es sich um eine ursprünglich mangelhafte Auffassung beim Sehen der Bilder handelt und daß durch das Befragen Vorstellungen erweckt werden, die nicht klar von dem unzusammenhängend reproduzierten Vorstellungen unterschieden werden können. Andererseits kommt auch ein etwas sorgloses Antworten in Frage.

Von größerem Interesse, wenn auch für die Beurteilung der Prüfungsleistung ohne weitere Bedeutung, dürfte eine in 9 Fällen festgestellte Umkehr eines Gedächtnisbildes sein. Das Bild Nr. 8 der

Reihe zeigte einen vom Beschauer aus gesehen nach rechts sitzenden Hund, der von 9 Prüflingen bei der Befragung als nach links sitzend angesehen wurde. Diese Angabe erfolgte durchweg sehr bestimmt, die Versuchspersonen glaubten diese Richtung des sitzenden Hundes beschwören zu können und glaubten in einigen Fällen sogar, daß das ihnen vorgezeigte Original nicht das im Versuch gezeigte Bild sein könnte. Der verhältnismäßig hohe Prozentsatz, in dem diese Umkehr des Gedächtnisbildes hier in gleicher Weise bei Männern wie bei Frauen beobachtet wurde, könnte vielleicht Veranlassung dazu geben, dieser Erscheinung eine größere Aufmerksamkeit zu widmen, als es bisher [18] geschehen ist. Denn durch diese Feststellung der Bildumkehr wurde gezeigt, daß Wahrnehmungskomplexe, die sicher deutlich und mit Interesse aufgefaßt worden sind, im Vorstellungszusammenhang eine beträchtliche Veränderung dahingehend erleiden können, daß sie anders, nämlich umgekehrt als sie aufgefaßt waren, also im Spiegelbild reproduziert werden. Vielleicht war hier die Umkehrung der Lokalisation dadurch ermöglicht, daß außer dem auf dem Boden sitzenden Hund keine Wahrnehmungsinhalte geboten wurden, die eine eindeutige Lokalisation bewirkt hätten. Derartige Möglichkeiten sind nun aber im praktischen Fahrdienst etwas durchaus gewöhnliches und es dürfte deshalb eine genaue Kenntnis der Umstände, die eine Umkehr des Gedächtnisbildes bedingen können, sehr erwünscht sein. Besonders in forensischen Fällen bei der Bewertung von Aussagen über die Richtung gesehener stillstehender oder bewegter Objekte könnte diese Kenntnis gelegentlich eine entscheidende Bedeutung haben.

Bei der Aufzählung der verschiedenen Umstände, die bei der Bewertung der Reaktionshandlungen zu berücksichtigen sind, ist schließlich noch auf den jeweiligen zufälligen Zustand der Prüflinge selber hinzuweisen, da dieser die Prüfungsleistung im großen Maße beeinflussen kann. Wie aus den Einzelprotokollen und den Beurteilungen der Leistungen, die dort ausgeführt sind, hervorgeht, können gelegentlich je nach der augenblicklich vorhandenen körperlichen oder geistigen Frische oder Ermüdung, je nach dem Wollen oder Nichtwollen, je nach der dauernden oder vorübergehenden Angespanntheit oder Gleichgültigkeit, je nach der Zuneigung oder Abneigung für die Aufgabe, die einzelnen Reaktionsleistungen, wie die Gesamtleistung eine weitgehende Veränderung erfahren und den gewünschten Aufschluß über die bei dem Prüfling bestehende Leistungsfähigkeit verschleiern. Es dürfte zu den größten Schwierigkeiten gehören, den Einfluß dieser vorübergehenden besonderen Zustände der Prüflinge auf den Ablauf der Prüfung zu erkennen. Wenn man sich erinnert, daß die in dieser Prüfung festzustellende Leistungsfähigkeit einen Schluß auf eine dauernd vorhandene bzw. mögliche Leistungsfähigkeit zulassen soll, so können Prüfungsergebnisse, die von derartigen vorübergehenden zufällig vorhandenen besonderen Zuständen der Prüflinge weitgehend abhängen, nicht vollwertig benutzt werden. Noch weniger dürfte es aber gestattet sein aus diesen gelegentlich der Prüfung vorhandenen und festgestellten

Zuständen und Stimmungen der Prüflinge Schlüsse auf ein wiederholtes Auftreten oder gar dauerndes Vorhandensein dieser Zustände zu ziehen.

Anmerkung. Beschreibung derartiger Einflüsse auf die Arbeit in der Praxis bei Weber. IV. S. 527ff.(7)

Außer den durchschnittlichen Reaktionszeiten der je 10 mal wiederkehrenden Einzelreize und sämtlicher Reize der ersten und zweiten Prüfungshälfte wurden die zehn Durchschnittszeiten der Reaktionen auf je 15 aufeinanderfolgende Reize festgestellt und in die Protokolle am Ende jeder Reihe eingetragen. Es sollte durch diese 10 Zahlen Aufschluß über die Veränderung der Leistung im Verlauf der Prüfung, also eine Art Arbeitskurve, ermöglicht werden. Dabei muß nun aber berücksichtigt werden, daß diese Durchschnittswerte wie alle anderen nur mit Einschränkungen zu verwerten sind. Durch die ungleichmäßig verteilten Fehlreaktionen, Auslassungen, außergewöhnlich langen Zeiten, Wirkungen von Störungs- und Schreckreizen usw. sind die einzelnen Reihen und die daraus errechneten verschiedenen Durchschnittswerte nicht ohne weiteres der Ausdruck einer veränderten Arbeitsleistung. So kann z. B. eine Verkürzung dadurch zustande kommen, daß Reize, die durchweg lange Reaktionszeiten erfordern, aus irgendeinem Grunde ausfielen oder mit nicht verrechenbaren Fehlreaktionen beantwortet wurden, durch andere Umstände kann die Durchschnittszeit verlängert werden. Unter Berücksichtigung dieser Fehlerquelle findet man, daß sich die Prüfungsleistung vom Anfang bis zum Schluß der Aufgabe in der durchschnittlichen Reaktionszeit fortlaufend bessert. Ebenso findet man, daß die Anzahl der Fehler ständig abnimmt. Die Besserung der Leistung ist durchweg im Anfang und am Ende der Aufgabe etwas größer als in der Mitte, ohne daß die Prüflinge wissen konnten, wann die Aufgabe zu Ende ging. Ermüdungserscheinungen konnten in dieser 40 Minuten dauernden Prüfung bei keinem Prüflinge festgestellt werden. Im Gegensatz hierzu wollen frühere Untersucher bei derartigen psychologischen Prüfungen schon nach wenigen Minuten (Stern z. B. bei seiner Prüfung für Straßenbahnführerinnen(32) schon nach 6,5 Minuten) Ermüdungserscheinungen analysiert haben, die sie zu weitgehenden Schlüssen auf die allgemeine Ermüdbarkeit des Prüflings benutzten. Es muß demgegenüber darauf hingewiesen werden, daß, ganz abgesehen von den ungelösten Wertfragen über das Wesen der »Ermüdbarkeit« und »Erholbarkeit« (Kraepelin, Weber) und über die Möglichkeit ihrer Analyse, bisher nicht festgestellt werden konnte, welche Beziehungen bzw. ob überhaupt irgendwelche Beziehungen zwischen den Ermüdungserscheinungen bestehen, die ein Prüfling in einem kurzen Experiment zeigt und die man später bei ihm während der praktischen Tagesarbeit beobachten kann.

3. Bildung des Gesamturteils.

Die Mannigfaltigkeit der im vorhergehenden Teil zusammengestellten Umstände, die sowohl einzeln wie in verschiedenen Kombinationen den Prüfungsverlauf in den beschriebenen Weisen beeinflussen können, läßt erkennen, wie unzulänglich jede Beurteilung der Prüfungsleistung sein muß, die, ohne diese Verhältnisse zu beachten, lediglich auf Grund einer Verrechnung der zahlenmäßig bewerteten Einzelreaktionen in einer empirisch gefundenen Formel [33] gewonnen wurde. Andererseits ist aus dem vorhergehenden Teil zu erkennen, wie schwierig eine zureichende Beurteilung ist, die sich unter Berücksichtigung der beschriebenen Umstände auf eine zusammenfassende Beachtung und Bewertung aller Reaktionshandlungen und Verhaltungsweisen in der Prüfung stützt. Bei keiner Prüfung dürfte es möglich sein, die beeinflußenden Umstände bei allen einzelnen Reaktionshandlungen in der Beurteilung zu erfassen. Auch bei weitgehend gelungener Analyse dürfte die große Schwierigkeit bestehen bleiben, die Bewertung der nicht zahlenmäßig durch die Reaktionszeiten erfaßten Einzelhandlungen zureichend durchzuführen, um daraus ein eindeutiges Gesamturteil gewinnen zu können. Wenn hier trotzdem jede Prüfungsleistung mit einem bestimmten einfachen Prädikat beurteilt wurde und die Prüflinge nach ihren Leistungen in eine Rangordnung gebracht worden sind, so ist das mit dem Bewußtsein geschehen, das sowohl das Prädikat sowie die Einordnung keinen eindeutigen Wert besitzen kann.

Zur Gewinnung des Gesamturteils unter dieser Einschränkung war es nötig, die Protokolle möglichst übersichtlich zu gestalten. Dies gelang in den einzelnen Protokollen dadurch, daß die Eintragungen je nach dem besonderen Charakter der Richtigkeit oder Fehlerhaftigkeit der Reaktionshandlungen durch verschiedene Farben und Zeichen erfolgte. (Die Wiedergabe der Farben mußte hier in den Abdrucken der Protokolle aus äußeren Gründen unterbleiben.) Als Prädikate für die gewonnenen Gesamturteile wurden die Bezeichnungen »sehr gut« (1), »gut« (2), »voll genügend« (3+), »genügend« (3), »kaum genügend« (3–), »mangelhaft« (4), »ungenügend« (5) gewählt. Die Beurteilung wurde, wie bereits oben ausgeführt ist, vornehmlich aus der zweiten Hälfte der Prüfungsaufgaben gewonnen. Zur weiteren Differenzierung wurde aber außerdem in allen Fällen die Leistung in der ersten Hälfte mit verwertet. Mit »sehr gut« wurden Prüfungsleistungen dann bezeichnet, wenn sich in der zweiten Hälfte der Prüfung bei kurzer Durchschnittszeit und kleiner mittlerer Abweichung keine Falsch- oder Fehlreaktionen zeigten, wenn sich gleichzeitig kurze und richtige Reaktionen auf Schreckreize nachweisen ließen und außerdem die Bilder gut behalten waren. »Gute« Prüfungsleistungen wurden dann angenommen, wenn bei ungefähr gleichen Verhältnissen vereinzelte Falsch- oder Fehlreaktionen in der zweiten Prüfungshälfte zu verzeichnen sind. »Genügend« waren die Prüfungsleistungen, die in der zweiten Hälfte neben einzelnen Fehl- und Falschreaktionen, neben Übersehen der Reize mittellange aber ziemlich gleichmäßige Reaktionszeiten zeigten und bei denen die Störungsreize nur vereinzelt falsch, die Schreckreize aber kurz und richtig beantwortet wurden. Die Bilder mußten außerdem gut behalten sein. Die Art der Fehl- und Falschreaktionen mußte außerdem erkennen lassen, daß es sich nur um gelegentliche und von dem Prüfling erkannte Fehler handelt, die namentlich bei den schwierigeren Reaktionen auftraten. Als »mangelhaft« sind Prüfungen bezeichnet worden, die auch bei den weniger schwierigen Reaktionen Fehler zeigten, in denen gelegentlich Hemmungen, Intentionen und Falschbeantwortungen der Störungsreize auftraten, und deren mittlere Reaktionszeit bei erheblichen Schwankungen eine lange war. Schreckreize waren in diesen Prüfungen bisweilen ebenfalls mit langen Zeiten oder falsch beantwortet worden und die Zahl der spontan erinnerten Bilder konnte unter der durchschnittlich erzielten Leistung stehen. »Ungenügend« mußten schließlich diejenigen Prüfungsleistungen genannt werden, in denen richtige und falsche Reaktionen in ungefähr gleicher Weise vorhanden waren, bei denen Störungs- und Schreckreize in großer Zahl verfehlt wurden und auch das Behalten der Bilder, wenn auch nicht in allen Fällen, durchaus unzureichend war. Prüfungen die nach der Art ihrer Reaktionsweisen Leistungen zeigten, die zwischen »gut« und »genügend« lagen, wurden mit »voll genügend« (3+) und solche, die zwischen »genügend« und »mangelhaft« lagen, wurden mit »kaum genügend« (3–) bewertet. Im einzelnen ist die Art, wie das Gesamturteil jedesmal gewonnen wurde und in welcher Weise die erste Hälfte der Prüfung mit zur Bildung des Gesamturteils herangezogen wurde, aus den Einzelprotokollen und den in diesen ausgeführten Beurteilungen der Leistungen zu ersehen. Außerdem finden sich in den nachfolgenden Übersichtstabellen die wichtigsten Daten jeder einzelnen Prüfung, sowohl die der ersten Hälfte (Tabelle I), wie die der zweiten Hälfte und der Zusammenfassung (Tabelle II) eingetragen. In den einzelnen Gruppen der Prüflinge zeigen sich die folgenden Verteilungen der Leistungen:

	männl. Führer	weibl. Führer	männl. Lehrlinge	weibl. Lehrlinge	zusammen
sehr gut (1)	—	1	—	1	2
gut (2)	—	1	6	4	11
voll genügend (3+)	—	—	3	2	5
genügend (3)	3	2	10	9	24
kaum genügend (3–) . . .	2	1	5	5	13
mangelhaft (4)	2	—	1	4	7
ungenügend (5)	1	—	3	1	5
	8	5	28	26	67

Außer dieser Zensierung, wodurch die Prüfungsleistungen in sieben verschiedene Stufen eingeteilt wurden, ließ sich eine weitere Differenzierung der Leistungen durch die Bildung von Rangordnungen vornehmen. Der Aufstellung dieser Rangordnung stellten sich die gleichen Schwierigkeiten in den Weg, die sich bei der Festsetzung der Zensuren zeigten. Ist bei der einen Prüfung eine bestimmte Durchschnittszeit und mittlere Abweichung errechnet bei gleichzeitigem Vorhandensein einer bestimmten Fehl- und Falschreaktion usw., und findet sich bei einer anderen Prüfung eine etwas kürzere Durchschnittszeit und eine etwas größere Anzahl von Fehl- und Falschreaktionen, so ist die Entscheidung darüber, welche von den beiden Prüfungsleistungen die bessere ist, in allen Fällen schwierig und niemals eindeutig. Denn das Wertverhältnis einer bestimmten Verlängerung oder Verkürzung der durchschnittlichen Reaktionszeit zu einer Falsch- oder Fehlreaktion kann nicht zahlenmäßig festgestellt werden, ebensowenig wie es unmöglich ist, verschiedenartige Falschreaktionen zahlenmäßig gegeneinander abzuwerten. Die Rangordnung erfolgte innerhalb der einzelnen Gruppen der Prüflinge. Führer, Führerinnen, männliche und weibliche Lehrlinge wurden nach ihren Prüfungsleistungen der Reihe nach geordnet (Tabelle III).

Erklärung der in den Tabellen I bis III S. 160—162 vorkommenden Zeichen.

Rr	Rangreihe	+	falsch beantwortete Störungsreize
Nr.	Nummer	S	Schreckreiz = k = kurz, m = mittellang, l = lang
rR	richtige Reaktionen		
AM	Arithmetisches Mittel	Zt	geschätzte Zeit
MV	Mittlere Variation	Bg	geschätzte Bilderzahl
F	Falschreaktionen	Bs	spontan genannte Bilder
Ü	Übersehen	H+	Hund von links gesehen
V	Vergessen	PU	Prüfungsurteil im Gesamt
H	Hemmungen	SU	Urteil der Straßenbahn
f	erst falsch, dann richtig reagiert	A	Ausgeschieden, Ak = wegen Krankheit ausgeschieden, e = entlassen, ek = wegen Krankheit entlassen
i	Intensionsbewegung		
	richtig beantwortete Störungsreize		

4. *Beurteilung der praktischen Fahrleistung als Führer.*

Die praktischen Leistungen im Fahrdienst wurden von dem Fahrdienstleiter der Straßenbahngesellschaft auf Grund der Beobachtungen im Dienst beurteilt und mit einem Prädikat versehen. Dieser Beurteilung sollten nach einer getroffenen Vereinbarung lediglich die Leistungen bei der Führung des Wagens zugrunde gelegt werden. Auf sonstige Eigenschaften, wie Fleiß, Ordnungsliebe, Pünktlichkeit, Verträglichkeit usw., mögen sie für den Beruf auch noch so wichtig und wertvoll sein, sollte keine Rücksicht genommen werden. Wie weit diese gewünschte Art der Beurteilung wirklich gelungen ist, konnte diesseits nicht nachgeprüft werden, es konnte nur bei der Abgabe der Urteile beobachtet werden, daß die Beurteilung in dieser besprochenen Richtung dem Aufsichtspersonal große Schwierigkeiten machte. Da diese besonderen Eigenschaften, die mit der eigentlichen Führung des Wagens, die hier zur Untersuchung steht, nichts zu tun haben, für die Aufrechterhaltung des geordneten Fahrbetriebes von größter Wichtigkeit sind, werden die Fahrmeister nur zu leicht geneigt sein, Führer und Führerinnen, die in diesen besonderen Eigenschaften versagen oder unzureichend sind, auch in der Fahrleistung ungünstig zu beurteilen. Daß die Zahl der gehabten Unfälle im allgemeinen kein Maß für die Tüchtigkeit eines Führers abgeben kann, wurde von den hiesigen Fachleuten als selbstverständlich angesehen. (Fortsetzung S. 163.)

Tabelle I. Die wichtigsten Daten der 1. Prüfungshälfte.

Nr.	rR	AM	MV	F	Ü	V	H	f	i		+
1.	54	212	45	4	8	3	—	10	2	9	2
2.	50	175	25	8	7	—	—	5	—	4	2
3.	60	187	30	6	6	—	—	2	—	5	3
4.	46	198	28	7	17	—	—	2	—	—	3
5.	60	216	39	9	7	1	—	1	—	10	4
6.	51	195	16	8	12	—	—	2	—	9	1
7.	46	237	29	10	15	1	2	2	—	—	1
8.	48	249	49	7	16	1	—	—	—	2	7
9.	43	171	40	7	14	3	—	2	—	4	1
10.	62	176	31	8	2	2	—	4	—	8	3
11.	49	162	23	5	9	1	—	1	—	9	1
12.	65	138	26	5	1	1	—	6	1	2	4
13.	64	202	27	1	1	3	—	—	4	3	—
14.	60	169	31	6	5	1	—	3	—	1	11
15.	58	216	25	3	1	2	1	1	—	6	3
16.	42	180	27	19	13	2	—	—	—	—	7
17.	51	193	28	10	5	4	—	2	—	1	3
18.	61	158	20	6	4	1	—	1	2	10	1
19.	63	174	19	8	3	2	—	2	3	3	—
20.	41	183	34	12	12	2	4	1	1	—	3
21.	65	181	29	6	2	—	—	—	1	5	4
22.	59	187	26	15	4	—	—	1	—	6	1
23.	68	157	27	4	4	1	—	—	2	11	1
24.	56	208	27	9	10	3	1	2	1	5	1
25.	64	147	21	5	4	—	—	1	—	6	2
26.	51	179	28	15	5	2	1	1	—	1	2
27.	61	165	29	5	6	1	3	2	—	10	2
28.	63	156	27	7	6	—	—	3	6	9	4
29.	62	185	36	4	4	—	—	5	2	6	2
30.	64	163	32	3	7	1	—	2	—	7	3
31.	68	185	37	2	4	1	1	—	6	8	—
32.	54	221	41	7	9	7	—	2	2	1	1
33.	55	173	27	12	8	—	—	2	4	3	1
34.	68	170	22	1	5	1	—	—	1	16	—
35.	61	192	26	7	5	2	1	3	7	5	—
36.	57	168	22	5	6	—	—	3	7	5	4
37.	67	156	15	2	4	2	—	1	—	3	6
38.	48	172	17	5	9	2	2	3	8	4	3
39.	50	227	27	9	5	8	1	—	8	6	4
40.	39	212	26	21	11	2	—	3	—	—	4
41.	65	186	27	6	2	1	1	—	1	7	4
42.	63	146	23	4	—	—	—	1	5	9	1
43.	65	200	23	6	4	1	—	2	4	7	1
44.	56	214	23	9	4	—	1	3	2	4	4
45.	65	172	26	6	3	—	1	1	5	7	—
46.	62	214	31	7	6	—	1	—	3	3	5
47.	60	168	20	10	1	2	—	—	7	4	1
48.	59	174	29	4	6	7	—	1	4	2	3
49.	57	182	20	5	7	3	—	2	9	2	4
50.	59	153	20	8	4	1	1	3	9	13	—
51.	63	203	34	8	2	2	—	4	8	8	—
52.	60	173	23	6	6	1	5	—	7	11	7
53.	65	150	18	5	4	2	—	1	1	8	—
54.	67	157	19	6	—	1	—	2	—	7	4
55.	65	180	25	3	6	1	—	1	2	9	—
56.	65	173	21	2	2	—	2	1	6	12	—
57.	62	175	16	5	3	3	—	1	3	4	1
58.	57	147	24	8	1	4	1	1	—	—	8
59.	61	171	21	11	2	1	—	2	4	6	3
60.	65	186	24	7	4	2	—	2	2	9	—
61.	64	198	22	2	2	1	1	1	9	4	1
62.	55	163	22	11	5	—	2	3	5	2	10
63.	64	165	30	5	3	3	—	4	1	2	2
64.	69	186	24	5	—	—	1	1	2	6	4
65.	66	166	29	6	1	1	—	3	8	7	—
66.	55	186	21	9	1	2	4	—	4	2	7
67.	66	188	25	5	—	1	2	1	6	5	—

Tabelle II.

Die wichtigsten Daten der 2. Prüfungshälfte und Beurteilungen.

Nr	rR	AM	MV	F	Ü	V	H	f	i	+	·	S	Zt	Bg	Bs	H	PU	SU	A
Männliche Führer:																			
1.	48	168	21	6	1	—	—	4	—	11	—	k	—	—	19	—	3—	2+	—
2.	51	162	20	5	10	—	—	5	—	—	7	k	—	—	—	—	3	3	—
3.	58	162	20	5	1	—	—	1	—	5	4	k	25	17	20	—	3	2	—
4.	60	172	26	9	1	—	—	3	—	7	1	m	—	20	6	+	4	3	—
5.	61	176	18	6	3	1	—	—	—	3	26	k	30	10	14	—	3	2	—
6.	60	172	16	8	5	—	2	—	—	3	19	k	60	10	22	+	3—	2	—
7.	59	183	24	6	8	—	2	1	—	7	—	m	90	14	11	—	4	2	—
8.	64	247	26	7	4	—	—	—	—	11	8	k	25	8	5	+	5	4	A
Weibliche Führer:																			
9.	52	170	26	6	8	—	—	3	—	2	1	m	60	8	12	—	3—	2	—
10.	66	169	21	5	1	—	—	4	—	6	20	k	30	6	14	—	3	1	—
11.	75	139	11	—	—	—	—	—	—	—	22	k	60	12	14	—	1	1	—
12.	74	125	22	—	—	1	—	2	4	1	14	k	60	24	10	—	2	1	—
13.	68	177	17	3	2	1	—	—	6	8	15	k	30	7	16	+	3	3	—
Weibliche Lehrlinge:																			
14.	68	143	23	3	2	—	—	—	—	9	7	k	30	10	13	—	3	1	—
15.	61	203	16	1	12	—	—	—	—	1	20	m	45	12	14	—	8—	—	A
16.	47	175	22	17	8	—	—	2	—	25	6	k	—	30	18	—	5	5	e
17.	65	170	27	4	3	—	—	—	—	6	2	m	30	10	12	+	3—	2	—
18.	68	150	23	6	3	—	—	—	—	3	21	k	45	10	20	—	3	3	—
19.	64	146	13	5	—	1	—	—	—	—	5	m	12	12	—	—	3	(3)	Ak
20.	52	158	27	6	9	—	—	4	—	14	8	m	30	6	11	—	4	(4)	e
21.	71	158	22	1	3	—	—	—	—	—	22	k	45	40	17	—	2	(2)	e
22.	70	172	22	3	1	—	—	1	—	4	8	k	30	18	22	—	3	2	—
23.	72	158	17	2	3	—	—	—	1	—	20	k	30	8	18	—	2	(2)	A
24.	64	189	24	6	6	1	—	—	—	11	20	m	20	10	13	—	4	—	ek
25.	70	144	16	2	—	—	—	—	—	—	15	m	60	10	17	—	2	2	A
26.	65	161	25	5	4	—	—	1	—	1	25	k	30	8	10	—	3—	(4)	A
27.	73	159	19	2	—	—	—	1	—	—	26	k	13	12	13	—	2	3	—
28.	73	133	16	—	1	—	—	—	2	—	32	m	45	22	13	—	1	2	—
29.	63	165	22	2	3	—	—	1	1	1	26	k	15	10	12	—	3	2	—
30.	67	150	28	—	3	3	—	1	2	5	21	k	20	15	16	—	3	—	Ak
31.	65	179	18	7	—	—	1	—	4	1	17	k	30	10	9	—	3—	2	A
32.	64	196	31	3	4	3	2	—	—	1	14	l	60	12	10	—	4	5	e
33.	67	138	16	5	3	—	—	—	7	2	16	k	25	20	16	—	3	—	A
34.	69	164	19	3	1	1	—	—	—	—	23	m	30	15	18	—	3+	2	—
35.	63	164	22	3	—	1	—	—	6	—	26	l	45	12	14	—	3	3	—
36.	64	160	22	1	2	—	—	1	6	—	29	k	30	10	15	—	3+	2	—
37.	68	144	12	4	1	1	—	—	—	1	11	k	10	12	15	—	3	(3)	A
38.	68	172	22	2	4	2	—	—	13	10	20	m	45	24	24	+	3—	(2)	A
39.	64	194	24	5	3	3	—	2	4	2	26	l	30	12	15	+	4	(4)	A
Männliche Lehrlinge:																			
40.	55	196	44	12	8	2	—	1	—	16	9	l	—	12	13	—	5	(5)	e
41.	70	164	21	2	2	—	—	—	—	—	30	k	60	15	15	—	2	2	—
42.	69	121	14	2	—	—	—	1	4	—	21	k	40	15	19	—	2	1	—
43.	72	178	19	1	—	1	—	1	5	—	33	l	30	12	17	—	3	4	e
44.	60	193	16	9	2	1	—	1	1	1	15	m	60	26	19	—	4	(4)	A
45.	68	179	20	1	—	—	1	1	5	—	31	k	30	22	18	—	2	2	—
46.	71	160	21	2	4	—	—	—	1	1	14	l	30	14	15	—	3	2	—
47.	74	142	23	1	2	—	—	1	8	—	25	k	40	10	14	—	3	2	—
48.	71	162	23	1	1	1	1	—	9	1	27	m	20	10	16	—	3	2	—
49.	66	182	16	3	1	2	—	—	6	2	24	k	30	15	14	—	3	2	—
50.	71	148	23	3	1	—	—	1	7	6	11	k	30	13	13	—	3	2	—
51.	69	185	22	1	—	—	—	—	7	—	15	k	45	17	15	—	3	2	—
52.	67	143	15	1	3	—	4	—	2	—	19	l	60	20	14	—	3—	4	e
53.	69	145	13	1	1	—	1	—	1	—	13	m	35	9	13	—	2	3	—
54.	70	137	13	4	—	—	1	—	—	2	10	k	20	16	13	—	3+	2	—
55.	70	165	16	4	1	—	—	—	—	—	6	k	20	12	15	—	3+	2	—
56.	69	145	10	5	1	—	—	—	5	1	15	k	30	15	19	—	3	3	—
57.	72	178	18	1	3	—	—	1	8	6	15	k	45	10	18	—	3—	2	—
58.	65	147	17	5	2	2	1	5	4	2	21	l	30	20	17	—	3—	2	—
59.	61	164	17	8	4	—	2	2	2	4	19	l	45	20	9	—	5	3	—
60.	73	166	18	—	1	—	—	—	2	—	9	k	20	10	22	—	2	2	—
61.	66	177	16	2	2	—	—	—	9	—	16	l	15	15	17	—	3	2	—
62.	60	147	20	4	5	—	—	1	14	11	22	m	35	13	15	—	3—	—	—
63.	66	141	21	5	—	—	2	—	—	6	18	m	30	8	14	—	3—	2	—
64.	71	157	15	3	2	—	—	—	—	—	16	k	30	9	14	—	2	2	—
65.	71	155	21	3	1	—	—	—	3	—	23	k	30	6	20	—	3+	2	—
66.	59	167	12	10	2	—	5	—	8	11	11	l	30	12	9	—	5	(4)	A
67.	73	173	14	—	—	—	1	—	2	—	23	k	15	30	16	+	2	3	—

Tabelle III.

Die wichtigsten Daten der 2. Prüfungshälfte, Beurteilung und Rangordnung.

	Rr	Nr	rR	AM	MV	F	Ü	V	H	f	i	+	·	S	Zt	Bg	Bs	H	PU	SU	A
Männliche Führer:																					
	1.	3.	68	161	27	3	1	—	—	1	—	5	4	k	25	17	20	—	3	2	—
	2.	2.	51	162	20	5	10	—	—	5	—	—	7	k	—	—	—	—	3	3	—
	3.	5.	61	176	18	6	3	1	—	—	—	3	26	k	30	10	14	—	3	2	—
	4.	1.	48	168	21	6	1	—	—	4	—	11	—	k	—	—	19	—	3—	2+	—
	5.	6.	60	172	16	8	5	—	2	—	—	3	19	k	60	10	22	+	3—	2	—
	6.	4.	60	172	26	9	1	—	—	3	—	7	1	m	—	20	6	+	4	3	—
	7.	7.	59	183	24	6	8	—	2	1	—	7	—	m	90	14	11	—	4	2	—
	8.	8.	64	247	26	7	4	—	—	—	—	11	8	k	25	8	5	+	5	4	A
Weibliche Führer:																					
	1.	11.	75	139	11	—	—	—	—	—	—	—	22	k	60	12	14	—	1	1	—
	2.	12.	74	125	22	—	—	1	—	2	4	1	14	k	60	24	10	—	2	1	—
	3.	13.	68	177	17	3	2	1	—	—	6	8	15	k	30	7	16	+	3	3	—
	4.	10.	66	169	21	5	1	—	—	4	—	6	20	k	30	6	14	—	3	1	—
	5.	9.	52	170	26	6	8	—	—	3	—	2	1	m	60	8	12	—	3—	2	—
Weibliche Lehrlinge:																					
	1.	28.	73	133	16	—	1	—	—	—	2	—	32	m	45	22	13	—	1	2	—
	2.	25.	70	144	16	2	—	—	—	—	—	—	15	m	60	10	17	—	2	2	A
	3.	21.	71	158	22	1	3	—	—	—	—	—	22	k	45	40	17	—	2	(2)	e
	4.	23.	72	158	17	2	3	—	—	—	1	—	20	k	30	8	18	—	2	(2)	A
	5.	27.	73	159	19	2	—	—	—	1	—	—	26	k	15	12	13	—	2	3	—
	6.	34.	69	164	19	3	1	1	—	—	—	—	23	m	30	15	18	—	3+	2	—
	7.	36.	64	160	22	1	2	—	—	1	6	—	29	k	30	10	15	—	3+	2	—
	8.	37.	68	144	12	4	1	1	—	—	—	1	11	k	10	12	15	—	3	(3)	A
	9.	35.	63	164	22	3	—	1	—	—	6	—	26	l	45	12	14	—	3	(3)	—
	10.	19.	64	146	13	5	—	1	—	—	—	—	5	m	12	12	—	—	3	(3)	Ak
	11.	14.	68	143	23	3	2	—	—	—	—	9	7	k	30	10	18	—	3	1	—
	12.	30.	67	150	28	—	3	3	—	1	2	5	21	k	20	15	16	—	3	—	Ak
	13.	33.	67	138	16	5	3	—	—	—	7	2	16	k	25	20	16	—	3	—	A
	14.	18.	68	150	23	6	3	—	—	—	—	3	21	k	45	10	20	—	3	3	—
	15.	29.	63	165	22	2	3	—	—	1	1	1	26	k	15	10	12	—	3	2	—
	16.	22.	70	172	22	3	1	—	—	1	—	4	8	k	30	18	22	—	3	2	—
	17.	17.	65	170	27	4	3	—	—	—	—	6	2	m	30	10	12	+	3—	2	—
	18.	26.	65	161	25	5	4	—	—	1	—	1	25	k	30	8	10	—	3—	(4)	A
	19.	15.	61	203	16	1	12	—	—	—	—	1	20	m	45	12	14	—	3—	—	A
	20.	31.	65	179	18	7	—	—	1	—	4	1	17	k	30	10	9	—	3—	2	A
	21.	38.	68	172	22	2	4	2	—	—	13	10	20	m	45	24	24	+	3—	(2)	A
	22.	39.	64	194	24	5	3	3	—	2	4	2	26	l	30	12	15	+	4	(4)	A
	23.	32.	64	196	31	3	4	3	2	—	—	1	14	l	60	12	10	—	4	5	e
	24.	20.	52	158	27	6	9	—	—	4	—	14	8	m	30	6	11	—	4	(4)	e
	25.	24.	64	189	24	6	6	1	—	—	—	11	20	m	20	10	13	—	4	—	ek
	26.	16.	47	175	22	17	8	—	—	2	—	25	6	k	—	30	18	—	5	5	e
Männliche Lehrlinge:																					
	1.	67.	73	173	14	—	—	—	1	—	2	—	23	k	15	30	16	+	2	3—	—
	2.	60.	73	166	18	—	1	—	—	—	2	—	9	k	20	10	22	—	2	2	—
	3.	42.	69	121	14	2	—	—	—	1	4	—	21	k	40	15	19	—	2	1	—
	4.	53.	69	145	13	1	1	—	1	—	1	—	13	m	35	9	13	—	2	3	—
	5.	64.	71	157	15	3	2	—	—	—	—	—	16	k	30	9	14	—	2	2	—
	6.	41.	70	164	21	2	2	—	—	—	—	—	30	k	60	15	15	—	2	2	—
	7.	65.	71	155	21	3	1	—	—	—	3	—	23	k	30	6	20	—	3+	2	—
	8.	54.	70	137	13	4	—	—	1	—	—	2	10	k	20	16	13	—	3+	2	—
	9.	55.	70	165	16	4	1	—	—	—	—	—	6	k	20	12	15	—	3+	2	—
	10.	47.	74	142	23	1	2	—	—	1	8	—	25	k	40	10	14	—	3	2	—
	11.	46.	71	160	21	2	4	—	—	—	1	1	14	l	30	14	15	—	3	2	—
	12.	48.	71	162	23	1	1	1	1	—	9	1	27	m	20	10	16	—	3	2	—
	13.	45.	68	179	20	1	—	—	1	1	5	—	31	k	30	22	18	—	3	2	—
	14.	61.	66	177	16	2	2	—	—	—	9	—	16	l	15	15	17	—	3	2	—
	15.	43.	72	178	19	1	—	1	—	1	5	—	33	l	30	12	17	—	3	4	e
	16.	49.	66	182	16	3	1	2	—	—	6	2	24	k	30	15	14	—	3	2	—
	17.	51.	69	185	22	1	—	—	—	—	7	—	15	k	45	17	15	—	3	2	—
	18.	50.	71	148	23	3	1	—	—	1	7	6	11	k	30	13	13	—	3	2	—
	19.	56.	69	145	10	5	1	—	—	—	5	1	15	k	30	15	19	—	3	3	—
	20.	52.	67	143	15	1	3	—	4	—	2	—	19	l	60	20	14	—	3—	4	—
	21.	57.	72	178	18	1	3	—	—	1	8	6	15	k	45	10	18	—	3—	2	—
	22.	63.	66	141	21	5	—	—	2	—	—	6	13	m	30	8	14	—	3—	2	—
	23.	58.	65	147	17	5	2	2	1	5	4	2	21	l	30	20	17	—	3—	2	—
	24.	62.	60	147	20	4	5	—	—	1	14	11	22	m	35	13	15	—	3—	—	—
	25.	44.	60	193	16	9	2	1	—	1	1	1	15	m	60	26	19	—	4+	(4)	A
	26.	59.	61	164	17	8	4	—	2	2	2	4	19	l	45	20	9	—	5	3	—
	27.	66.	59	167	12	10	2	—	5	—	8	11	11	l	30	12	9	—	5	(4)	A
	28.	40.	55	196	44	12	8	2	—	1	—	16	9	l	—	12	13	—	5	(5)	e

Die überwiegende Mehrzahl der Unfälle im Fahrbetrieb, besonders das Anfahren oder Überfahren von Personen, ist nach den sehr sorgfältigen Untersuchungen, die hier seitens der Direktion nach jedem Unfall seit Jahren vorgenommen werden, auf die Unachtsamkeit der Passanten zurückzuführen. Wenn Passanten plötzlich vor einen fahrenden Wagen innerhalb eines kurzen Abstandes gelangen, so kann auch das schnellste richtige Handeln des Führers einen Unfall nicht vermeiden. Durch die hier beschriebenen experimentellen Prüfungen konnte die Erfahrungstatsache bestätigt werden, daß es unmöglich ist, einen fahrenden Straßenbahnwagen vor einer gewissen Zeit zum Stehen zu bringen. Auch die kürzesten Reaktionshandlungen der Prüflinge lassen den Schluß zu, daß ein Führer ungefähr eine Sekunde braucht, bis er nach Bemerken der Gefahr seine Entschlüsse zur Ausführung bringen und die Bremsvorrichtungen in Bewegung setzen kann. Hat nun z. B. ein Wagen eine Fahrgeschwindigkeit von ungefähr 15 km in der Stunde, so fährt er noch etwa 4 m mit voller Fahrgeschwindigkeit weiter, bevor irgendeine Bremsung beginnt. Hinzu kommt dann noch die Strecke, die der Wagen während der Bremsung mit verminderter Geschwindigkeit durchfährt und schließlich noch die Strecke, die der Wagen nach erfolgter Bremsung, je nach Gefälle und Schmutzverhältnissen, gleitet. Eine gewisse Gefahrstrecke befindet sich also ständig vor jedem in Fahrt befindlichen Wagen, und diese Gefahrstrecke kann zwar durch einen guten, schnell reagierenden Führer verkürzt, aber niemals beseitigt werden. Andererseits können *natürlich auch Unfälle durch Unachtsamkeit der Führer, durch zu wildes Fahren, besonders in den Kurven und bei Straßenübergängen, durch nicht rechtzeitiges Bremsen bei abfälligem Gelände und bei vorliegenden Hindernissen entstehen. Konnten den einzelnen Führern* derartig entstandene Unfälle nachgewiesen werden, so sind sie natürlich, besonders wenn sie wiederholt vorgekommen sind, bei der Beurteilung der praktischen Leistungsfähigkeit mit verwertet worden. Von dem Fahrmeister sind die zureichenden Leistungen mit »sehr gut« (1), »gut« (2) oder »genügend« (3) bezeichnet worden. Unzureichende Leistungen, die zum freiwilligen oder unfreiwilligen Ausscheiden führten, wurden als »ungleich«, »unsicher«, »aufgeregt«, »nervös«, »genügt nicht« (4) oder als »ungenügend«, »ganz unbrauchbar« (5) angegeben. Die Umsetzung dieser Prädikate für die Fahrleistungen in Zahlen ist hier zwecks Eintragung in die Übersichtstabellen und um Vergleiche zu ermöglichen vorgenommen worden. Aus dem gleichen Grunde sind auch verschiedenartig bezeichnete Urteile gemeinsam durch eine bestimmte gleiche Zahl (4 bzw. 5) bezeichnet worden.

Will man nun die Prädikate, die für die praktische Leistung gegeben wurden, mit den Prädikaten vergleichen, die auf Grund der Leistung in der experimentellen Prüfung erteilt waren, so muß man berücksichtigen, daß die Grundlagen für die beiderseitigen Beurteilungen durchaus verschiedene sind. Läßt man die allgemeinen Unterschiede zwischen der Prüfungsarbeit und der praktischen Führertätigkeit unbeachtet, und nimmt man ferner an, daß es in der experimentellen Prüfung gelungen sei, eine Arbeitsleistung zu erhalten, die innerlich der praktischen Arbeitsleistung als Straßenbahnführer weitgehend entspricht, so bleibt der große Unterschied bestehen, daß in dem einen Fall eine bestimmte, gleichartige, 40 Minuten lange Arbeitsleistung von allen Prüflingen vorliegt, und daß in dem anderen Fall praktische Fahrleistungen der Prüflinge von verschiedener Zeitdauer, von wenigen Tagen bis zu mehreren Jahren, vorliegen. Bei den ausgebildeten Führern und Führerinnen standen dem Fahrleiter die Beobachtungen mehrerer Jahre zur Urteilsbildung zu Gebote, bei den Lehrlingen in den günstigsten Fällen die Beobachtung während der Lehrzeit, in der praktischen Prüfung und während der folgenden Wochen oder Monate. Blieben aber die Anwärter aus irgendeinem Grunde nicht bis zum Ende der Ausbildungszeit im Dienst, so konnte sich das Urteil nur auf die Leistungen bei den Probefahrten der ersten Tage und Wochen erstrecken. (Um die auf diese Art gewonnene Beurteilung zu kennzeichnen, sind die betreffenden Prädikate bzw. die Anzahl derartiger Beurteilungen in den Übersichtstabellen eingeklammert.)

Außer der Verschiedenheit der Leistungen ist noch die Art der Beurteilung in beiden Fällen verschieden. In dem einen Falle werden die einzelnen Reaktionszeiten automatisch zahlenmäßig bis auf $^{1}/_{100}$ Sekunde genau aufgenommen und mit den gleichzeitig registrierten übrigen Reaktionshandlungen in ein Protokoll eingetragen. In diesem befinden sich dann schließlich über die 40 Minuten währende Prüfungsarbeit ungefähr 200 objektiv gewonnene *Daten*, die dem Gesamturteil als Grundlage dienen können. Bei der Beurteilung der praktischen *Leistung* kann es sich immer nur um die Zusammenfassung einer mehr oder weniger großen Reihe von subjektiven Urteilen handeln, die gelegentlich der verschiedenen Beobachtungen beim Fahrdienst gewonnen wurden. Zufälligkeiten der verschiedensten Art können hier einen großen Einfluß auf die Urteilsbildung haben, und erst wenn eine Beobachtung sich über einen längeren Zeitraum erstreckt, kann diese Fehlerquelle einigermaßen ausgeschaltet werden. Weiter dürfte persönliche Zu- oder Abneigung des Beurteilers für den betreffenden Führer, mag sie im einzelnen Falle auch noch so berechtigt sein, kaum ohne Wirkung auf diese subjektive Urteilsbildung sein und bei feinerer Unterschieden in der Leistung sehr leicht das Urteil entscheidend beeinflussen.

Es muß weiter berücksichtigt werden, daß die Untersuchungen aus dem letzten Kriegsjahr und aus der Übergangszeit stammen und daß in dieser Zeit das Fahrpersonal der Straßenbahn durchaus verschiedenartig war. Die voll gesunden und erprobten Führer der Friedensjahre waren durchweg eingezogen worden und an ihre Stelle waren in der Kriegszeit ältere und zum Teil gebrechliche und kränkliche Männer getreten. Deshalb finden sich auch bei den hier untersuchten Führern keine, die in ihren praktischen Leistungen als »sehr gut« bezeichnet waren, obwohl die Straßenbahngesellschaft die besten Führer mit zur Prüfung geschickt hatte. Außerdem waren mehr oder weniger kräftige Frauen verschiedensten Alters und verschiedenster Vorbildung als Ersatz eingestellt worden, deren praktische Leistungen weitgehend verschieden waren. Diese Frauen mußten aus einer sehr großen Anzahl von Bewerberinnen ausgewählt werden, da sich nur sehr wenige als einigermaßen geeignet für diesen Beruf erwiesen und da die Mehrzahl sehr leicht und aus den nichtigsten Gründen bereit war, den Beruf zu wechseln. In der Übergangszeit meldeten sich dann wieder kräftige, gesunde Männer der besten Jahre, die mit ernstem Interesse für diesen Beruf eine feste Lebensstellung gewinnen wollten. Es fehlte aus diesen Umständen während der Untersuchungszeit an einer größeren Gruppe gleichmäßig gut eingearbeiteter Führer, die bei der Beurteilung als Beispiel für vollwertige Führerleistung hätten dienen können. Das ungünstige Verhältnis einer großen Nachfrage nach Führern und das geringe Angebot zureichender Kräfte führte notwendigerweise außerdem zu einer Herabsetzung der Anforderungen und zu einer milden Beurteilung der praktischen Leistungen.

Trotz dieser verschiedenen einschränkenden Bedenken dürfte aber die Beurteilung der praktischen Leistungen ziemlich richtig erfolgt sein und deshalb sehr wohl zu Vergleichszwecken herangezogen werden, um so mehr, da die Beurteilung der einzelnen Prüflinge besonders für die Zwecke dieser Untersuchung unter möglichster Berücksichtigung der angeführten Umstände erfolgte.

Die bei 62 Prüflingen festgestellten Urteile über die praktischen Leistungen verteilen sich folgendermaßen auf die einzelnen Gruppen:

	Führer	Führerinnen	männl. Lehrlinge	weibl. Lehrlinge	zusammen
sehr gut (1)	—	3	1	1	5
gut (2)	5	1	8 (3)	17	34
genügend (3)	2	1	3 (2)	4	12
unsicher usw. (4)	1	—	— (3)	2 (2)	8
ungenügend (5)	—	—	2	— (1)	3
	8	5	22	27	62

Wie schon ausgeführt wurde, bedeuten die eingeklammerten Zahlen, daß in diesen Fällen das Prädikat nur über die Leistungen einer kurzen Probezeit abgegeben wurde. Daß sich von den unzureichenden Leistungen die Mehrzahl eingeklammert findet, hat seinen Grund darin, daß Anwärter, die in der Probezeit versagten, gleich wieder ausschieden und deshalb der Beurteilung nur eine kurze Beobachtungszeit zugrunde liegen kann. In vier Fällen wurde das Urteil über das Unzureichende der praktischen Leistung erst nach der praktischen Prüfung gefällt und führte dann ebenfalls zur Entlassung. Nur in einem Fall findet sich ein unzureichendes Urteil bei einem Führer (Nr. 8), der zwei Jahre lang im Fahrdienst war. Es handelt sich in diesem Falle um einen 62 jährigen Kriegshilfsdienstpflichtigen, der nach seinen Angaben während seiner Dienstzeit ohne besondere Schwierigkeiten und ohne Unfälle verschuldet zu haben, gefahren war. Nach der Beurteilung der Fahrleitung genügte aber seine Arbeit als Führer nicht, um ihn dauernd beschäftigen zu können, und führte deshalb gleich nach Kriegsende, sobald hinreichend geeignete Kräfte zur Verfügung standen, zur Entlassung. Das Imdienstbehalten eines Führers, dessen Leistungen als nicht genügend bezeichnet werden, ist also in diesem Falle aus Personalmangel erfolgt.

5. Vergleich der Prüfungsleistungen mit den Fahrleistungen.

Es wurde bereits ausgeführt, daß die einzelnen Gruppen der Prüflinge eine wesentlich verschiedene Zusammensetzung haben und deshalb die Bildung von Rangreihen innerhalb der Gruppen erfolgte. Aus gleichem Grunde soll hier die vergleichende Gegenüberstellung der Prädikate für die Leistungen innerhalb der Gruppen erfolgen.

Acht männliche Führer haben:

Prüfungsurteil (PU)	3 dreimal	3− zweimal	4 zweimal	5 einmal
Urteil der Straßenbahn (SU)	2 zweimal 3 einmal	2 zweimal	2 einmal 3 einmal	4 einmal

Fünf weibliche Führer haben:

Prüfungsurteil (PU)	1 einmal	2 einmal	3 zweimal	3− einmal
Urteil der Straßenbahn (SU)	1 einmal	1 einmal	1 einmal 3 einmal	2 einmal

Sechsundzwanzig weibliche Lehrlinge haben:

Prüfungsurteil (PU)	1 einmal	2 viermal	3+ zweim.	3 neunmal	3− fünfm.	4 viermal	5 einmal
Urteil der Straßenbahn (SU)	2 einmal	2 einmal (2) zweim. 3 einmal	2 zweimal	1 einmal 2 zweimal 3 zweimal (3) zweim. — zweim.	2 zweimal (2) zweim. (4) einmal — einmal	(4) zweim. 5 einmal — einmal	5 einmal

Achtundzwanzig männliche Lehrlinge haben:

Prüfungsurteil (PU)	2 sechsm.	3+ dreim.	3 zehnmal	3− fünfm.	4 einmal	5 dreimal
Urteil der Straßenbahn (SU)	1 einmal 2 dreimal 3 zweimal	2 dreimal	2 achtmal 3 einmal 4 einmal	2 dreimal 4 einmal — einmal	(4) einmal	3 einmal (4) einmal (5) einmal

Aus der oben beschriebenen Verschiedenartigkeit der Urteilsgewinnung ergibt sich, daß die Stufenunterschiede der Prädikate bei den praktischen Leistungen anders zu werten sind, als bei den Prädikaten, die für die Leistungen in der experimentellen Prüfung gegeben wurden. Während im letzteren Falle die einzelnen Prädikate durch die Art der Gewinnung des Urteils unmittelbar ineinander übergehen müssen, ist bei den praktischen Leistungen ein größerer Abstand zwischen dem letzten Prädikat für eine zureichende Leistung (3) und dem ersten für die unzureichende Leistung (4) als zwischen den übrigen nebeneinanderstehenden Prädikaten. Die Beurteilung einer praktischen Leistung mit dem Prädikat 4 führte zur Entlassung des Betreffenden. Es sollen deshalb beim Vergleich die Prädikate aus den beiden Beurteilungen als *gleich* angesehen werden, wenn das gleiche Prädikat gegeben wurde oder eins, das sich um eine halbe Stufe vom ersten Prädikat unterscheidet. Als *ungefähr gleich* gelten Prädikate, die sich um eine Stufe mit Ausnahme der Stufe zwischen 3 und 4 unterscheiden. Als *ungleich* gelten alle Prädikate, die sich um die Stufen zwischen 3 und 4 oder um sonstige zwei Stufen unterscheiden. In den vorhergehenden vier Zusammenstellungen sind gleiche Prädikate dadurch erkennbar, daß die Prädikatzahlen ohne besondere Bezeichnung sind, ungefähr gleiche Prädikate dadurch, daß die betr. Zahlen fett gedruckt, und ungleiche Prädikate dadurch, daß sie unterstrichen sind.

Zusammengestellt zeigen die drei in Frage kommenden Verhältnisse der Gleichheit, ungefähren Gleichheit und Ungleichheit des Urteils folgende Verteilung bei 62 Prüflingen, von denen beide Beurteilungen vorliegen:

	männl. Führer	weibl. Führer	männl. Lehrlinge	weibl. Lehrlinge	zusammen
Gleichheit	1	2	13	10	26
Ungefähre Gleichheit . .	3	1	5	12	21
Ungleichheit	4	2	4	5	15
	8	5	22	27	62

Legt man die Fälle der gleichen und ungefähr gleichen Beurteilungen zusammen, so ergibt sich, daß bei 47 von 62 Prüflingen also in 66% die *Leistung* in der experimentellen Prüfung *ebenso beurteilt* wird wie die Leistung im praktischen Fahrdienst und in 15 Fällen also in 24% *die Leistungen verschieden beurteilt* wurden. Die Art der Verschiedenheit ergibt sich aus folgender Zusammenstellung:

Prüfungsurteil	3 dreimal	3− neunmal	4 zweimal	5 einmal
Urteil der Straßenbahn	1 zweimal 4 einmal	2 neunmal	2 einmal 3 einmal	3 einmal

Nur in einem Falle war also die Leistung im Fahrdienst schlechter als die Prüfungsleistung. Es handelt sich um den Prüfling Nr. 43, dessen Leistung bei der experimentellen Prüfung genügend war und dessen Fahrleistung mit 4 bezeichnet werden mußte, weil P. wegen wiederholten »Rammens« (Auffahren auf einen Vorderwagen oder sonstiges festes Hindernis) und wegen »mangelnder Geistesgegenwart« entlassen werden mußte, obgleich seine Fahrleistung im übrigen als genügend beurteilt wurde. In dem betr. Protokoll ist vermerkt, daß dieser Bewerber bei einer ärztlichen Untersuchung wegen seiner auffallenden körperlichen Schwäche als ungeeignet für den Führerdienst hätte bezeichnet werden müssen. Bei einer außerhalb der psychologischen Eignungsprüfung vorgenommenen beiderhändigen Dynamometerprobe zeigte sich bei P. eine Herabsetzung der Druckkraft um die Hälfte des durchschnittlich bei Männern seines Alters und Standes feststellbaren Wertes. P. war deshalb außerstande die Bremse genügend zu bedienen und diese körperliche Unzulänglichkeit erklärt ungezwungen die zu seiner Entlassung führenden Unfälle. Für die Beurteilung des Prüfungsverfahrens muß dieser Fall deshalb ausscheiden.

In den übrigen 14 Fällen ist die Leistung im Fahrdienst besser als die Leistung bei der Eignungsprüfung. Zweimal war die Prüfungsleistung »genügend« während die Fahrleistung mit »sehr gut« bewertet wurde. Neunmal war die Prüfungsleistung »kaum genügend« während die Fahrleistung »gut« war. In drei Fällen war die Prüfungsleistung »mangelhaft«, bzw. »ungenügend«, während die Fahrleistung »gut« oder »genügend« war. Bei einer praktischen Anwendung dieser Eignungsprüfung, wenn gleichzeitig bestimmt würde, daß für die Einstellung mindestens eine genügende Prüfungsleistung zu fordern ist, würde das bedeuten, daß 12 von 62 Prüflingen zu Unrecht von einem Beruf zurückgehalten wurden, in dem nachweislich nachher zehn dieser Prüflinge gute und zwei genügende Leistungen aufweisen konnten. Da diese unzureichende Prüfungsleistung bei gleichzeitiger zureichender Fahrleistung *in fünf Fällen* bei bereits im Dienst befindlichen Führern beobachtet wurde, könnte hier folgender Einwand gemacht werden. Eingefahrene Führer sind auf eine bestimmte Art der Bedienung der Bremsen und Schaltungen des Führerstandes eingeübt und haben bestimmte Bewegungen bestimmten Reizen zugeordnet. Sollen sie nun in einer Prüfung an einem ähnlichen System von Hebeln und Schaltungen auf ähnliche Reize Handlungen mit anderen Zuordnungen ausführen, so werden sie zunächst zahlreiche Fehlgriffe machen. Der geübte Führer wäre also dem Anwärter gegenüber im Nachteil. Bei dieser Prüfungsmethode ist nun aber absichtlich eine Anordnung der Hebel gewählt, die der Anordnung auf dem Führerstand durchaus unähnlich ist (im Gegensatz zu der Kraftfahrereignungsprüfung von Moede-Piorkowski [35]), so daß für ausgebildete Führer wie für Anwärter gleichmäßig ganz neuartige Verhältnisse vorliegen.

Die im übrigen bestehende Übereinstimmung der beiderseitigen Beurteilungen besagt, daß in der Prüfung 41 später als zureichend sich erweisende und 9 sich später als unzureichend erweisende Führer bzw. Anwärter zureichende bzw. unzureichende Leistungen aufwiesen. Alle Prüflinge, die eine unzureichende Prüfungsleistung aufwiesen und später im praktischen Dienst versagten, wären nun aber auch bei einer eingehenden ärztlichen Untersuchung als ungeeignet erkannt worden. Es handelte sich in diesen Fällen entweder um zu hohes Alter (62 Jahre) oder um allgemeine Körperschwäche, allgemeine Nervenschwäche, Herzleiden, Lungenleiden, Unterleibsleiden u. Ä. Für derartige Fälle würde sich also eine psychologische Eignungsprüfung auch dann erübrigen, wenn mit ihr eindeutige Ergebnisse erzielt werden könnten.

6. Unterschiede zwischen männlichen und weiblichen Prüflingen.

Bei diesen Untersuchungen konnten 36 Männer und 31 Frauen in genau gleicher Weise einem psychologischen Experiment unterworfen werden, das an einer Apparatur einen Gesamtverlauf psychischen Geschehens durch eine bestimmte, 40 Minuten währende Arbeit forderte. Die dabei erzielten Arbeitsleistungen konnten in einer Weise aufgezeichnet werden, die eine weitgehende Analyse ermöglichte. Dabei wurden experimentelle Unterlagen für eine Beantwortung der Frage nach den psychischen Unterschieden der Geschlechter gegeben, die bei der Dürftigkeit des bisher über diese Frage vorliegenden exakten, aus psychologischen Experimenten gewonnenen Materials sehr erwünscht sein dürften. Leider ist das Untersuchungsmaterial nicht sehr umfangreich und auch nicht so vollkommen gleichwertig gewesen, wie es bei derartigen Untersuchungen eigentlich sein müßte. Die Untersuchten waren früher in verschiedenen Berufen beschäftigt gewesen, hatten nicht die gleiche Vorbildung und waren auch im durchschnittlichen Alter nicht vollkommen gleich. Die Frauen waren durchschnittlich etwas jünger als die Männer. Andererseits kann aber darauf hingewiesen werden, daß die hier untersuchten Männer und Frauen wenigstens ein einigermaßen gleiches Untersuchungsmaterial darstellen und die Anzahl der Untersuchten trotz der kleinen Zahl größer war, als bei früheren experimentellen Untersuchungen der psychischen Geschlechtsunterschiede zwischen Männern und Frauen. Sowohl die Männer wie die Frauen, die hier untersucht wurden, gehörten der handarbeitenden Bevölkerung an und hatten zur Zeit der Untersuchung den gleichen Beruf bzw. bewarben sich um den gleichen Beruf. Die Untersuchung selber, die Instruktion und der Verlauf der Prüfung waren, wie oben erwähnt, durchaus gleichartig. Eine Gegenüberstellung der durchschnittlichen Reaktionszeiten, die in der zweiten Hälfte der Prüfungsaufgabe bei der Beantwortung der einzelnen Reize erzielt wurden, zeigt nachfolgende Verhältnisse (die Zeiten in $^1/_{100}$ Sekunden):

Reize	1 blau	2 rot	4 Ger.	5 grün	6 gr.i.B.	7 rot	8 blau	9 Zgr.	10 b. r.	11 rot	12 grün	13 Ger.	14 Zgr.	15 rot	16 b. r.
Männer	173	136	175	185	186	169	189	145	203	136	190	172	140	135	172
Frauen	167	129	159	183	184	167	165	149	222	129	191	162	142	129	174
Unterschied	6	7	16	2	2	2	24	4	19	7	1	10	2	6	2

Bei dieser Zusammenstellung kommt die oben (S. 140) beschriebene eigenartige Verteilung der Reaktionszeiten, was die Länge anbetrifft, entsprechend der dort beschriebenen Verteilung der Reize nach den Graden der Schwierigkeit, mit denen sie zu beantworten sind, deutlich zum Ausdruck. Es zeigt sich, daß diese Verteilung bei Männern und Frauen durchaus gleichartig ist. Außerdem zeigt sich, daß sowohl bei Männern wie bei Frauen die roten Lichtpunktreize (Reiz 2, 11, 15) die kürzeste, und der blau-rot-Reiz 10, mit vorhergehendem Buchstaben G (Reiz 10), die längste Reaktionszeit erfordert. Bei den Männern ist die Reaktionszeit für den roten Lichtreiz 135—136, bei den Frauen etwas kürzer, 129. Es ist auffallend, daß bei den verschiedenen rot-Lichtpunktreizen, die an verschiedenen Orten der Tafel erscheinen und an verschiedenen Stellen der Prüfungsaufgabe gegeben wurden, durchschnittlich genau die gleichen Reaktionszeiten erzielt wurden. Der Geräuschreiz erfordert bei den Männern durchschnittlich 175 (Reiz 4) — 172 (Reiz 13). Bei den Frauen ist die durchschnittliche Reaktionszeit auch für diesen Reiz etwas kürzer, 159 (Reiz 4) — 162 (Reiz 13). Umgekehrt als bei den Männern ist hier die Reaktionszeit bei Reiz 13 um Geringes länger als bei Reiz 4. Bei den verschiedenen grünen Lichtreizen finden sich entsprechend der Schwierigkeit der Reizbeantwortung bei den Männern die durchschnittlichen Reaktionszeiten 185 (Reiz 5), 186 (Reiz 6) und 190 (Reiz 12) .Bei den Frauen finden sich fast die gleichen Durchschnittszeiten, nämlich in gleicher Reihenfolge 183, 184 und 191. Bei dem blauen Lichtreiz zeigen die Männer für Reiz 1 den Durchschnittswert 173, für Reiz 8 den Wert 189. Bei den Frauen sind die entsprechenden Werte 167 und 165. Merkwürdigerweise findet sich bei den Frauen nicht die zu erwartende längere Reaktionszeit bei Reiz 8, obgleich die Beantwortung des blauen Lichtreizes in dieser Stellung sicher schwieriger war. Die Zeigerbewegung wird von Männern und Frauen mit fast gleich kurzer Reaktionszeit beantwortet. Die Männer gebrauchen durchschnittlich für die Beantwortung 145 (Reiz 9) — 140 (Reiz 14). Bei den Frauen sind die entsprechenden Zahlen 149 und 142. Bei beiden Gruppen werden also für den Reiz 9 um Geringes längere Zeiten gebraucht. Für die Beantwortung des roten Lichtpunktreizes links seitlich (Reiz 7) wurden von Männern wie Frauen fast die gleiche durchschnittliche Zeit gebraucht, nämlich 169 bzw. 167. Die Beantwortung des rot-blau-Reizes mit vorhergehendem Buchstaben G erfordert, wie schon erwähnt, sowohl bei Männern als bei Frauen die längste Reaktionszeit, wie es nach der Art der Schwierigkeit, diesen Reiz richtig zu beantworten, auch zu erwarten war. In diesem Fall ist die Reaktionszeit bei den Männern um $^{10}/_{100}$ Sekunden kürzer als bei den Frauen, während bei allen übrigen Reizbeantwortungen eine ungefähre Übereinstimmung herrscht oder die Frauen sogar eine kürzere durchschnittliche Reaktionszeit für die einzelnen Reize aufweisen. Die Männer gebrauchen für die Beantwortung dieses Reizes durchschnittlich 203, die Frauen 222. Beim rot-blau-Lichtreiz mit vorhergehendem Buchstaben R (Reiz 16), dessen Beantwortung nach den früheren Ausführungen geringere Schwierigkeiten macht als Reiz 10, sind die durchschnittlichen Reaktionszeiten wieder annähernd gleich, die Männer gebrauchen 172, die Frauen 174.

Das Ergebnis dieser vergleichenden Gegenüberstellung ist also eine weitgehende Übereinstimmung des Gesamtablaufs der Prüfung und der zeitlichen Einzelleistungen bei den Männern und Frauen. Sieht man ab von der Unstimmigkeit betreffend die Zeitverlängerung bei Reiz 8, so sind die durchschnittlichen Beantwortungen von 7 Reizen ungefähr gleich, bei weiteren 7 Reizen sind die Frauen um $^{6-18}/_{100}$ Sekunden kürzer und nur in einem Falle haben die Männer eine um etwa $^{1}/_{5}$ Sekunde kürzere Durchschnittszeit, und zwar gerade bei dem Reiz, der am schwierigsten zu beantworten war (Reiz 10). Ob man nun daraus, daß die Frauen bei dem am einfachsten zu beantwortenden Reizen kürzere Reaktionszeiten, bei den mittelschwer zu beantwortenden gleiche und bei den besonders schwierig zu beantwortenden Reizen eine längere durchschnittliche Reaktionszeit gebrauchten als die Männer, weitgehendere Schlüsse ziehen darf, ist zum mindesten fraglich. Der populären Auffassung von dem weiblichen Können würde dieses experimentelle Ergebnis allerdings durchaus entsprechen.

Vergleicht man nun noch das arithmetische Mittel der Reaktionszeiten der zweiten Hälfte, so findet man bei den Männern $^{166}/_{100}$, bei den Frauen $^{162}/_{100}$ Sekunden. Die mittlere Variation beträgt in gleicher Folge 19 und 21. Während also die durchschnittliche Reaktionszeit bei den Frauen etwas kürzer ist, ist die Abweichung vom Mittel etwas länger, d. h. die Schwankungen sind größer. Die durchschnittliche Fehlerzahl ist bei beiden Gruppen gleich, jedesmal 4, die Zahl der falsch beantworteten Störungsreize bei den Männern 3,3, bei den Frauen 3,8; es besteht also ebenfalls nur ein geringer Unterschied. Die durchschnittlich geschätzte Zeit, die geschätzte Zahl der Bilder, die Anzahl der spontan genannten Bildern ist bei beiden Gruppen gleich, die entsprechenden Zahlen sind 30, 15 und 15.

Zeigt so die Gegenüberstellung aller durchschnittlichen Prüfungsleistungen eine weitgehende Übereinstimmung der Geschlechter, so traten dennoch bei den Prüfungen in dem Verhalten der Prüflinge bei den Erläuterungen des Prüfungsverfahrens und seiner Absichten, bei der Prüfungsarbeit selber und bei der anschließenden Befragung und Unterhaltung über die Prüfung auffallende Unterschiede zwischen Männern und Frauen zutage, und die hierbei festgestellten Unterschiede fanden bei häufigen Beobachtungen im Fahrdienst ihre Bestätigung und Ergänzung.

Ein weitgehender Unterschied zeigte sich schon bei der Erklärung der Aufgabe und der anschließenden Instruktion. Die Männer zeigten sich durchweg interessierter, verstanden den Gedankengängen, die derartigen Prüfungen zugrunde liegen, zu folgen und nahmen folglich kritisch zu der Prüfung Stellung. Bei den Frauen hatte man immer wieder den Eindruck, daß sie lediglich interessiert waren, schnell zu erfassen, was hier von ihnen verlangt würde, um schnell die Handgriffe zu erlernen und so die Prüfungsaufgabe möglichst gut zu lösen. Wie die ganze Apparatur funktionierte und weshalb gerade diese Reaktionsweisen von ihnen verlangt wurden, war ihnen, mit verschwindenden Ausnahmen, sichtlich gleichgültig. Neben einer gewissen Furcht, daß ihnen bei der Untersuchung irgend etwas Unangenehmes passieren könnte, vor allen Dingen die häufig wiederkehrende Befürchtung, daß sie elektrisiert werden könnten, glaubten wohl alle, daß sie bei schlechter Lösung der Prüfungsaufgabe nicht eingestellt würden. Den stets wiederholt gegebenen Versicherungen, daß diese Prüfung lediglich zu wissenschaftlichen Versuchszwecken erfolge, daß das Ergebnis der Prüfung der Straßenbahngesellschaft nicht mitgeteilt werde und deshalb keinen Einfluß auf ihre Anstellung haben könnte, standen die Frauen sehr mißtrauisch gegenüber. Es muß aber bemerkt werden, daß auch bei einigen Männern dieses Mißtrauen vorhanden war. Als Folge der jahrelang betriebenen Verhetzung der Arbeiter gegen die Arbeitgeber war es auch bei einigen Männern schwierig, Vertrauen zu finden, denn sobald es sich um Fragen handelt, die irgendwie den Arbeitsprozeß betreffen, wird nur zu gern hinter jeder derartigen Untersuchung und Befragung das »Kapital« gewittert, das stets nur darauf ausgeht, neue Mittel und Wege zu finden, um die Arbeitskraft des einzelnen ohne Leistung von entsprechenden Gegenwerten auszubeuten. Eine Folge dieses Zustandes war sicher auch die im Anfang der Arbeit erwähnte Unmöglichkeit, das gesamte, bereits im Dienst befindliche Fahrpersonal durchzuprüfen, wie es anfänglich beabsichtigt war.

In der Prüfung selber waren die Männer durchweg ernster und gesetzter als die Frauen, die sich vielfach recht albern und kindisch benahmen. In den Protokollen der weiblichen Prüflinge finden sich wiederholt Vermerke über albernes Lachen und kindische Freude bei Schreckreizen und bei Fehlreaktionen. Besonders belustigte ein wiederholtes Falschreagieren auf den gleichen Reiz. Bei dem Befragen nach der Meinung über den Wert derartiger Prüfungen und die Unterschiede zwischen männlichen und weiblichen Führern, waren die Männer durchweg zurückhaltender in ihrem Urteil. Auffallend war z. B., daß Frauen, die erst wenige Tage im Dienst waren, sich ausführlich über die Unterschiede zwischen Männern und Frauen äußern konnten und oft eine ganze Reihe von Punkten anführten, die diese Unterschiede illustrieren sollten.

Vergleicht man nun die Beurteilungen der Geschlechtsunterschiede, wie sie von erfahrenen Führern und Führerinnen und von weiblichen Anwärtern abgegeben wurden — männliche Anwärter erklärten, daß sie sich noch kein Urteil erlauben könnten —, so stimmen die beiderseitigen Beurteilungen auffallenderweise in allen Punkten überein. Was auch Ungünstiges über die Frau im Straßenbahndienst ausgesagt wurde, findet sich sowohl in den Beurteilungen, die von Männern wie von Frauen abgegeben wurden. Die Frauen gaben also, wenn sie auch auf Ausnahmen hinwiesen, über ihre Geschlechtsgenossinnen die gleichen ungünstigen Urteile ab wie die Männer, und unsere Beobachtungen beim Fahrdienst konnten die Beurteilungen nur als zu Recht bestehend bestätigen.

Es wurde zunächst von beiden Seiten darauf hingewiesen, daß die Frau infolge ihres schwächeren Körperbaues dem Manne gegenüber in diesem Beruf benachteiligt sei. Besonders das Bremsen machte den Frauen, wie man es seiner Zeit täglich beobachten konnte, große Schwierigkeiten. Dadurch, daß die Frauen infolge ihrer Körperschwäche vielfach gezwungen waren, die Handbremse mit beiden Händen zu bedienen und oft den ganzen Körper zur Seite legen mußten, waren die Schalthebel hierbei für kurze Zeit ohne Bedienung. Allgemein wurde auch betont, daß die Frau dem Publikum gegenüber nicht die Autorität besaß wie der Mann und deshalb durch den Unverstand der Fahrgäste oft in ihrer Bedienungsfähigkeit des Wagens stark beeinträchtigt war, ohne dies verhindern zu können.

Ein geringes Interesse für die technischen Einrichtungen zeigten die Frauen auch in der praktischen Probezeit. Während jeder Mann zu erfahren sucht, welche Apparatur mit den Schalthebeln in Verbindung steht, ist den Frauen dies höchst gleichgültig. Bei den späteren Unterweisungen über die technischen Einzelheiten zeigt sich dann weiter ein sehr geringes mechanisches Verständnis und Interesse. Eine Folge ist, daß weibliche Führer bei kleinsten Fehlern am Wagen oft hilflos sind, denn sie verstehen es nicht, die Fehler abzustellen. Beim Fahren selber fehlt die ruhige Art des Arbeitens, die den guten Führer kennzeichnet, oft wird wild darauflos gefahren, oft kurz und zu spät gebremst. Das ungleichmäßige Fahren, das ruckweise Anfahren und Anhalten dürfte allen Fahrgästen aus der Kriegszeit in Erinnerung sein. Die Kurven, Weichen und Straßenübergänge werden nicht rechtzeitig beachtet und dadurch Unglücksfälle und Zusammenstöße herbeigeführt. Neben Ängstlichkeit, Verwirrtheit und einer gewissen Unruhe begegnete man häufig dazu einer weitgehenden Gleichgültigkeit, einem Mangel an Nachdenken und Überlegung.

Besonders betont wird immer wieder von beiden Seiten die geringe Geistesgegenwart der weiblichen Führer. Bei unerwartet eintretenden Gefahren wird laut aufgeschrien, eine plötzliche Ratlosigkeit setzt ein und alle vorgeschriebenen Schaltungen, mögen sie auch noch so gut bekannt und eingeübt gewesen sein, werden im Affekt vergessen oder doch wenigstens nicht ausgeführt. Der Schreck wirkt lähmend bis zur Handlungsunfähigkeit oder führt zu einer Kopflosigkeit, bei der die unsinnigsten Handlungen ausgeführt werden. Statt den Strom auszuschalten, wird z. B. voller Strom eingeschaltet u. ä. Über einige auffallend unsinnige Handlungen wurde berichtet, die bei männlichen Führern nie vorkommen dürften. So ließ eine Führerin, die ein Kind angefahren hatte, ihren Wagen auf freier Strecke mit den Fahrgästen stehen und trug das verletzte Kind in die einige Kilometer entfernte Klinik. In einem anderen Fall sprang eine Führerin, als sie einen Zusammenstoß befürchtete, in voller Fahrt vom Wagen, ohne die Bremsen zu bedienen, und ergriff beim Abspringen ein Kind, welches sich unter den Fahrgästen befand. In einzelnen Fällen haben allerdings Frauen bei Unfällen durchaus zweckentsprechend und richtig gehandelt.

Allgemein wird auf die große Neigung zur Schwatzhaftigkeit hingewiesen. Es scheint den Führerinnen eine Qual zu sein, ihren Dienst stumm verrichten zu müssen. Mit Vorliebe wird mit den Fahrgästen eine Unterhaltung angeknüpft, befindet sich aber zufällig eine Kollegin auf dem Wagen, so wird unter allen Umständen mit dieser dauernd gesprochen. Die Gespräche der Fahrgäste werden dauernd belauscht, und nur zu leicht ist die Führerin geneigt, sich an einer Unterhaltung, die sie gar nichts angeht, zu beteiligen oder sich doch mindestens umzusehen. Von mehreren Seiten wurde noch darauf hingewiesen, daß die Führerinnen vielfach geschlechtlich interessierter seien als Führer und mit männlichen Fahrgästen anbändelten.

Von allen Beurteilern wird übereinstimmend die schlechte Kameradschaft und geringe Kollegialität unter den Führerinnen, besonders aber zwischen Führerin und Schaffnerin, betont. Bei den Männern findet man dagegen ein weitgehendes Handinhand-Arbeiten und ein gegenseitiges Erweisen von Gefälligkeiten. Die geringe Kollegialität der Frauen äußerte sich besonders im unpünktlichen Ablösen der Vorgängerin und beim Vorfahren an Kreuzungspunkten. Besonders trat sie aber im Verhältnis zur Schaffnerin zutage. Bei Streitigkeiten mit dem Publikum fand die Führerin fast nie die Unterstützung der Schaffnerin und umgekehrt. Hatte eine Führerin z. B. einen überzähligen Fahrgast glücklich vom Wagen gewiesen, nahm die Schaffnerin ihn sicher wieder auf. Bei derartigen Streitigkeiten zeigte sich auch die größere Impulsivität der Frau. Ohne anhaltende Schimpfereien ging es selten ab, und lange nachdem der Fahrgast verschwunden war, wurden ihm noch allerlei Liebenswürdigkeiten nachgeschrien. Hier muß allerdings eingeschaltet werden, daß auch die Fahrgäste dem weiblichen Fahrpersonal gegenüber recht ausfallend wurden und sich jedenfalls viel mehr gegen weibliche als gegen männliche Führer herausnahmen. Interessant dürften auch die Mitteilungen sein, daß Schaffnerinnen nie von ihren Trinkgeldern den Führerinnen abgaben, während dies zwischen Schaffner und Führer vielfach üblich war. Schließlich muß auch erwähnt werden, daß mehrfach von weiblichen Führerinnen behauptet wird, die Schaffnerinnen ließen sich leichter zu Betrügereien beim Fahrkartenverkauf verleiten als die Schaffner.

Es sei nochmals darauf hingewiesen, daß alle aufgeführten Beurteilungen der weiblichen Eigenart in diesem Beruf sowohl von Frauen wie von Männern in gleicher Weise stammen. Sie wurden vornehmlich aus den Antworten auf die Allgemeinfrage: »Können Sie Unterschiede angeben, die zwischen männlichen und weiblichen Wagenführern bestehen?« zusammengestellt. Die so festgestellten Unterschiede wären noch dadurch zu ergänzen, daß bei den sich bewerbenden Frauen durchweg unklare Vorstellungen über den zu erwartenden Lohn vorhanden waren. Die Frauen hatten sich bei der Meldung fast niemals über die Höhe des Lohnes erkundigt, sondern nur von irgendeiner Freundin oder Bekannten gehört, daß dies oder das wohl ungefähr gezahlt würde. Auf Fragen nach dem Grund des Eintritts gerade in diesen Beruf wurde gewöhnlich entweder der hohe Verdienst oder, besonders bei ehemaligen

Dienstboten, die Freiheit angegeben, die mit der neuen Stellung verbunden war. Vielfach erfuhr man aus der Unterhaltung, daß irgendeine zufällige Unterhaltung mit einer Freundin oder Bekannten, die betreffende Bewerberin bestimmt hatte, sich für diesen Beruf zu melden, daß aber ebensogut ein anderer Beruf genommen worden wäre, wenn in ihm ein ähnlicher Verdienst und ähnliche Arbeitszeit zu erwarten gewesen wäre. Ein besonderes Interesse an dem Fahrdienst selber, ein Erkennen der Wichtigkeit geordneter Verkehrsverhältnisse und eines guten, zuverlässigen Führerpersonals, das sich der großen Verantwortung seines Dienstes bewußt ist, war nur vereinzelt festzustellen, während es bei den Männern durchweg vorhanden war. Eine mangelhafte Einsicht ist auch hinsichtlich der Notwendigkeit eines geordneten Betriebes vorhanden, und ebenso wird allgemein über eine geringe Diszipliniertheit der Frauen geklagt. Diese Verhältnisse lassen die übergroße Empfindlichkeit für Strafgelder erklären. Auch dann, wenn es gelingt, eine Führerin von irgendeinem Verschulden oder Fehler im Fahrdienst zu überzeugen, weigert sie sich gewöhnlich, eine Strafe zu zahlen, mag sie auch noch so gering sein. Vielfach wird in solchen Fällen vorgezogen, sofort den Dienst zu verlassen. Die Frauen dürften überhaupt sehr leicht geneigt sein, ihren Beruf plötzlich zu wechseln, wenn ihnen in irgendeinem anderen Beruf anscheinend Vorteile geboten werden, ohne daß sie deshalb über diese Vorteile klare Vorstellung zu haben brauchen.

Es zeigen sich also sowohl bei der Prüfung wie im Beruf auffallende Unterschiede zwischen Männern und Frauen (ähnliche Ergebnisse bei Bernays[(9)]), die für die Beurteilung der Berufseignung sicher von großer Bedeutung sind. Trotz dieser großen Unterschiede waren aber die eigentlichen Ergebnisse der experimentellen Prüfung annähernd gleich, und es dürfte damit weiter erwiesen sein, daß derartige experimentell-psychologische Eignungsprüfungen die psychischen Geschlechtsunterschiede wie überhaupt eine ganze Reihe von psychischen Eigenschaften, die für die Berufseignung wichtig sind, gar nicht zu erfassen vermögen.

7. Zusammenfassung.

In dieser Arbeit sind, verbunden mit einer kritischen Besprechung der bisher bekanntgegebenen psychologischen Eignungsprüfungen für die Verkehrsberufe, allgemeine und besondere Bedenken zusammengestellt worden, die gegen derartige Prüfungsmethoden und gegen die Voraussetzungen von denen diese ausgehen, erhoben werden müssen. Eine durchgeführte Untersuchung mit einer neuen in ihren Einzelheiten beschriebenen psychologischen Eignungsprüfung für Straßenbahnführer, hat nach dem Vergleich ihrer Ergebnisse mit den späteren praktischen Leistungen der Geprüften im Fahrdienst den Beweis erbracht, daß diese Bedenken zu Recht bestehen. Als Nebenbefunde bei diesen Untersuchungen konnten einige psychologische Tatsachen festgestellt werden, die allgemeines und forensisches Interesse haben.

Die benutzte Prüfungsmethode dürfte den oben (S. 40 f.) aufgestellten Mindestforderungen für psychologische Eignungsprüfungen weitgehend entsprechen und deshalb für Untersuchungen geeignet sein, deren Ergebnisse zu allgemeinen Schlüssen Verwendung finden sollen. Es wurden 67 Personen geprüft und die Ergebnisse jeder Prüfung in allen Einzelheiten durch Wiedergabe der Prüfungsprotokolle mitgeteilt. Unter Darlegung der Schwierigkeiten und Fehlerquellen, die sich bei der Analyse und Bewertung der Reaktionshandlungen entgegenstellen, wurde auseinandergesetzt, in welcher Weise die Gesamturteile für die Prüfungsleistungen gewonnen wurden. Die Beurteilung der späteren praktischen Fahrleistungen, die durch die Straßenbahngesellschaft erfolgte, stieß ebenfalls auf Schwierigkeiten, über die berichtet wird. Bei dem Vergleich der beiderseitigen Beurteilungen, die mit möglichster Berücksichtigung der auch hier vorhandenen Fehlerquellen ausgeführt wurde, zeigten sich bei 67 Prüflingen in ungefähr $^2/_3$ der Fälle übereinstimmende, in $^1/_3$ der Fälle auseinandergehende Urteile.

Von den übereinstimmenden Urteilen interessieren besonders die beiderseitig festgestellten unzureichenden Leistungen, denn die vorherige Erkennung ungeeigneter Bewerber sollte ja ein wesentlicher Zweck derartiger Eignungsprüfungen sein. Es konnte nun aber darauf hingewiesen werden, daß bei allen 9 als unzureichend erkannten Bewerbern eine vorhergehende ärztliche Untersuchung ebenfalls die Ungeeignetheit der betr. Bewerber festgestellt hätte.

Bei den sich widersprechenden Beurteilungen handelt es sich in 12 Fällen um Prüflinge, die in der experimentellen Prüfung versagten, während sie im praktischen Dienst Gutes oder Genügendes leisteten. Es wären also in diesen Fällen bei praktischer Anwendung des Verfahrens durchaus geeignete Bewerber zu ihrem eigenen Schaden und zum Schaden der Gesellschaft zurückgewiesen worden.

Daraus ergibt sich, daß ein derartiges Prüfungsverfahren zum Teil überflüssig, zum Teil irreführend ist und eine praktische Verwendung deshalb nicht in Frage kommen kann. Ein ähnlicher Mißerfolg muß bei allen derartigen psychologischen Eignungsprüfungen eintreten, solange man durch eine Prüfung das Vorhandensein oder Nichtvorhandensein von »Anlagen«, »Vermögen«, »Fähigkeiten«, »Dispositionen« oder »Typen« feststellen will, ohne zu wissen, was man sich unter diesen Begriffen vorzustellen hat. Zum mindesten könnte verlangt werden, daß die Psychologen, welche mit diesen Begriffen arbeiten, neben einer eindeutigen Definition dieser Begriffe die Existenz der Wirklichkeiten nachweisen, die diesen Begriffen zugrunde gelegt werden. Sollen dann die so gekennzeichneten Anlagen usw. als Grundlage von praktisch verwertbaren psychologischen Eignungsprüfungen dienen, so wäre weiter zu fordern, daß die Beständigkeit dieser »Anlagen« usw. erwiesen würde oder die Gesetzmäßigkeiten, nach denen sie sich unter dem Einfluß der Übung und Gewöhnung gegebenenfalls ändern können. Auch wäre mit Hellpach (30, 31) zu fordern, daß erst nach jahrelangem fortgesetzten Vergleichungen der praktischen Erfahrungen mit den Ergebnissen der experimentellen Prüfungen Schlüsse gezogen werden, durch die man sich berechtigt glauben darf, über die wirtschaftliche Existenz anderer Menschen eine Entscheidung zu treffen. Teil- und Scheinerfolge dürften sich mit jeder beliebigen psychologischen Prüfung erzielen lassen, ohne daß es berechtigt ist, daraus Schlüsse auf den praktischen Wert dieser Prüfungen zu ziehen. Bei einer größeren Zahl von Prüflingen dürfte sich stets eine gewisse Anzahl finden, die sowohl irgendeine beliebige Prüfungsmethode lösen wie einen der Aufgabe entsprechenden Beruf erlernen kann. Ganz unzulässig für die Beurteilung des Wertes psychologischer Eignungsprüfungen sind diejenigen Methoden, in denen psychologische und physiologische Faktoren gleichzeitig oder vermischt untersucht werden. Werden sowohl die Art und Weise der Reaktionshandlungen bei verschiedenen Reizen, die Art des Aufmerkens usw. festgestellt und gleichzeitig die Verhältnisse des Muskel- und des Nervensystems, der Sinnes- und der Kreislauforgane untersucht und die letzteren Untersuchungen womöglich sogar von Nicht-Ärzten ausgeführt (33), so ist es natürlich ganz unmöglich, zu entscheiden, welchen Anteil an einer erzielten Beurteilung des Prüfling der psychologische Teil der Prüfung hat.

Haben so die Untersuchungen die vorläufige Unbrauchbarkeit psychologischer Eignungsprüfungen für die Praxis ergeben, so bieten die Ergebnisse andererseits großes theoretisches Interesse. Es dürfte experimentell-psychologisch gelungen sein, einen sich in einer längeren Zeit abspielenden Gesamtverlauf psychischen Geschehens exakt zu registrieren und zu analysieren. Dabei traten eine Reihe von Problemen auf, deren weitere Feststellung psychologisch wichtig ist. Es wäre z. B. möglich durch derartige Methoden festzustellen, wie und in welchem Maße reproduktiv eingeübte psychische Ablaufsprozesse sich mit psychischen Neubildungsprozessen verbinden, in welchen Formen sich der Vorstellungsverlauf mit affektiven Geschehnissen abfindet und wie derartig entstandene Neubildungen selbst wieder zur Übung mechanischer Ablaufsformen werden können.

Allgemein psychologisches Interesse bieten außerdem die Feststellungen über die mannigfachen Nachwirkungen bei den verschiedenen Reizen und den verschiedenartigen Reaktionshandlungen. Besonders auffallend war die Feststellung, daß eine Reaktion, die darin bestand, daß auf einen bestimmten Reiz nichts zu tun war, während sehr ähnliche Reize bestimmte Reaktionshandlungen forderten, eine intensivere Nachwirkung hatten, als Reaktionen die aus Handlungen bestanden. Weiter dürften die Feststellungen über das Ausbleiben von nachweisbaren Ermüdungserscheinungen bei diesen langen Versuchen psychologisch wichtig sein. Denn frühere Untersucher fanden bei kurzen Prüfungen Ermüdungserscheinungen und zogen daraus weitgehende Schlüsse. Die Gegenüberstellung der weiblichen und männlichen Prüfungsleistungen und der weitere Vergleich ihrer praktischen Fahrleistungen dürfte ein wertvoller Beitrag für die differenzielle Psychologie der Geschlechter sein. Außerdem werden bei dieser Gegenüberstellung wichtige Mängel psychologischer Eignungsprüfungen aufgedeckt.

Für die forensisch wichtige Psychologie der Aussage

liefern diese Untersuchungen eine Reihe von interessanten Beiträgen. Fast durchweg wurde von den Prüflingen die arbeitserfüllte Zeit der Prüfung und die Anzahl der gesehenen Bilder unterschätzt. Bei der Aufforderung, die gesehenen Bilder spontan zu nennen, konnte stets nur ein Teil, in der Mehrzahl nur die Hälfte, genannt werden, obgleich alle Bilder nachweislich wiederholt gesehen und benannt worden waren. Es wurde damit experimentell die Unmöglichkeit bewiesen, über Gesehenes der jüngsten Vergangenheit bei gleichzeitigen Willenshandlungen genau und lückenlos zu berichten, selbst dann nicht, wenn so günstige Verhältnisse für das Behalten vorliegen wie hier bei der Prüfung, wo außerdem das Behalten ausdrücklich vorher gefordert war. Weiter dürfte die in 9 Fällen festgestellte Umkehr eines Gedächtnisbildes forensisches Interesse bieten in den Fällen, wo es sich darum handelt, durch Zeugenaussagen die Richtung irgendeiner gesehenen Person oder Sache festzustellen. Schließlich könnte auch die durch diese Untersuchungen erwiesene Unzulänglichkeit psychologischer Eignungsprüfung gelegentlich forensisch wertvoll sein, wenn es sich darum handelt, eine auf Grund einer derartigen Prüfung zu Unrecht erfolgte Zurückweisung eines Anwärters bei einer Berufsbewerbung zu begutachten.

Die für die Prüfung der Straßenbahnführer beschriebene Untersuchungsmethode ist in einer zweckentsprechend abgeänderten Form für die Prüfung von sechs ausgebildeten Flugzeugführern und elf Anwärtern für den Fliegerberuf benutzt worden. Von einer Vorlage der hierbei erzielten Prüfungsprotokolle ist Abstand genommen worden, weil die Zahl der Prüflinge für die Beurteilung der Methode zu klein ist und außerdem bei den Anwärtern aus äußeren Gründen eine abschließende Beurteilung der praktischen Leistungen nicht möglich war.

VI. Schlußbemerkung.

Wenn diese Untersuchungen gezeigt haben, daß es vorläufig eine psychologische Eignungsprüfung für Straßenbahnführer und andere Verkehrsberufe nicht gibt, so fragt es sich, ob sich denn nicht andere Möglichkeiten finden lassen ungeeignete Bewerber von diesen Berufen fernzuhalten. Denn diese Fernhaltung ist, wie schon im Anfang dieser Arbeit erwähnt wurde, durchaus zu wünschen bzw. zu fordern, weil Ungeeignete in diesen Berufen eine ständige Gefahr für die Allgemeinheit bilden.

Nun besteht aber seit langem die Möglichkeit dieser Fernhaltung, wenn man die Einstellung von einer vorhergehenden ausführlichen ärztlichen Untersuchung abhängig macht, die auch für andere Berufe wünschenswert wäre. Eine derartige Untersuchung muß allerdings von Ärzten ausgeführt werden, die sich mit den in Frage kommenden Berufsanforderungen bzw. mit den entsprechenden Untersuchungsmethoden genau vertraut gemacht haben. Es genügt nicht, daß sich diese Untersuchung z. B. für den Straßenbahnführer nur auf die Feststellung der Farbentüchtigkeit, der Sehschärfe und der Hörfähigkeit erstreckt, wie es durch das Kleinbahn-Gesetz (vom 28. VII. 1892), das auch für die Straßenbahn gilt, vorgeschrieben ist. Es muß vielmehr gefordert werden, daß jedesmal der Entscheidung über Einstellung eines Führers eine ausführliche Untersuchung des gesamten Nerven- und Muskelsystems, der Atmungs- und der Kreislaufsorgane vorausgeht und daß diese Untersuchungen in bestimmten Zwischenräumen wiederholt werden. Die Untersuchungen müßten außerdem für die verschiedenen Verkehrsberufe durch Reichsgesetz vorgeschrieben werden. Auf die Einzelheiten dieser Untersuchungen soll hier nicht näher eingegangen werden. Grundsätze und Vorschläge für derartige Untersuchungen finden sich z. B. in den Vorschriften für die Feststellung der körperlichen Tauglichkeit für den Eisenbahndienst der preußischen Staatsbahnverwaltung, Ausgabe 1914, bei Herzfeld[(12)] und bei Rogowski[(11)]. Damit die Untersuchungen gleichartig durchgeführt werden, wäre es notwendig, daß an den leitenden Stellen der großen Verkehrsverwaltungen ein Arzt Sitz und Stimme hat, der den einzelnen Vertrauensärzten die Unterlagen für die Untersuchungen gibt und die Erfahrungen bei den Untersuchungen zur ständigen Verbesserung des Untersuchungsverfahrens sammelt.

Eine weitere Möglichkeit der Fernhaltung ungeeigneter Elemente von den Verkehrsberufen besteht in der schon jetzt möglichen und auch üblichen sorgfältigen Beobachtung der Bewerber während der Lern- und Probezeit und in der — vielleicht in manchen Fällen noch zu verschärfenden — *strengen Beurteilung* der Leistung bei der Ablegung der praktischen Fahrprüfung. Werden in dieser Prüfung durch schwierige Aufgaben hohe Anforderungen gestellt und die Prüfung außerdem von sachverständiger Seite in nicht zu kurzer Zeit, vielleicht über mehrere Tage verteilt, vorgenommen, so dürfte sich hieraus zusammen mit der zu fordernden eingehenden ärztlichen Untersuchung die Möglichkeit ergeben, ein durchaus geeignetes Fahrpersonal zu erhalten, wie es die Allgemeinheit zu fordern berechtigt ist. Die Befürchtungen, daß diese Art der Berufsauslese wegen der späten Erkennung der Ungeeigneten Geld- und Zeitverluste für Arbeitgeber und Arbeitnehmer haben würde, dürften nur in geringem Maße zu Recht bestehen. Der größere Teil der so als ungeeignet für den eigentlichen Fahrdienst erkannten Bewerber dürfte in anderen Stellungen innerhalb der Verkehrsberufe Verwendung finden können.

Literatur.

1. Münsterberg, H., Grundzüge der Psychologie. Bd. I. Allgem. Teil. Die Prinzipien der Psychologie. Leipzig 1900.
2. Kraepelin, E., Die Arbeitskurve. Phil. Studien. Bd. XIX. S. 475. Leipzig 1902.
3. —— Über Ermüdungsmessungen. Arch. f. d. ges. Psychologie. Bd. I. S. 9 ff. Leipzig 1903,
4. Stern, W., Angewandte Psychologie. Beiträge zur Psychologie der Aussage. Bd. I. Leipzig 1903.
5. —— Tatsachen und Ursachen der seelischen Entwicklung. Zeitschrift für angewandte Psychologie. Bd. I. S. 1 ff. Leipzig 1908.
6. Deutschnat. Handlungsgehilfen-Verband. Die Berufswahl der schulentlassenen Jugend in den Großstädten. Arch. für kaufm. Sozialpolitik. Bd. V, Heft 2/3. Hamburg 1908.
7. Weber, M., Zur Psychophysik der industriellen Arbeit. Arch. f. Sozialwissenschaft und Sozialpolitik. Bd. 27, Heft 3. Bd. 28, Heft 1 und 3. Bd. 29, Heft 2. Tübingen 1908/09.
8. Bernays, M., Auslese und Anpassung der Arbeiterschaft der geschlossenen Großindustrie. Schriften des Vereins f. Sozialpolitik. Bd. 13 3. Leip zig 1910.
9. —— Untersuchungen über die Schwankungen der Arbeitsintentität während der Arbeitswoche und während des Arbeitstages. Schriften des Vereins f. Sozialpolitik. Bd. 135, III. Leipzig 1912.
10. Münsterberg, H., Finding a Life Work. Mc. Clures Mag. 1910, S. 398—403, abgedruckt in Münsterbergs Problems of to-day S. 220. (Nach Stern.) London 1910.
11. Rogowski, Das amtsärztliche Gutachten über *die Befähigung zur Führung* eines Kraftfahrzeuges. *Zeitschr. f. Medizinalbeamte,* XXIII, S. 388 ff. Berlin 1910.
12. Herzfeld, G., *Vorschriften* für die Feststellung der körperlichen Tauglich*keit* für den Eisenbahndienst. Berlin 1910.
13. Stern, W., Differentielle Psychologie in ihren methodischen Grundlagen. Leipzig 1911.
14. Marbe, K., Die Bedeutung der Psychologie für die übrigen Wissenschaften u. die Praxis. Fortschritte der Psychologie. Bd. I. Heft 1. S. 5. Leipzig 1912.
15. Schackwitz, Alex, Über die Methoden der Messung unbewußter Bewegungen und die Möglichkeit ihrer Weiterbildung. Arch. f. d. ges. Psychologie. Bd. XXVI, Heft 3/4. Leipzig 1912.
16. Münsterberg, H., Psychologie und Wirtschaftsleben. 1. Aufl. Leipzig 1912. (3. Aufl., unveränderter Abdruck.) Leipzig 1916.
17. Stern, W., Die psychologischen Methoden der Intelligenzprüfung. Leipzig 1912.
18. Müller, G. E., Über die Lokalisation der visuellen Vorstellungsbilder. Leipzig 1912.
    Bericht über den V. Kongreß f. experimentelle Psychologie. S. 192. Berlin 1912.
19. Münsterberg, H., Grundzüge der Psychotechnik. Leipzig 1914.
20. Piorkowski, C., Beiträge zur psychologischen Methodologie der wirtschaftlichen Berufseignung. Beiheft der Zeitschr. f. angew. Psychologie, 11. Leipzig 1915.
21. Ruttmann, W. J., Berufswahl, Begabung und Arbeitsleistung. Leipzig 1916.
22. Kehr, Th., Versuchsanordnung zur experimentellen Untersuchung einer kontinuierlichen Aufmerksamkeitsleistung. Zeitschr. f. angew. Psychologie. Bd. 11, S. 465 ff. Leipzig 1916.

23. Lipmann, O., Psychische Berufseignung und psychologische Berufsberatung. Zeitschr. f. angew. Psychologie. Bd. 11, S. 510 ff. Leipzig 1916.

24. —— Psychologische Berufsberatung. Flugschriften der Zentralstelle für Volkswohlfahrt. Heft 12. Berlin 1917.

25. Stern, W., Veranstaltungen zur Psychologie der Berufseignung in Deutschland. Zeitschr. f. päd. Psychologie. Bd. 18, Heft 3/4. Leipzig 1917.

26. Erismann, Th., Angewandte Psychologie. Berlin 1917.

27. Bobertag, Über Intelligenzprüfungen nach der Methode von Binet-Simon. Zeitschr. f. angew. Psychologie. Bd. 3, Heft 4/5. Leipzig 1912.

28. Schütz und Wittmann. Zur quantitativen Auswertung der Ergogramme. Arch. f. d. ges. Psychologie. Bd. XXXVI, Heft 4, S. 461. Leipzig 1917.

29. Stern, W., Psychologische Begabungsforschung und Begabungsdiagnose in Petersen, Peter. Der Aufstieg der Begabten. S. 117. Leipzig 1917.

30 Hellpach, N., Besprechung von Münsterbergs Psychologie und Wirtschaftsleben. Zeitschr. f. angew. Psychologie. Bd. 8, S. 567 ff. Leipzig 1916.

31. —— Besprechung von Lipmans Psychologische Berufsberatung. Technik und Wirtschaft II, Heft 7. Berlin 1918.

32. Stern, W., Über eine psychologische Eignungsprüfung für Straßenbahnführerinnen. Zeitschr. f. angew. Psychologie. Bd. 13, S. 91 ff. Leipzig 1918.

33. Schreiber, A., Das Prüfungslaboratorium für Berufseignung bei den Königlich Sächsischen Staatseisenbahnen. Zeitschr. d. Vereins Deutsch. Ingenieure, S. 446 ff. Berlin 1918.

34. Teleky, L., Über ärztliche Berufsberatung. Wien 1918.

35. Moede, W., Die Experimentalpsychologie im Dienste des Wirtschaftslebens. Berlin 1919.

GPSR Compliance

The European Union's (EU) General Product Safety Regulation (GPSR) is a set of rules that requires consumer products to be safe and our obligations to ensure this.

If you have any concerns about our products, you can contact us on ProductSafety@springernature.com

In case Publisher is established outside the EU, the EU authorized representative is:

Springer Nature Customer Service Center GmbH
Europaplatz 3
69115 Heidelberg, Germany

Batch number: 10844675

Printed by Printforce, the Netherlands